校企“双元”合作教材

新型活页式教材

Excel 数据处理与分析

（微课版）

主　编　史小英　张良均

副主编　高海英　姚锋刚　张莉彬　李静

西安电子科技大学出版社

内 容 简 介

本书介绍了 Excel 2016 的数据处理与分析技术，包括数据表的基本操作、数据输入、数据获取、数据排序、数据筛选、分类汇总、公式与函数、日期和时间函数、数学和统计函数、查找和引用函数、数据透视表、图表的可视化分析、宏和 VBA 等内容。

本书配有课程标准、微课视频、授课计划、授课 PPT、案例素材等丰富的数字化学习资源。与本书配套的数字课程“数据处理与分析”已在“智慧职教”网站 (www.icve.com.cn) 上线，可登录网站在线学习与下载资源。

本书可作为高职院校大数据技术专业的教材，也可作为数据处理与分析相关工作人员的自学参考书。

图书在版编目（CIP）数据

Excel 数据处理与分析 / 史小英，张良均主编 . —西安：西安电子科技大学出版社，2022.5
ISBN 978-7-5606-6413-2

Ⅰ. ① E…　Ⅱ. ①史…②张…　Ⅲ. ①表处理软件
Ⅳ. ① TP391.13

中国版本图书馆 CIP 数据核字（2022）第 065237 号

策　　划　高　樱
责任编辑　薛英英　高　樱
出版发行　西安电子科技大学出版社（西安市太白南路 2 号）
电　　话　(029)88202421　88201467　　邮　　编　710071
网　　址　www.xduph.com　　电子邮箱　xdupfxb001@163.com
经　　销　新华书店
印刷单位　陕西天意印务有限责任公司
版　　次　2022 年 5 月第 1 版　2022 年 5 月第 1 次印刷
开　　本　787 毫米 ×1092 毫米　1/16　印 张　15.5
字　　数　359 千字
印　　数　1 ~ 1000 册
定　　价　49.00 元
ISBN 978-7-5606-6413-2/TP

XDUP 6715001-1

前　言

随着市场竞争的日益激烈和互联网的迅猛发展，数据分析工作的价值越来越受到企业的重视。Excel是微软Office套装软件的重要构成部分，能够完成数据的采集、整理、统计、分析与可视化等多种操作。Excel作为一个简单易学、功能强大的数据处理软件已经被用于管理、统计、财经、金融等众多领域，是目前应用最广泛的数据处理软件之一。

本书具有以下特点：

(1) 内容依据Excel数据处理与分析中典型的职业任务、工作任务安排，理论与实践相结合，注重实施过程。内容既紧密相关，又相对独立。

(2) 各任务设计灵活，有利于教师选择使用；采用活页式装订，使用者可结合使用场景，按照个人所需独立提交任务实施过程和结果。

(3) 配有丰富的数字化资源。扫描书中的二维码，即可观看相关知识点的视频和PPT。同时本课程依托“智慧职教”网站(www.icve.com.cn)，依托主编主持的“数据处理与分析”在线开放课程，可为每一位学习者提供完善的学习服务。

(4) 以学生为主体进行设计。各任务结构合理、目标明确、过程详细、考核指标具体，涵盖完整的预习、授课、实践、总结、监控、互评等学习过程。每个任务中的任务资讯、任务规划、任务实施、任务扩展、工作日志、工作总结要求学习者自行完成，且以百分制设计，方便检验学习者完成任务情况。

本书按照任务组织实施内容，编排方式为任务设计、学习资源、质量监控三部分，建议读者按照任务设计进行预习和自学，利用学习资源查缺补漏、扩展知识。本书具体内容如下：

任务一为数据表的基本操作，主要介绍Excel 2016的用户界面，简单介绍工作簿、工作表、单元格的概念及基本操作。

任务二为数据输入，主要介绍基本数据的输入、单元格格式的设置、有规律数据的输入方法等。

任务三为数据获取，主要介绍利用Excel获取客户信息数据、网站数据及数据库数据的方法。

任务四为数据排序，主要介绍排序的类型、单关键字排序、自定义排序等操作。

任务五为数据筛选，主要介绍自动筛选、高级筛选、自定义筛选等操作。

任务六为分类汇总，主要介绍分类汇总的类型、基本操作、分级分类汇总、分页显示等操作。

任务七、八、九、十都属于函数的应用，主要介绍公式和函数的基本应用，重点介绍了日期和时间函数、数学函数、统计函数、查找和引用函数的具体应用。

任务十一为数据透视表，主要介绍数据透视表的创建与编辑、数据透视图的创建等操作。

任务十二为图表的可视化分析，主要介绍图表的类型、不同类型图表的应用场景、创建图表、编辑图表等内容。

任务十三为宏和VBA，主要介绍宏的概念及创建宏的方法、VBA编程、VBA语言结构、VBA程序的编写等内容。

本书由西安航空职业技术学院和广州泰迪智能科技有限公司联合编写，史小英、张良均任主编，高海英、姚锋刚、张莉彬、李静任副主编。其中，史小英编写任务一、二、三、六，高海英编写任务七、八、九、十，姚锋刚编写任务十二、十三，张莉彬编写任务四、五，李静编写任务十一，张良均编写并审核了部分案例。

由于编者水平有限，书中难免有不妥与疏漏之处，欢迎广大读者给予批评指正，使本书得以改进和完善。

编 者

2022年3月

目　录

任务一　数据表的基本操作

任务设计

<table>
<tr><td colspan="8">实施人员信息（学生填写）</td></tr>
<tr><td>姓名</td><td></td><td>班级</td><td></td><td>学号</td><td></td><td>电话</td><td></td></tr>
</table>

任务目标	笔记栏
(1) 认识 Excel 2016 的用户界面。 (2) 了解工作簿的基本内容。 (3) 了解工作表的基本内容。 (4) 了解单元格的基本内容。	

任务介绍	笔记栏
1. 任务描述 Excel 2016 是用户进行数据分析的工具之一，它具有制作电子表格、进行各种数据处理、统计分析、制作数据图表等功能。想要运用 Excel 2016 对数据进行处理，首先需要认识 Excel 2016 的用户界面。 **2. 任务要求** 认识 Excel 2016 的标题栏、功能区、名称框、编辑栏、工作表编辑区、状态栏，以及启动和关闭方法，了解工作簿、工作表和单元格的基本操作。	

任务资讯	笔记栏
(1) Excel 2016 用户界面包含哪些部分？(2 分)	
(2) 名称框和编辑栏的区别是什么？(2 分)	
(3) Excel 2016 中的工作表是什么？(2 分)	
(4) 有多种在 Excel 中插入工作表的方法，描述常用的两种方法。(2 分)	
(5) 如果工作表中的数据太多，可以选择某个单元格或单元格区域进行编辑，可以使用哪个组合键来完成？(2 分)	

任务规划	笔记栏
(1) 工作簿的工作表基本操作的规划。(10 分)	
(2) 实施步骤规划。(10 分) ① 工作簿的基本操作。 ② 工作表的基本操作。	

任务实施	笔记栏
(1) 创建工作簿。(5 分) (2) 保存和关闭工作簿。(5 分) (3) 插入工作表。(5 分) (4) 重命名工作表。(5 分) (5) 设置标签颜色。(5 分) (6) 移动或复制工作表。(5 分) (7) 隐藏和显示工作表。(5 分) (8) 删除工作表。(5 分)	

任务扩展	笔记栏
在用 Excel 工作时会遇到形形色色的问题，比如如何快速选取单元格区域，请按照步骤操作。 (1) 选择连续单元格。(5 分) (2) 选择不连续单元格。(5 分) (3) 选择整行或整列单元格。(10 分)	

工作日志		笔记栏
在实施任务的过程中，填写以下工作日志表。(5 分)		
工作日志表		
工作内容	问题及解决方式	
工作总结		
完成本任务的工作总结。(5 分)		

学习资源——数据表的基本操作

当今社会，网络和信息技术产生的数据量呈现指数型增长的态势。单纯地查看海量的数据难以获取想要的信息，因而需要对海量的数据进行分析。Excel 2016 是常用的数据分析工具之一，具有制作电子表格、进行数据处理、统计分析以及制作数据图表等功能。

【学习目标】

(1) 认识 Excel 2016 的用户界面。
(2) 了解工作簿的基本内容。
(3) 了解工作表的基本内容。
(4) 了解单元格的基本内容。

用户界面

一、用户界面

1. 启动 Excel 2016

Windows 10 系统的电脑中，在【开始】菜单中找到 Excel，单击 Excel 图标；或双击桌面上的 Excel 2016 的图标，均可启动 Excel 2016。Excel 2016 启动后打开的用户界面如图 1-1 所示。

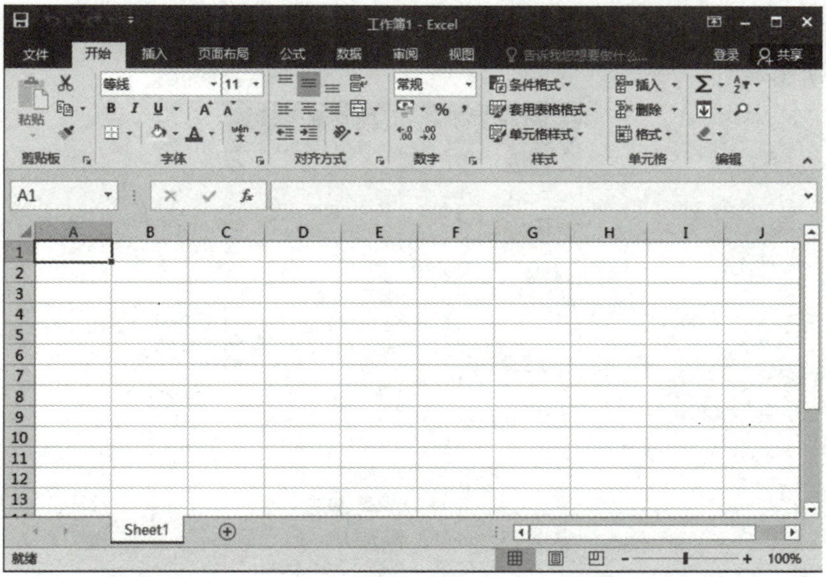

图 1-1　用户界面

2. 用户界面简介

Excel 2016 用户界面包括标题栏、功能区、名称框、编辑栏、工作表编辑区以及状态栏，具体组成如图 1-2 所示。

图 1-2　用户界面组成

标题栏位于用户界面的顶端，如图 1-3 所示，包括快速访问工具栏 (框 1)、当前文件名 (框 2)、应用程序名称 (框 3) 以及窗口控制按钮 (框 4)。

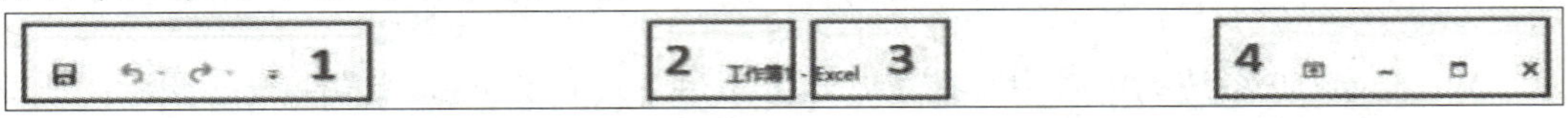

图 1-3　标题栏

利用快速访问工具栏可以快速访问【保存】【撤销】【恢复】等命令。如果快速访问工具栏中没有所需命令，则可以单击快速访问工具栏的▾按钮，选择添加需要的命令，如图 1-4 所示。

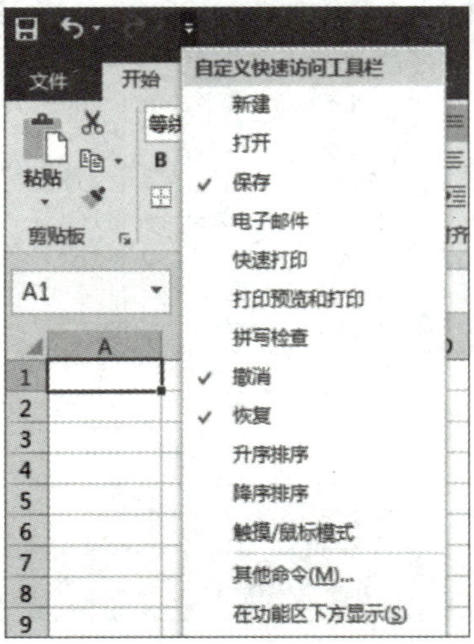

图 1-4　添加命令

标题栏的下方是功能区，如图 1-5 所示，功能区由【开始】【插入】【页面布局】等选项卡 (框 1) 组成，每个选项卡又可以分成不同的组，如【开始】选项卡由【剪贴板】【字体】【对齐方式】等命令组 (框 2) 组成，每个组又包含了不同的命令。

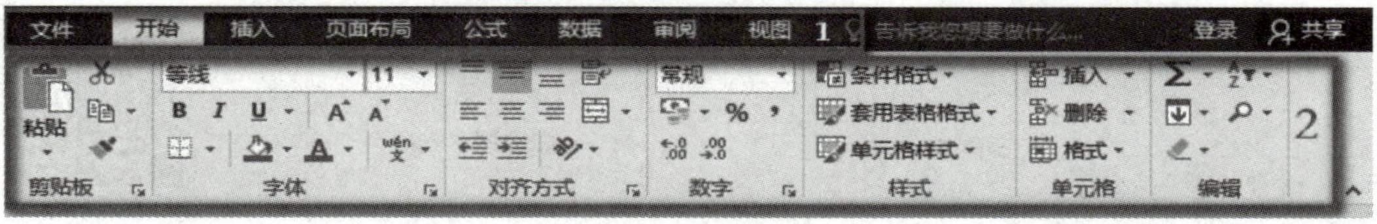

图 1-5　功能区

功能区的下方是名称框和编辑栏，如图 1-6 所示。其中，名称框 (框 1) 显示当前活动单元格的地址和名称，编辑栏 (框 2) 显示当前活动单元格中的数据或公式。

图 1-6　名称框和编辑栏

名称框和编辑栏的下方是工作表编辑区，如图 1-7 所示，由文档窗口、标签滚动按钮 (框 1)、工作表标签 (框 2)、水平滚动滑条 (框 3) 和垂直滚动滑条 (框 4) 组成。

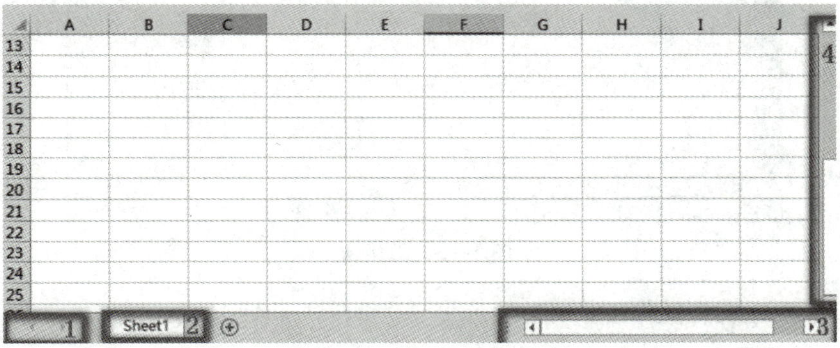

图 1-7　工作表编辑区

状态栏位于用户界面底部，由视图按钮 (框 1) 和缩放模块 (框 2) 组成，显示与当前操作相关的信息，如图 1-8 所示。

图 1-8　状态栏

3. 关闭 Excel 2016

单击窗口控制按钮中的【关闭】按钮，如图 1-9 所示，或按组合键【Alt + F4】即可关闭 Excel 2016。

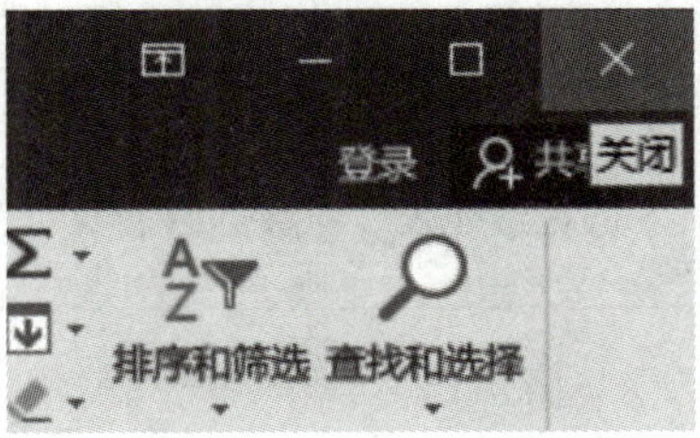

图 1-9　关闭 Excel 2016

二、工作簿、工作表和单元格

1. 工作簿

工作簿

1) 了解工作簿

在 Excel 中创建的文件称为工作簿，工作簿一般默认含有一个名为【Sheet1】的工作表，如图 1-10 所示。

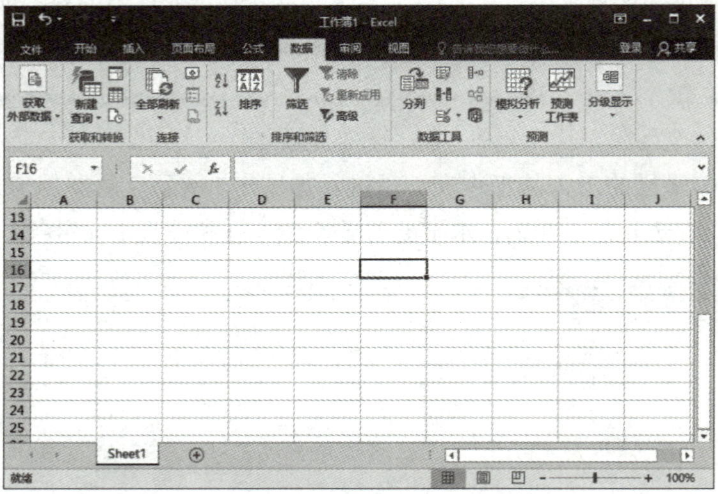

图 1-10　工作簿

2) 工作簿的基本操作

(1) 创建工作簿。单击【文件】选项卡，依次选择【新建】命令和【空白工作簿】即可创建工作簿，如图 1-11 所示；也可以按组合键【Ctrl + N】快速新建空白工作簿。

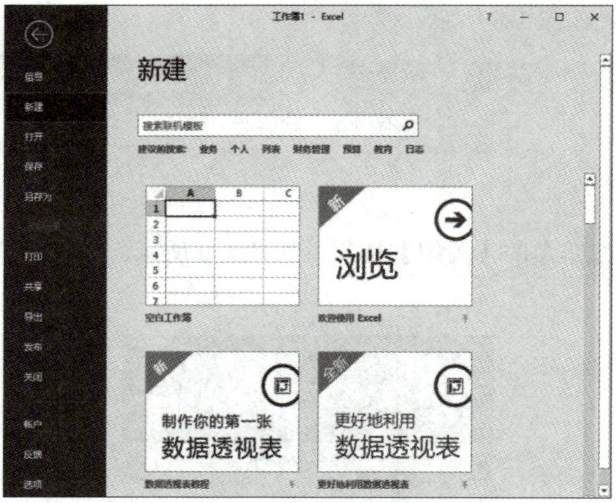

图 1-11　创建工作簿

(2) 保存工作簿。单击快速访问工具栏的【保存】按钮即可保存工作簿，如图 1-12 所示；也可以按组合键【Ctrl + S】快速保存工作簿。

图 1-12　保存工作簿

(3) 打开和关闭工作簿。单击【文件】选项卡，选择【打开】命令，或者按组合键【Ctrl + O】弹出【打开】对话框 (如图 1-13 所示)，再选择一个工作簿，即可打开该工作簿。

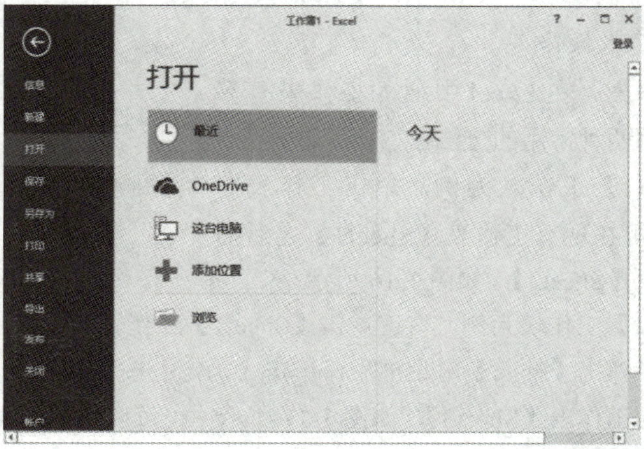

图 1-13　打开工作簿

单击【文件】选项卡，选择【关闭】命令即可关闭工作簿，如图 1-14 所示；也可以按组合键【Ctrl + W】关闭工作簿。

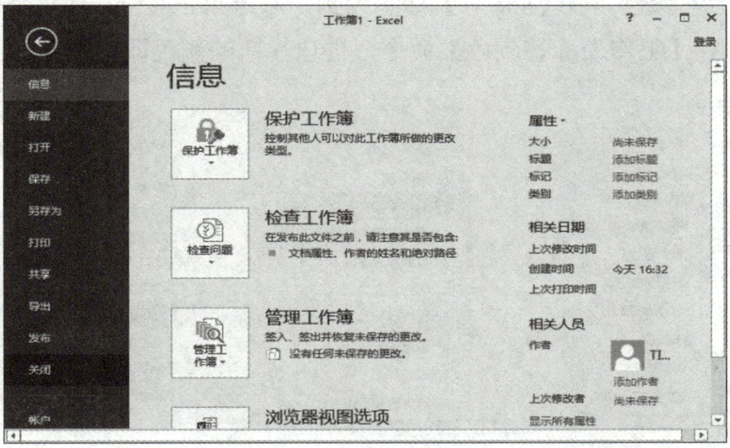

图 1-14　关闭工作簿

2. 工作表

1) 了解工作表

Excel 中用于存储和处理各种数据的电子表格称为工作表，【Sheet1】工作表如图 1-15 所示。

工作表

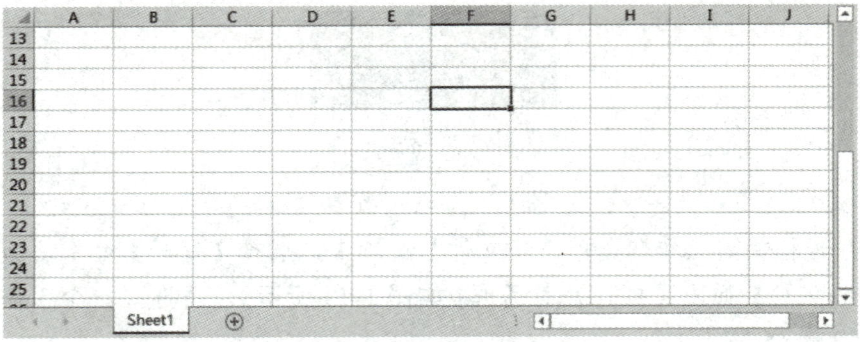

图 1-15 【Sheet1】工作表

2) 工作表的基本操作

(1) 插入工作表。在 Excel 中插入工作表有多种方法，下面介绍两种常用的方法：

① 以【Sheet1】工作表为例，单击工作表编辑区  按钮即可在现有工作表【Sheet1】之后插入一个新的工作表【Sheet2】，如图 1-16 所示。

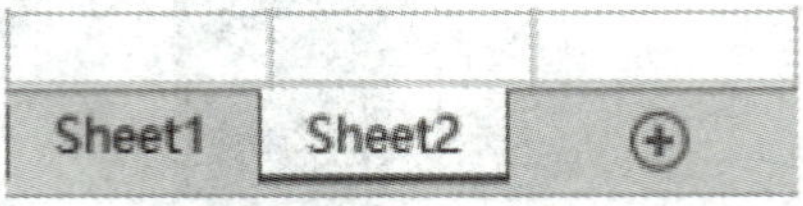

图 1-16 插入工作表方法 1

② 以【Sheet1】工作表为例，右键单击【Sheet1】工作表，在弹出的快捷菜单中选择【插入】命令，弹出【插入】对话框后，单击【确定】按钮即可在【Sheet1】工作表之前插入一个新的工作表【Sheet3】，如图 1-17 所示；也可以通过组合键【Shift + F11】在现有的工作表之前插入一个新的工作表。

(2) 重命名工作表。以【Sheet1】工作表为例，右键单击【Sheet1】标签，在弹出的快捷菜单中选择【重命名】命令，再输入新的名字即可重命名，如图 1-18 所示。

(3) 设置标签颜色。以【Sheet1】标签为例，右键单击【Sheet1】标签，在弹出的快捷菜单中选择【工作表标签颜色】命令，再选择新的颜色即可设置标签颜色，如图 1-19 所示。

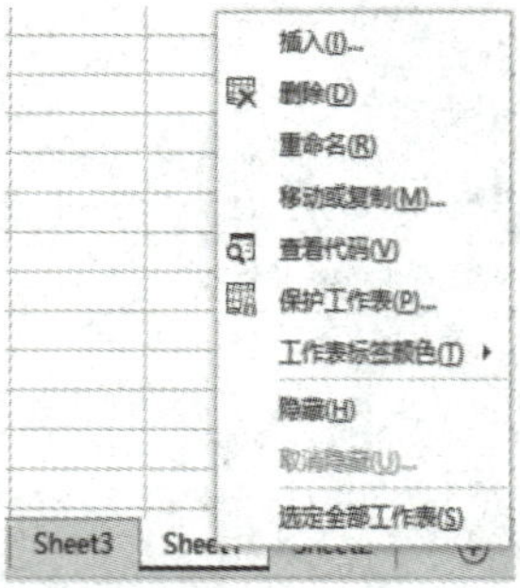

图 1-17 插入工作表方法 2

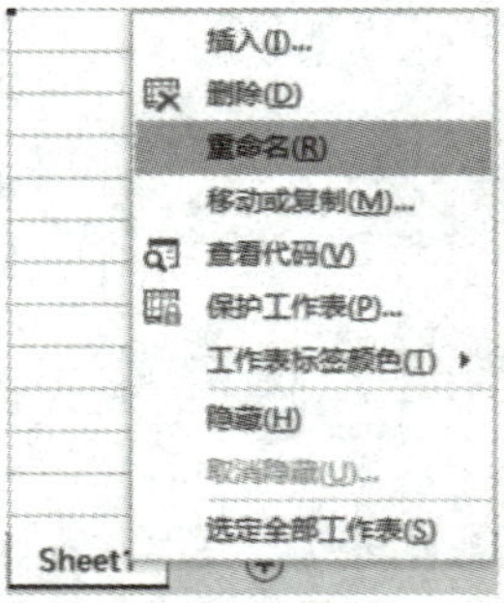

图 1-18 重命名

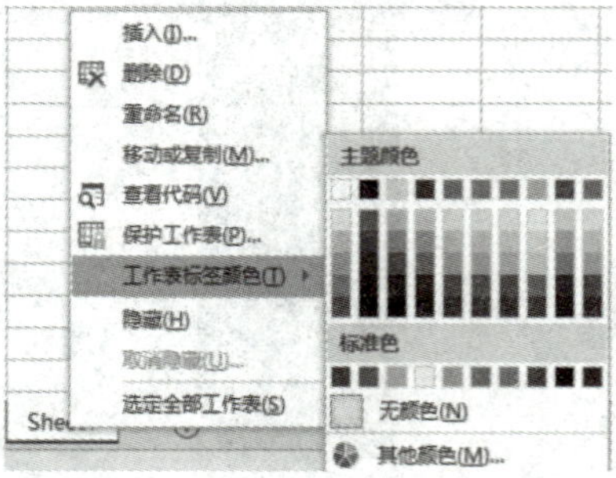

图 1-19 设置标签颜色

(4) 移动或复制工作表。

① 以【Sheet1】工作表为例，单击【Sheet1】标签不放，向左或向右拖动到新的位置即可移动工作表。

② 以【Sheet1】工作表为例，右键单击【Sheet1】标签，在弹出的快捷菜单中选择

【移动或复制】命令，弹出新的对话框，选择【Sheet1】标签，再勾选【建立副本】按钮，最后单击【确定】按钮即可复制工作表，如图 1-20 所示。

(5) 隐藏和显示工作表。

① 以【Sheet1】工作表为例，右键单击【Sheet1】标签，在弹出的快捷菜单中选择【隐藏】命令，即可隐藏【Sheet1】工作表，如图 1-21 所示。注意：只有一个工作表时不能隐藏工作表。

② 以【Sheet1】工作表为例，若要显示隐藏的【Sheet1】工作表，则右键单击任意标签，在弹出的快捷菜单中选择【取消隐藏】命令，弹出新的对话框，选择【Sheet1】标签，再单击【确定】按钮，即可显示隐藏的工作表【Sheet1】，如图 1-22 所示。

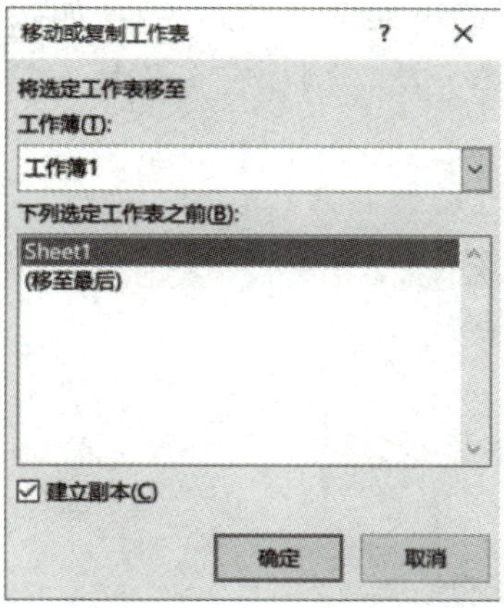

图 1-20　复制工作表

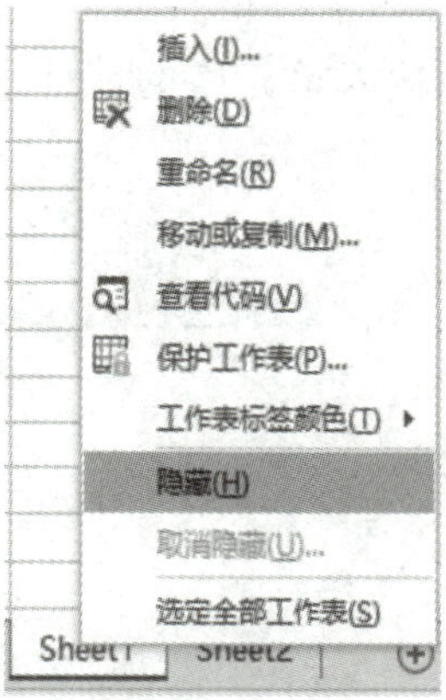

图 1-21　隐藏工作表

(6) 删除工作表。以【Sheet1】工作表为例，右键单击【Sheet1】标签，在弹出的快捷菜单中选择【删除】命令，即可删除工作表，如图 1-23 所示。

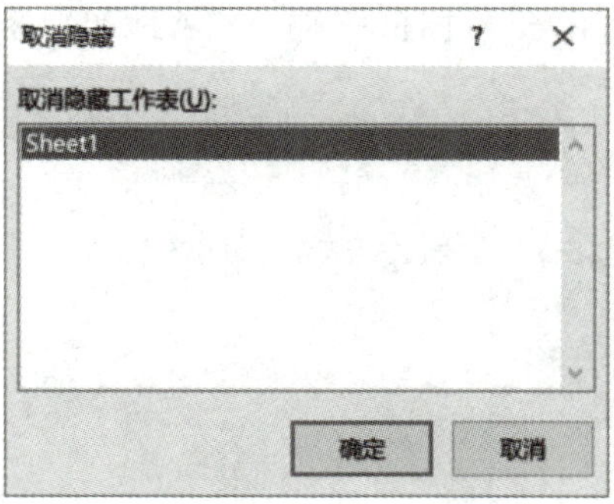

图 1-22　显示工作表

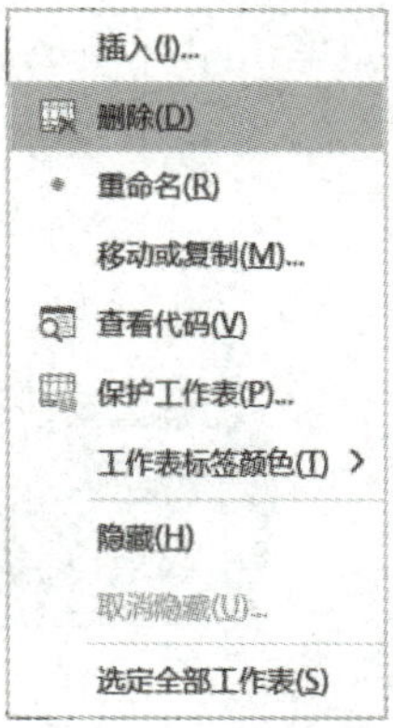

图 1-23　删除工作表

3. 单元格

1) 了解单元格

单元格

工作表中的行和列相交构成单元格，单元格用于某个存储公式或数据，通过单击某单元格可以使之成为活动单元格，如图 1-24 所示。其中，框 1 为列，框 2 为行，图中的活动单元格为 C4。

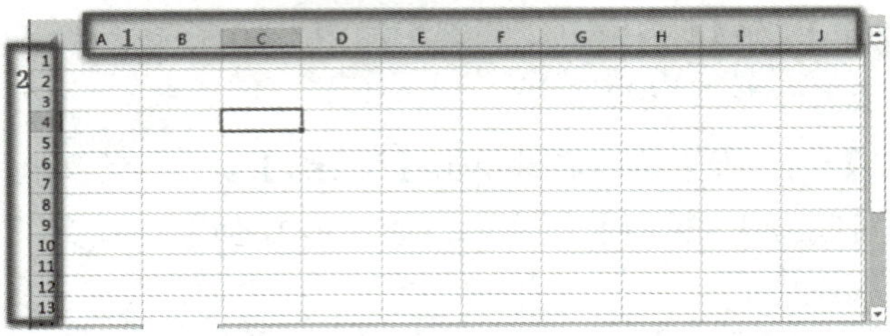

图 1-24 单元格

2) 单元格的基本操作

(1) 选择单元格。单击某单元格可以选择该单元格，例如单击 A1 单元格即可选择单元格 A1，此时名称框会显示当前选择的单元格地址为 A1，如图 1-25 所示。也可以在名称框中输入单元格的地址来选择单元格，例如在名称框中输入“A1”即可选择单元格 A1。

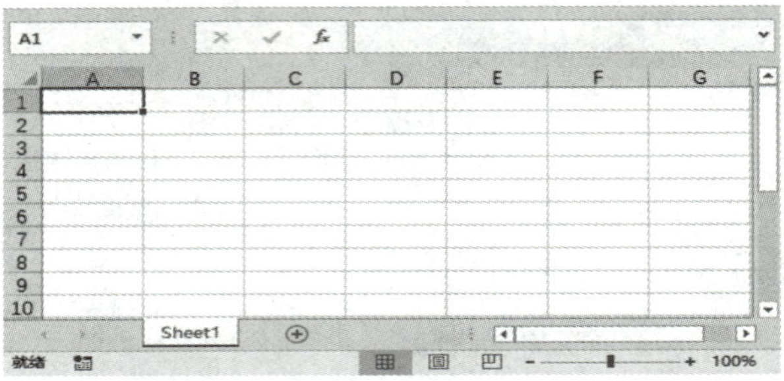

图 1-25 选择单元格 A1

(2) 选择单元格区域。单击要选择的单元格区域左上角的第一个单元格并按住鼠标左键不放，拖动鼠标到要选择的单元格区域右下方最后一个单元格，松开鼠标即可选择单元格区域。如单击单元格 A1 不放，拖动鼠标到单元格 D6，松开鼠标即可选择单元格区域 A1:D6，如图 1-26 所示。也可以在名称框中输入“A1:D6”来选择单元格区域 A1:D6。

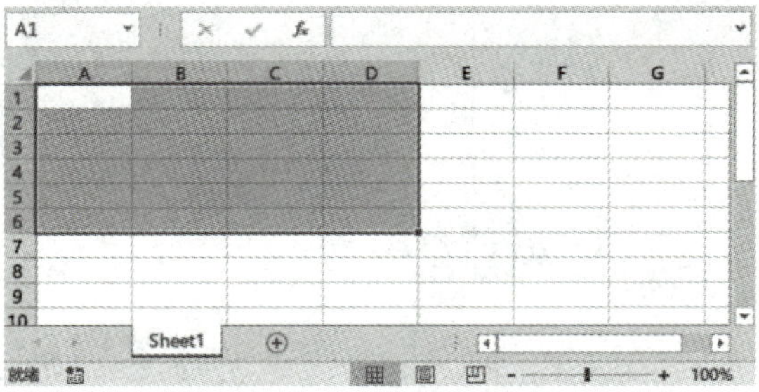

图 1-26 选择单元格区域 A1:D6

如果工作表中的数据太多，也可以选择一个单元格或单元格区域，按组合键【Ctrl + Shift + 方向箭头】，按下哪个方向箭头，被选中的单元格或单元格区域的数据就会被全部选中，直到遇到空白单元格。

<table>
<tr><th colspan="5">质量监控(教师完成)</th></tr>
<tr><td colspan="5">任务实施栏目评分表</td></tr>
<tr><td>评分项</td><td>分值</td><td>作答要求</td><td>评审规定</td><td>得分</td></tr>
<tr><td>任务资讯</td><td>10</td><td>问题回答清晰准确，能够紧扣主题，没有明显错误项</td><td>对照标准答案，一项错误扣 5 分，扣完为止</td><td></td></tr>
<tr><td>任务规划</td><td>20</td><td>任务规划合理可实施，没有任何细节错误</td><td>参照标准答案，一项错误扣 5 分，扣完为止</td><td></td></tr>
<tr><td>任务实施</td><td>40</td><td>包含具体实施过程，过程完整、准确、清晰</td><td>根据错误的严重程度，每个错误点一次分别扣 10 分、5 分、2 分</td><td></td></tr>
<tr><td>任务扩展</td><td>20</td><td>任务目标明确，结果准确、完整、详细</td><td>根据错误的严重程度，每个错误点一次分别扣 10 分、5 分、2 分</td><td></td></tr>
<tr><td>其他</td><td>10</td><td>日志和问题项目填写详细、能够反映实际工作过程</td><td>没有填写或者太过简单，每项扣 5 分</td><td></td></tr>
<tr><td colspan="5">合计得分</td></tr>
<tr><td colspan="5">职业能力评分表</td></tr>
<tr><td>评分项</td><td>等级</td><td colspan="2">作答要求</td><td>等级</td></tr>
<tr><td>知识评价</td><td>A|B|C</td><td colspan="2">A：能够完整准确地作答任务资讯的所有问题，准确率在 90% 以上
B：能较准确地作答所有问题，准确率在 60% ～ 80%
C：对基础知识掌握得非常差，任务资讯和答辩的准确率在 50% 以下</td><td></td></tr>
<tr><td>能力评价</td><td>A|B|C</td><td colspan="2">A：熟悉各个环节的实施步骤，独立完成任务，有能力辅助其他学生完成规定的工作任务，实施快速，准确率高，即任务规划和任务实施正确率在 85% 以上
B：基本完成各个环节的任务，准确率在 60% ～ 80%
C：未完成任务或只完成了部分任务，有问题没有积极向其他同学请教，工作实施拖拉，不积极，各个部分的准确率在 50% 以下</td><td></td></tr>
<tr><td>态度素养评价</td><td>A|B|C</td><td colspan="2">A：不迟到、不早退，对待其他人有礼貌，善于帮助他人，积极主动完成规定的工作任务，工作台整洁，积极回答老师提问
B：基本完成各个环节的任务，准确率在 60% ～ 80%
C：未完成任务或只完成了部分任务，有问题没有积极向其他同学请教，工作实施拖拉，不积极，不能准确回答老师提出的问题，各个部分的准确率在 50% 以下</td><td></td></tr>
</table>

任务二 数据输入

任务设计

实施人员信息(学生填写)							
姓名		班级		学号		电话	

任务目标	笔记栏
(1) 掌握基本数据的输入方法。 (2) 能设置不同的单元格格式。 (3) 掌握有规律数据与相同数据的输入方法。	

任务介绍	笔记栏
1. 任务描述 某传统餐饮店下单的模式是服务员用纸和笔记录客户点的菜品，所以每天的订单详情都是先记录在纸稿上，随后手动输入到Excel中的。为了提高其业绩，该店每个月都会对订单详情进行分析。Excel常用的数据类型有文本、数值、日期和时间等，在使用过程中，有时也会遇到有一定规律的数据，可以使用自动填充功能进行快速输入，从而提高输入的准确性和效率。 **2. 任务要求** 在Excel中手动输入该餐饮店的订单号、菜品名称、价格、数量、日期和时间等数据，并且更新会员信息、订单详情和菜品信息等数据。	

任 务 资 讯	笔 记 栏
(1) 如何输入文本数据？(2.5 分) (2) 如何输入数值数据？(2.5 分) (3) 如何输入日期和时间？(2.5 分) (4) 如何输入特定数据？(2.5 分)	

任 务 规 划	笔 记 栏
(1) 基本数据输入的规划。(10 分) (2) 特定数据输入的规划。(10 分)	

任务实施	笔记栏

(1) 在传统餐饮店信息表中输入订单号和菜品名称。(8 分)

(2) 在该餐饮店信息表中输入价格和数量。(8 分)

(3) 在该餐饮店信息表中输入日期和时间。(8 分)

(4) 在该餐饮店信息表中输入性别、会员号、会员星级等数据。(8 分)

(5) 在该餐饮店信息表中更新会员信息、订单详情和菜品信息等数据。(5 分)

任务扩展	笔记栏

某自动便利店新进了一批商品，需要将以下商品信息录入 Excel 中，以作记录。

	A	B	C	D	E	F
1	序号	商品名称	条形码	进货价格	进货日期	
2	1	健能酸奶	6930953094006	3.5	2020/12/20	
3	2	合味道	6917935002150	4	2020/12/20	
4	3	乐事薯片	6924743919266	6	2020/12/20	
5	4	美好时光海苔	6926475202074	2.5	2020/12/20	
6	5	可口可乐	6928804011760	3	2020/12/20	
7	6	柠檬蛋糕	6911988026415	4	2020/12/20	
8	7	红烧牛肉面	6900873000777	5	2020/12/20	
9	8	冰泉矿泉水	6943052100110	2	2020/12/20	
10	9	手撕面包	6970042900078	3.5	2020/12/20	
11						

(1) 创建一个新的空白工作簿。(5 分)

(2) 在工作表中手动输入表中商品的名称和条形码。(5 分)

(3) 在工作表中手动输入表中商品的进货价格和进货日期。(10 分)

工作日志	笔记栏

在实施任务的过程中，填写以下工作日志表。(5 分)

工作日志表

工作内容	问题及解决方式

工作总结

完成本任务的工作总结。(5 分)

学习资源——数据输入

数据是用户保存的重要信息，在 Excel 中，可以输入的数据类型有很多，如文本、数值、日期和时间等。用户可以为不同的数据设置不同的格式，还可以使用自动填充等方法提高输入和编辑数据的效率。

【学习目标】

(1) 认识 Excel 2016 的用户界面。

(2) 了解工作簿的基本内容。

(3) 了解工作表的基本内容。

(4) 了解单元格的基本内容。

一、基本数据输入

某传统餐饮店下单的模式是服务员用纸笔记录客户点的菜品，所以每天的订单详情都是先记录在纸稿上，随后手动输入到 Excel 中的。为了提高其业绩，每个月都会对订单详情进行分析。

Excel 常用的数据类型有文本、数值、日期和时间等。在 Excel 中手动输入该餐饮店的订单号、菜品名称、价格、数量、日期和时间，如图 2-1 所示。

	A	B	C	D	E	F
1	订单号	菜品名称	价格	数量	日期	时间
2	202008030137	西瓜胡萝卜沙拉	26.00	1	2020年8月3日	14:01:13
3	202008030137	麻辣小龙虾	99.00	1	2020年8月3日	14:01:47
4	202008030137	农夫山泉NFC果汁100	6.00	1	2020年8月3日	14:02:11
5	202008030137	番茄炖牛腩	35.00	1	2020年8月3日	14:02:37
6	202008030137	白饭/小碗	1.00	4	2020年8月3日	14:04:55
7	202008030137	凉拌菠菜	27.00	1	2020年8月3日	14:05:09
8	202008030201	芝士烩波士顿龙虾	175.00	1	2020年8月4日	11:17:25
9	202008030201	麻辣小龙虾	99.00	1	2020年8月4日	11:19:58
10						

图 2-1　订单详情

1. 输入文本数据

在默认情况下，在 Excel 2016 中输入的文本数据在单元格中是左对齐显示的。在 Excel 2016 中输入“订单号”和“菜品名称”等数据，具体操作步骤如下：

输入文本数据

(1) 输入“订单号”。单击单元格 A1，输入“订单号”，如图 2-2 所示；也可以在编辑栏中输入文本数据。

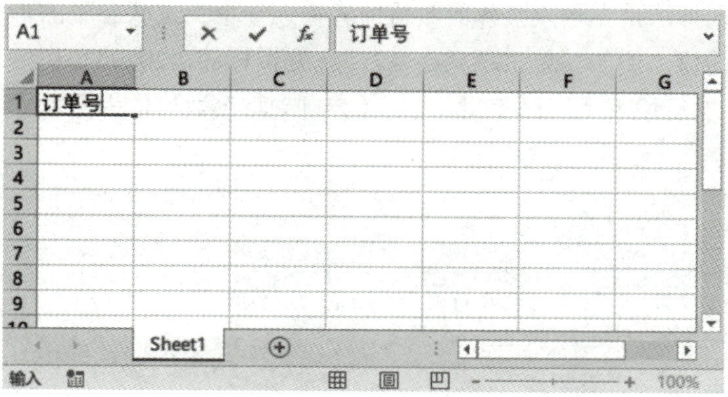

图 2-2　在单元格中输入文本

(2) 输入剩余文本数据。在单元格区域 B1:F1 中输入剩余的文本数据，如图 2-3 所示。

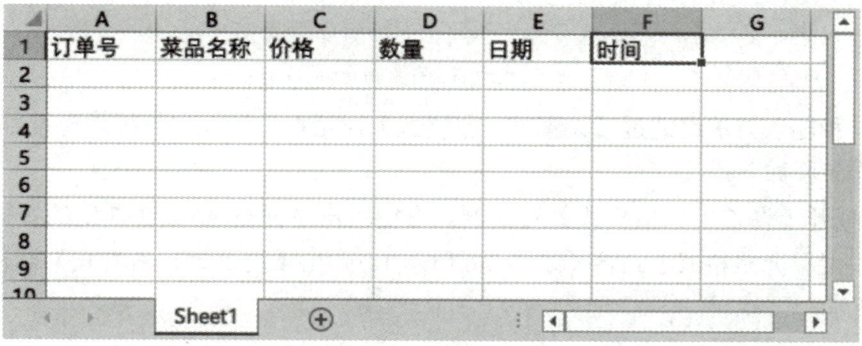

图 2-3　在编辑栏中输入文本

(3) 输入订单号下的单元格数据。单击单元格 A2，输入订单号“202008030137”，按下【Enter】键后，单元格中显示“2.02008E+11”，如图 2-4 所示。其中，“E+11”表示 10 的 11 次方。未显示输入数据的原因是 Excel 将输入的数字处理为数值，且单元格中输入的数字已超过 11 位，因此自动采用科学计数法显示，无论怎么调整列宽，显示结果都不会改变。

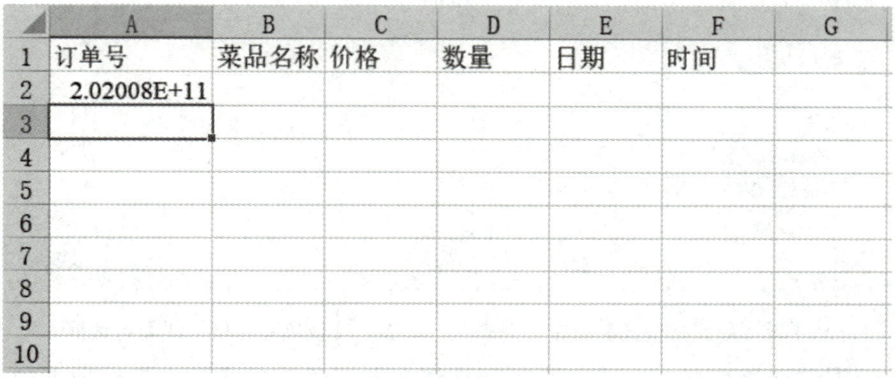

图 2-4　以科学计数法显示数字

正确的输入方法是在输入具体的数值前先输入一个英文状态下的单引号“’”，然后再输入具体的值。例如，单击单元格 A2，在编辑栏的“202008030137”前输入一个单引号“’”，然后按下【Enter】键，Excel 会自动将该数值作为文本来处理，如图 2-5 所示。

图 2-5　在编辑栏中将数值改为文本

另一种输入方法是通过【设置单元格格式】对话框将输入的数据类型设置为文本，具体操作步骤如下：

(1) 打开【设置单元格格式】对话框。右键单击单元格 A3，在弹出的快捷菜单中选择【设置单元格格式】命令（如图 2-6 所示），弹出【设置单元格格式】对话框，如图 2-7 所示。

图 2-6　选择【设置单元格格式】命令

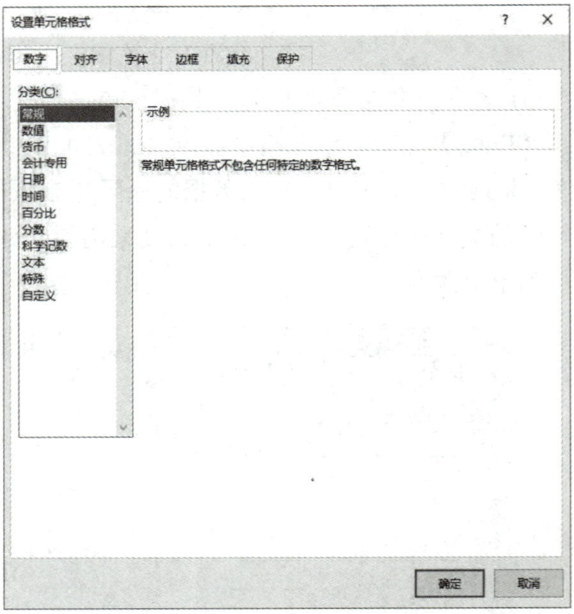

图 2-7　【设置单元格格式】对话框

(2) 设置单元格格式。在【设置单元格格式】对话框的【数字】选项卡中，选择【分类】列表框中的【文本】，单击【确定】按钮，如图 2-8 所示。

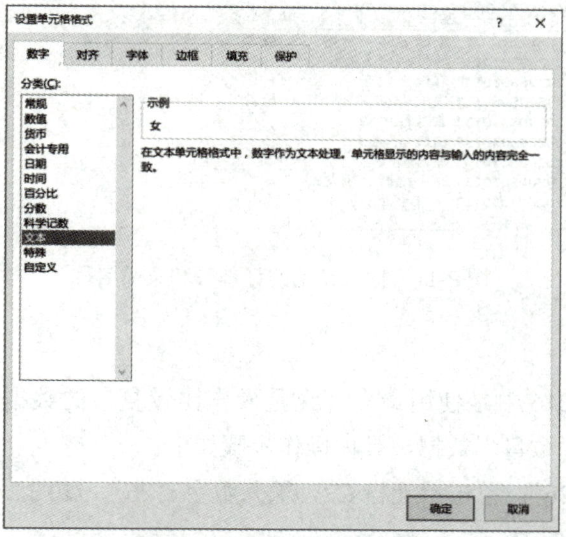

图 2-8　设置文本类型

(3) 输入订单号。在单元格 A3 中输入“202008030137”，按下【Enter】键后，显示结果如图 2-9 所示。

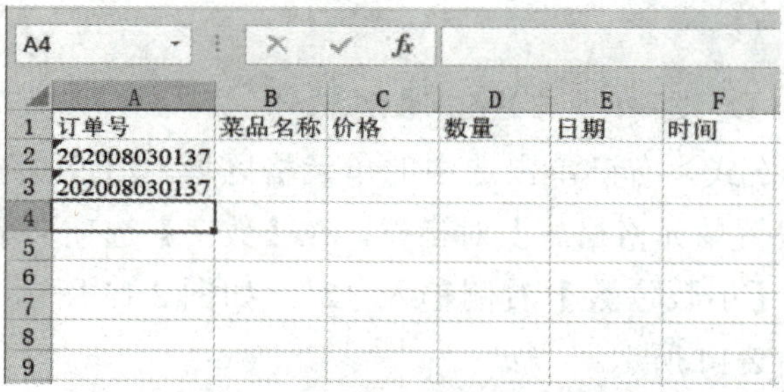

图 2-9　设置格式后的输入结果

(4) 输入“西瓜胡萝卜沙拉”。单击单元格 B2，输入“西瓜胡萝卜沙拉”，如 2-10 所示。

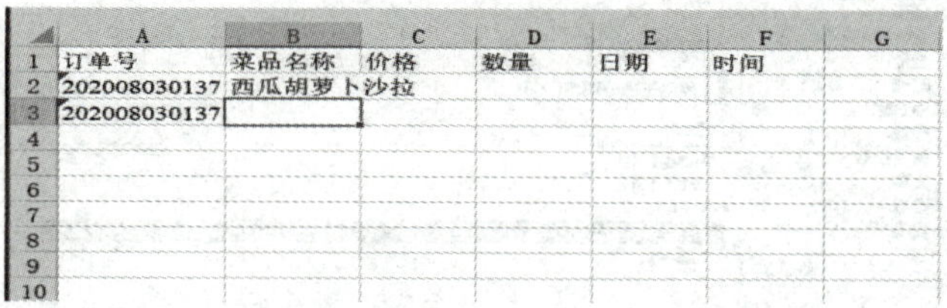

图 2-10　在单元格中输入文本数据

从图 2-10 中可以看到，当输入的文本超过单元格宽度时，如果右侧相邻的单元格中未包含内容，如单元格 A3、B2，那么超出的文本将延伸到右侧单元格中；如果右侧相邻的单元格中已包含内容，如单元格 A2，那么超出的文本将被隐藏起来，此时可以增加列宽，也可以插入换行符。

(5) 输入完整的订单号和菜品名称。根据上面介绍到的方法，选择其中一种，输入完整的订单号和菜品名称，如图 2-11 所示。

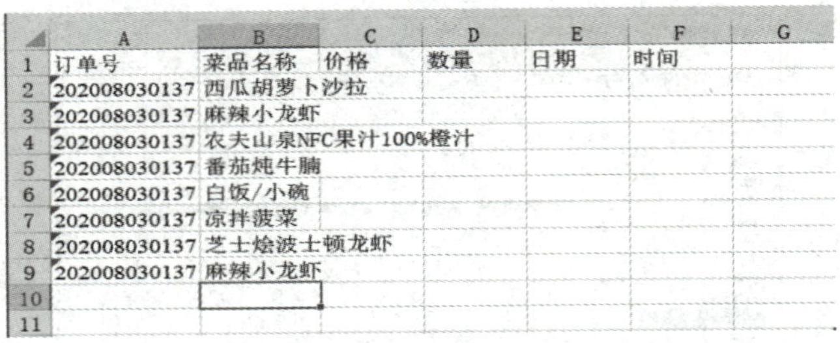

	A	B	C	D	E	F	G
1	订单号	菜品名称	价格	数量	日期	时间	
2	202008030137	西瓜胡萝卜沙拉					
3	202008030137	麻辣小龙虾					
4	202008030137	农夫山泉NFC果汁100%橙汁					
5	202008030137	番茄炖牛腩					
6	202008030137	白饭/小碗					
7	202008030137	凉拌菠菜					
8	202008030137	芝士焗波士顿龙虾					
9	202008030137	麻辣小龙虾					
10							
11							

图 2-11　输入完整的订单号和菜品名称

2. 输入数值数据

数值在 Excel 2016 中是使用最多，也是操作比较复杂的数据类型。在 Excel 2016 中输入“价格”和“数量”数据，具体操作步骤如下：

(1) 输入数字“26”。单击单元格 C2，输入数字“26”，如图 2-12 所示。

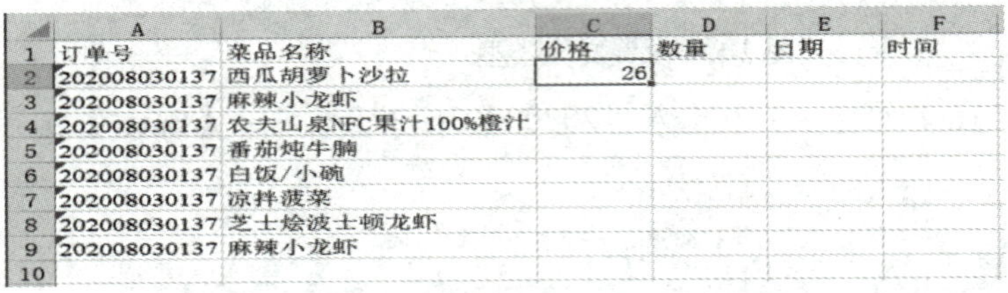

	A	B	C	D	E	F
1	订单号	菜品名称	价格	数量	日期	时间
2	202008030137	西瓜胡萝卜沙拉	26			
3	202008030137	麻辣小龙虾				
4	202008030137	农夫山泉NFC果汁100%橙汁				
5	202008030137	番茄炖牛腩				
6	202008030137	白饭/小碗				
7	202008030137	凉拌菠菜				
8	202008030137	芝士焗波士顿龙虾				
9	202008030137	麻辣小龙虾				
10						

图 2-12　选中单元格并输入数字“26”

输入数值数据

(2) 设置单元格格式。右键单击选中的单元格区域 C2:C9，选择【设置单元格格式】命令，弹出【设置单元格格式】对话框，在【数字】选项卡下的【分类】列表框中选择【数值】，在【小数位数】右侧输入“2”，如图 2-13 所示。然后单击【确定】按钮，显示结果如图 2-14 所示。

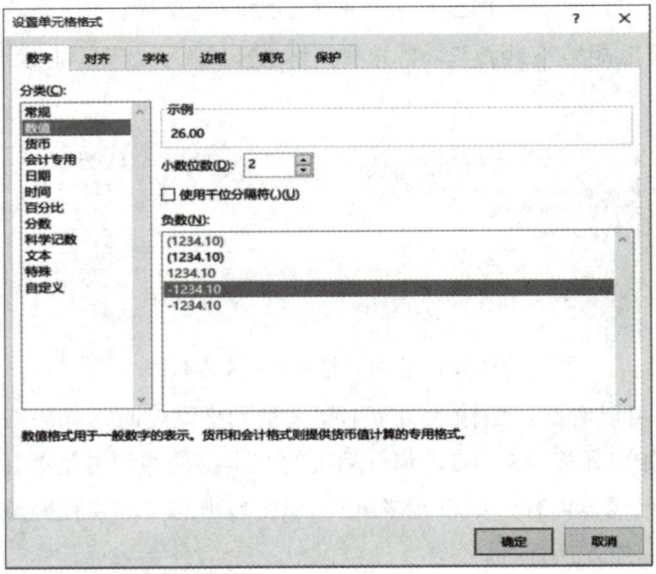

图 2-13　设置数值格式

	A	B	C	D	E	F
1	订单号	菜品名称	价格	数量	日期	时间
2	202008030137	西瓜胡萝卜沙拉	26.00			
3	202008030137	麻辣小龙虾				
4	202008030137	农夫山泉NFC果汁100%橙汁				
5	202008030137	番茄炖牛腩				
6	202008030137	白饭/小碗				
7	202008030137	凉拌菠菜				
8	202008030137	芝士烩波士顿龙虾				
9	202008030137	麻辣小龙虾				
10						

图 2-14　设置格式后的显示结果

(3) 输入剩余的价格信息。依次输入剩余的价格数据，如图 2-15 所示。

	A	B	C	D	E	F
1	订单号	菜品名称	价格	数量	日期	时间
2	202008030137	西瓜胡萝卜沙拉	26.00			
3	202008030137	麻辣小龙虾	99.00			
4	202008030137	农夫山泉NFC果汁100%橙汁	6.00			
5	202008030137	番茄炖牛腩	35.00			
6	202008030137	白饭/小碗	1.00			
7	202008030137	凉拌菠菜	27.00			
8	202008030137	芝士烩波士顿龙虾	175.00			
9	202008030137	麻辣小龙虾	99.00			
10						

图 2-15　输入剩余的价格数据

3. 输入日期和时间数据

日期与时间虽然是数字，但是在 Excel 2016 中属于特殊数值数据。在 Excel 2016 中输入“日期”和“时间”数据，具体操作步骤如下：

输入日期和时间数据

(1) 输入“2020-8-3”。单击单元格 E2，输入“2020-8-3”，按下【Enter】键后，由于受到电脑系统设置的日期和时间格式的影响，显示结果为“2020/8/3”，如图 2-16 所示。

	A	B	C	D	E	F
1	订单号	菜品名称	价格	数量	日期	时间
2	202008030137	西瓜胡萝卜沙拉	26.00	1	2020/8/3	
3	202008030137	麻辣小龙虾	99.00	1		
4	202008030137	农夫山泉NFC果汁100%橙汁	6.00	1		
5	202008030137	番茄炖牛腩	35.00	1		
6	202008030137	白饭/小碗	1.00	4		
7	202008030137	凉拌菠菜	27.00	1		
8	202008030137	芝士烩波士顿龙虾	175.00	1		
9	202008030137	麻辣小龙虾	99.00	1		
10						

图 2-16　在单元格中输入日期

(2) 设置单元格格式。右键单击选中的单元格区域 E2:E9，选择【设置单元格格式】命令，弹出【设置单元格格式】对话框，在【数字】选项卡下的【分类】列表框中选择【日期】，并在【类型】下拉框中选择【*2012 年 3 月 14 日】，如图 2-17 所示。单击

【确定】按钮，可以看到单元格显示为“##########”(如图 2-18 所示)，这说明该单元格太窄，无法显示完整的输入内容。

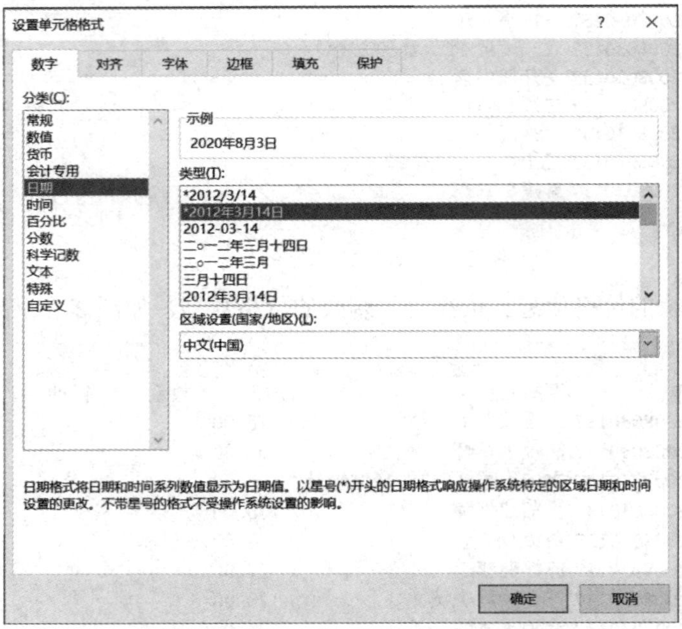

图 2-17 【设置单元格格式】对话框

	A	B	C	D	E	F
1	订单号	菜品名称	价格	数量	日期	时间
2	202008030137	西瓜胡萝卜沙拉	26.00	1	##########	
3	202008030137	麻辣小龙虾	99.00	1		
4	202008030137	农夫山泉NFC果汁100%橙汁	6.00	1		
5	202008030137	番茄炖牛腩	35.00	1		
6	202008030137	白饭/小碗	1.00	4		
7	202008030137	凉拌菠菜	27.00	1		
8	202008030137	芝士烩波士顿龙虾	175.00	1		
9	202008030137	麻辣小龙虾	99.00	1		
10						

图 2-18 设置格式后的结果

(3) 调整列宽。将鼠标指针放在 E 列与 F 列的首行之间，等指针变成可拖动形状✛时，往右拖动，增加列宽即可，图 2-19 所示。

	A	B	C	D	E	F
1	订单号	菜品名称	价格	数量	日期	时间
2	202008030137	西瓜胡萝卜沙拉	26.00	1	2020年8月3日	
3	202008030137	麻辣小龙虾	99.00	1		
4	202008030137	农夫山泉NFC果汁100%橙汁	6.00	1		
5	202008030137	番茄炖牛腩	35.00	1		
6	202008030137	白饭/小碗	1.00	4		
7	202008030137	凉拌菠菜	27.00	1		
8	202008030137	芝士烩波士顿龙虾	175.00	1		
9	202008030137	麻辣小龙虾	99.00	1		
10						

图 2-19 日期显示

(4) 输入“14:01:13”。单击单元格 F2，输入“14:01:13”，按下【Enter】键后，显示结果如图 2-20 所示。单元格显示为“14:01”，而非“14:01:13”。

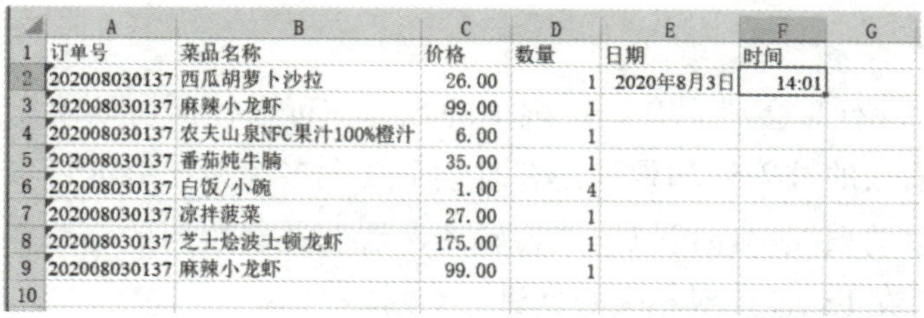

	A	B	C	D	E	F	G
1	订单号	菜品名称	价格	数量	日期	时间	
2	202008030137	西瓜胡萝卜沙拉	26.00	1	2020年8月3日	14:01	
3	202008030137	麻辣小龙虾	99.00	1			
4	202008030137	农夫山泉NFC果汁100%橙汁	6.00	1			
5	202008030137	番茄炖牛腩	35.00	1			
6	202008030137	白饭/小碗	1.00	4			
7	202008030137	凉拌菠菜	27.00	1			
8	202008030137	芝士烩波士顿龙虾	175.00	1			
9	202008030137	麻辣小龙虾	99.00	1			
10							

图 2-20 在单元格中输入时间

右键单击选中的单元格区域 F2:F9，选择【设置单元格格式】命令，弹出【设置单元格格式】对话框，在【设置单元格格式】对话框的【数字】选项卡中，选择【分类】列表框中的【时间】，如图 2-21 所示。然后单击【确定】按钮，显示结果如图 2-22 所示。

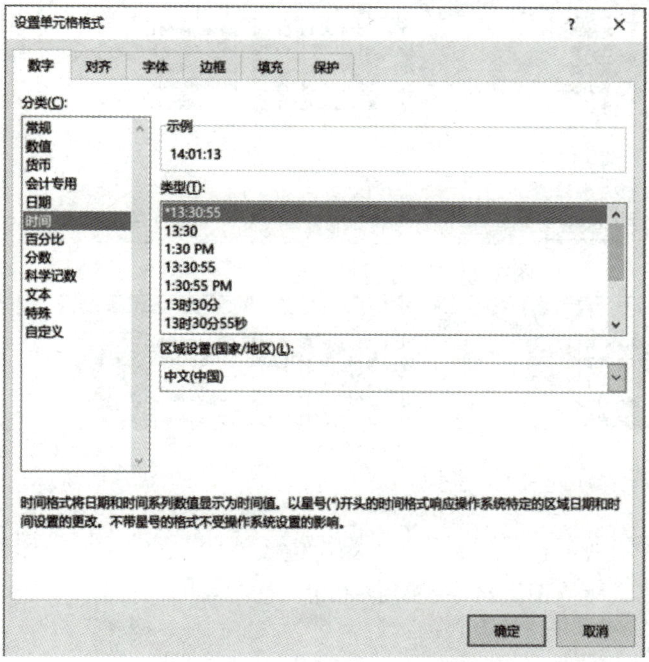

图 2-21 【设置单元格格式】对话框

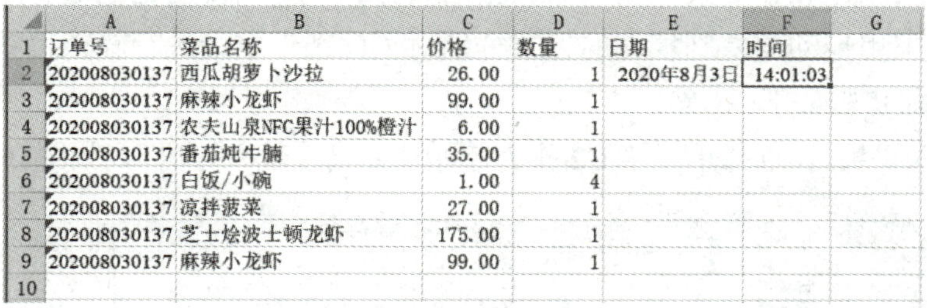

	A	B	C	D	E	F	G
1	订单号	菜品名称	价格	数量	日期	时间	
2	202008030137	西瓜胡萝卜沙拉	26.00	1	2020年8月3日	14:01:03	
3	202008030137	麻辣小龙虾	99.00	1			
4	202008030137	农夫山泉NFC果汁100%橙汁	6.00	1			
5	202008030137	番茄炖牛腩	35.00	1			
6	202008030137	白饭/小碗	1.00	4			
7	202008030137	凉拌菠菜	27.00	1			
8	202008030137	芝士烩波士顿龙虾	175.00	1			
9	202008030137	麻辣小龙虾	99.00	1			
10							

图 2-22 时间显示

(5) 完善日期和时间信息。将日期和时间信息输入完整，如图 2-1 所示。如果要输入当前日期，先选中单元格，然后按下【Ctrl + ；】组合键即可；如果要输入当前时间，先选中单元格，然后按下【Ctrl + Shift + ；】组合键即可。

二、特定数据输入

在 Excel 中，有时会遇到有一定规律的数据，可以使用自动填充功能进行快速输入，从而提高输入的准确性和效率。有时候需要在多个单元格或者多张工作表中输入相同的数据，自动填充功能可以一次性输入。现有某餐饮店的订单详情、菜品信息和部分会员信息，在 Excel 中对相关数据进行更新。

输入有规律的数据

1. 输入有规律的数据

部分用户信息如图 2-23 所示，将会员号、性别、年龄、会员星级信息添加完整后显示结果如图 2-24 所示。

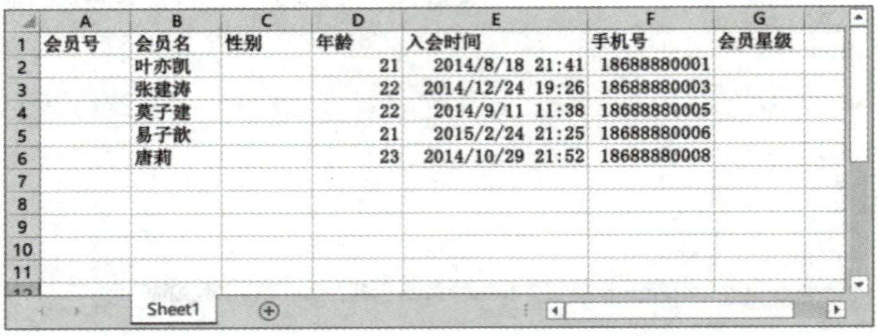

图 2-23　部分用户信息

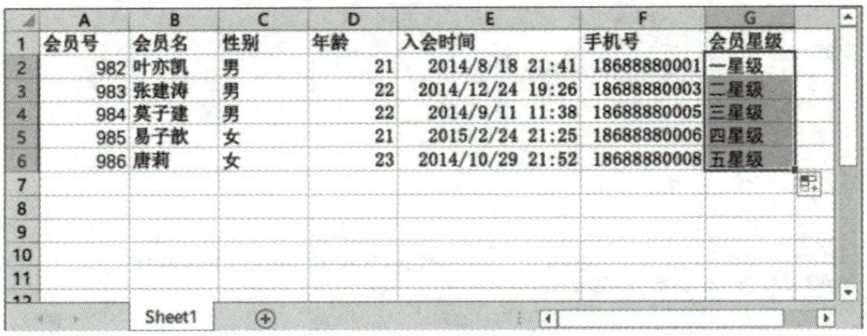

图 2-24　完整用户信息

1) 填充相同的数据

当需要在工作表中的某一区域输入相同数据时，可以使用拖动法和填充命令进行快速输入。采用拖动与复制填充的方式分别对“性别”字段进行输入，首先介绍拖动法，具体操作步骤如下：

(1) 输入“男”。选择单元格 C2 作为起始单元格，输入“男”，如图 2-25 所示。

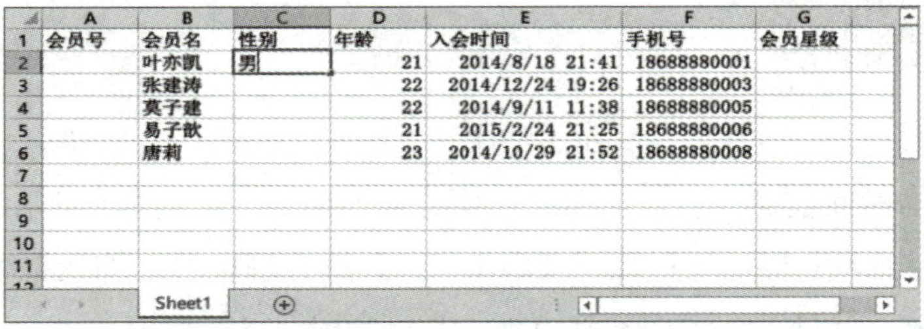

图 2-25　选择起始单元格并输入

(2) 将鼠标指针指向单元格 C2 的右下角，当指针变为黑色且加粗的“+”指针时，向下拖动鼠标。当经过下面的单元格时，选中的单元格右下方会提示要填充到单元格的内容，如图 2-26 所示。

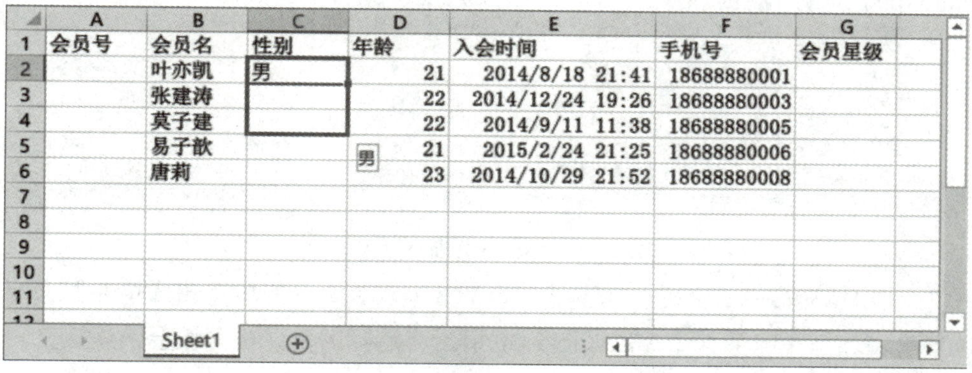

	A	B	C	D	E	F	G
1	会员号	会员名	性别	年龄	入会时间	手机号	会员星级
2		叶亦凯	男	21	2014/8/18 21:41	18688880001	
3		张建涛		22	2014/12/24 19:26	18688880003	
4		莫子建		22	2014/9/11 11:38	18688880005	
5		易子歆		21	2015/2/24 21:25	18688880006	
6		唐莉		23	2014/10/29 21:52	18688880008	

图 2-26 使用拖动法进行快速输入

(3) 释放鼠标，相同的数据会被填充到拖动过的单元格区域中，如图 2-27 所示。

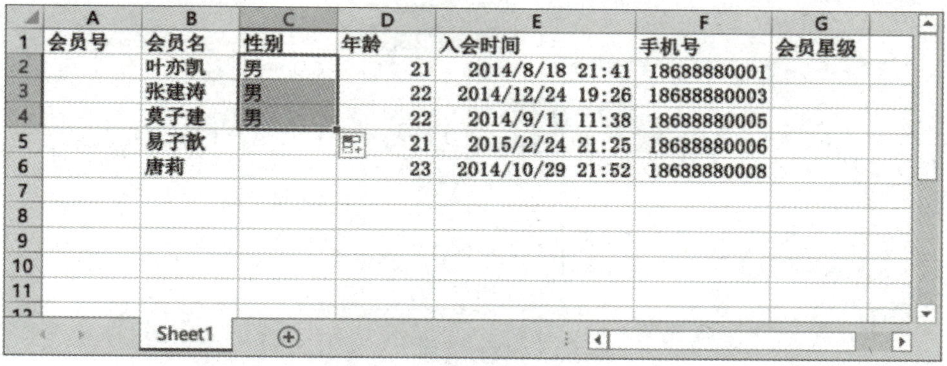

	A	B	C	D	E	F	G
1	会员号	会员名	性别	年龄	入会时间	手机号	会员星级
2		叶亦凯	男	21	2014/8/18 21:41	18688880001	
3		张建涛	男	22	2014/12/24 19:26	18688880003	
4		莫子建	男	22	2014/9/11 11:38	18688880005	
5		易子歆		21	2015/2/24 21:25	18688880006	
6		唐莉		23	2014/10/29 21:52	18688880008	

图 2-27 填充结果

采用填充命令对相同数据“女”进行输入，具体操作步骤如下：

(1) 输入“女”。选择单元格 C5，作为数据区域的起始单元格，输入“女”，如图 2-28 所示。

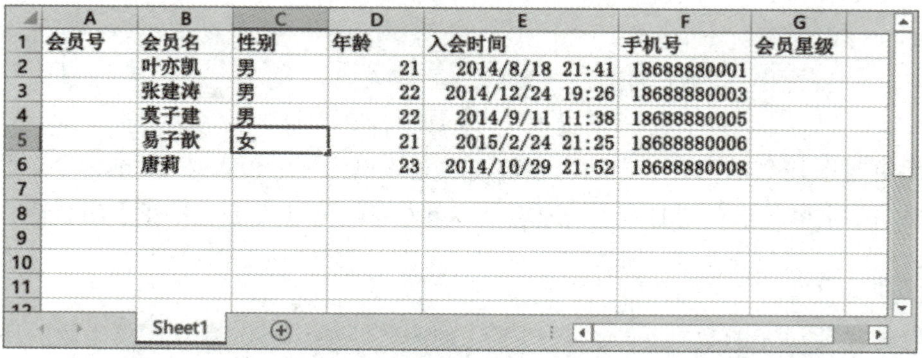

	A	B	C	D	E	F	G
1	会员号	会员名	性别	年龄	入会时间	手机号	会员星级
2		叶亦凯	男	21	2014/8/18 21:41	18688880001	
3		张建涛	男	22	2014/12/24 19:26	18688880003	
4		莫子建	男	22	2014/9/11 11:38	18688880005	
5		易子歆	女	21	2015/2/24 21:25	18688880006	
6		唐莉		23	2014/10/29 21:52	18688880008	

图 2-28 选择起始单元格并输入

(2) 选择单元格区域。选择单元格区域 C5:C6，如图 2-29 所示。

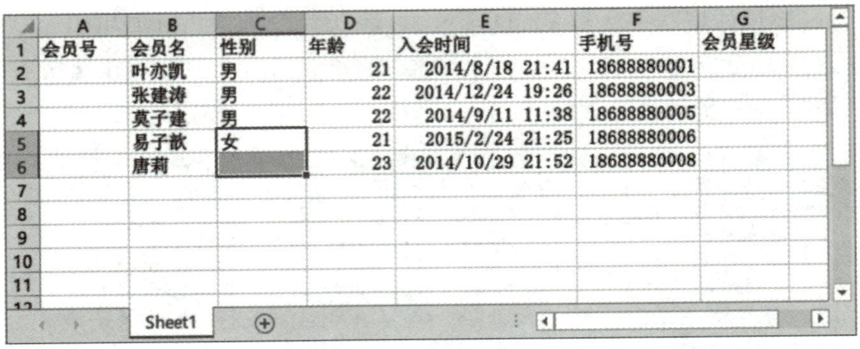

图 2-29　选择单元格区域 C5:C6

(3) 使用填充命令。在【开始】选项卡的【编辑】命令组中单击【填充】命令，在下拉菜单中选择【向下】命令，如图 2-30 所示。选择的单元格区域会快速填充相同的数据，如图 2-31 所示。

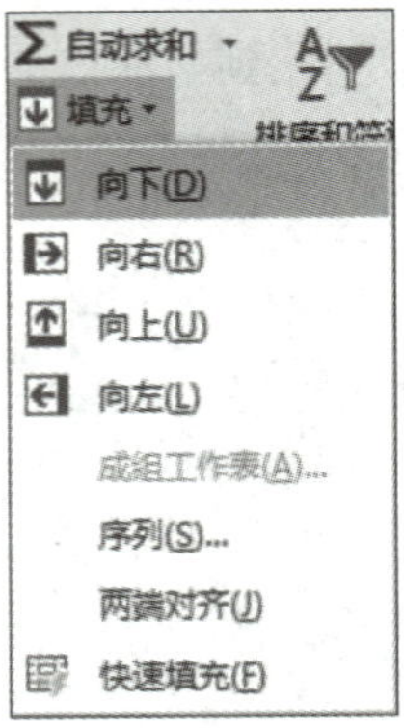

图 2-30　选择【向下】命令

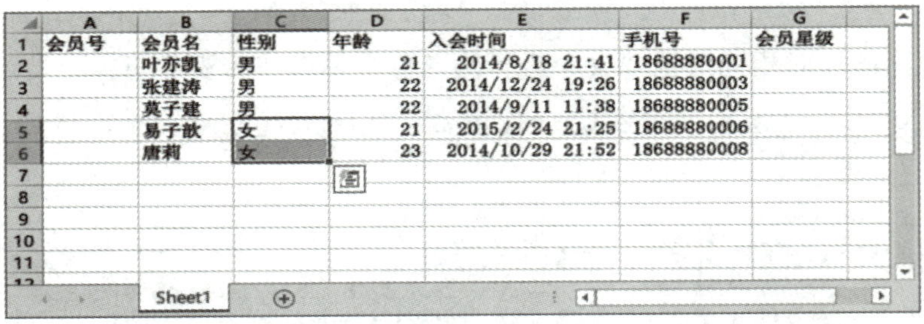

图 2-31　使用【填充】命令进行快速输入

如果要用某个单元格上方的内容快速填充该单元格，可以按【Ctrl + D】组合键；如果要用某个单元格左侧的内容快速填充该单元格，可以按【Ctrl + R】组合键。

2) *填充序列*

有时需要填充的数据是一个规律变化的序列，如递增、递减、成比例的序列等。为了缩短逐个输入数据的时间，可以使用拖动法和填充命令进行快速输入。现采用拖动序列填充的方式对“会员号”字段进行输入，具体操作步骤如下：

(1) 输入“982”。选择单元格 A2 作为数据区域的起始单元格，输入“982”，如图 2-32 所示。

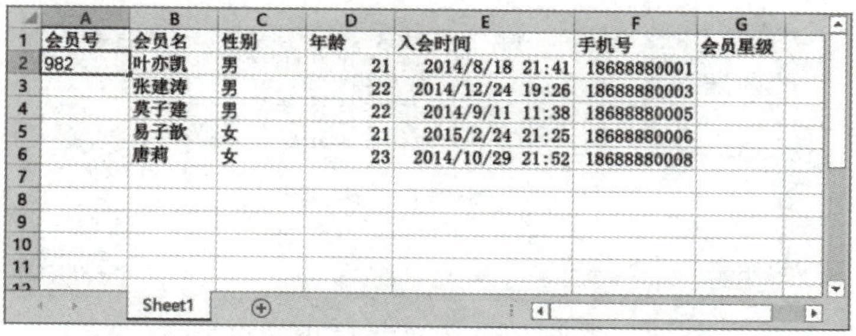

	A	B	C	D	E	F	G
1	会员号	会员名	性别	年龄	入会时间	手机号	会员星级
2	982	叶亦凯	男	21	2014/8/18 21:41	18688880001	
3		张建涛	男	22	2014/12/24 19:26	18688880003	
4		莫子建	男	22	2014/9/11 11:38	18688880005	
5		易子歆	女	21	2015/2/24 21:25	18688880006	
6		唐莉	女	23	2014/10/29 21:52	18688880008	

图 2-32　选择起始单元格并输入

(2) 填充复制会员号。将鼠标指针移向单元格 A2 的右下角，当指针变为黑色且加粗的“+”指针时，向下拖动鼠标，当经过下面的单元格时，此时屏幕上会提示要填充到单元格的内容，如图 2-33 所示。

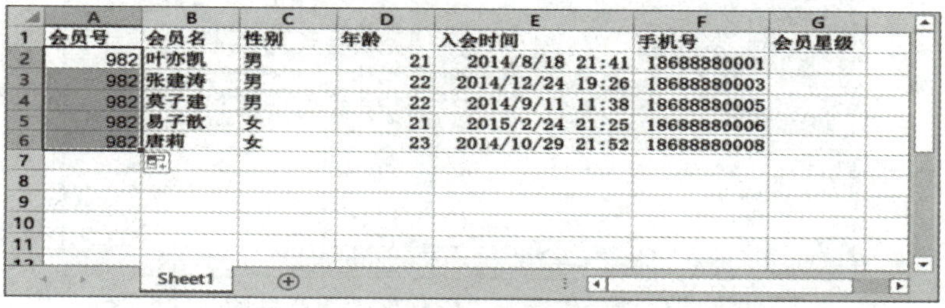

	A	B	C	D	E	F	G
1	会员号	会员名	性别	年龄	入会时间	手机号	会员星级
2	982	叶亦凯	男	21	2014/8/18 21:41	18688880001	
3	982	张建涛	男	22	2014/12/24 19:26	18688880003	
4	982	莫子建	男	22	2014/9/11 11:38	18688880005	
5	982	易子歆	女	21	2015/2/24 21:25	18688880006	
6	982	唐莉	女	23	2014/10/29 21:52	18688880008	

图 2-33　使用拖动法进行快速输入

(3) 打开【自动填充选项】下拉菜单。释放鼠标后，单击出现的【自动填充选项】按钮，此时默认勾选的选项为【复制单元格】，如图 2-34 所示。

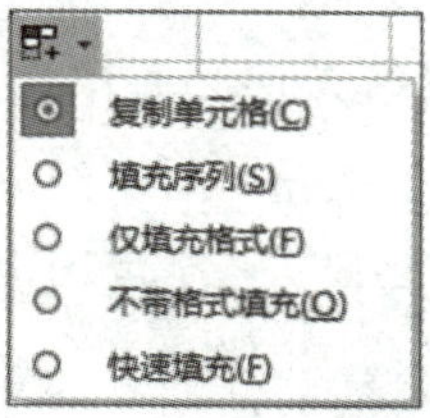

图 2-34　【自动填充选项】按钮

(4) 勾选【填充序列】。选择【填充序列】，会员号会按递增关系进行自动填充，如图 2-35 所示。

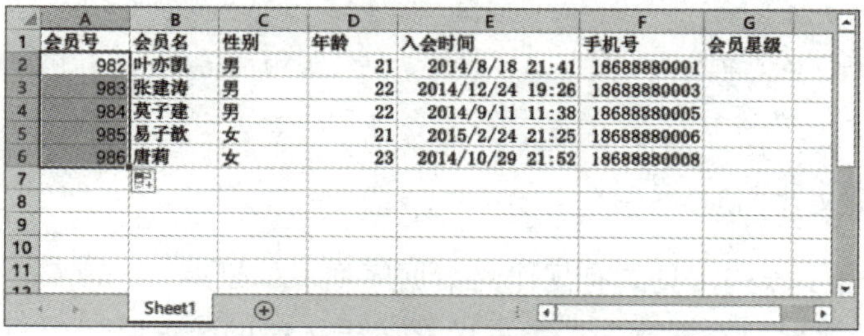

	A	B	C	D	E	F	G
1	会员号	会员名	性别	年龄	入会时间	手机号	会员星级
2	982	叶亦凯	男	21	2014/8/18 21:41	18688880001	
3	983	张建涛	男	22	2014/12/24 19:26	18688880003	
4	984	莫子建	男	22	2014/9/11 11:38	18688880005	
5	985	易子歆	女	21	2015/2/24 21:25	18688880006	
6	986	唐莉	女	23	2014/10/29 21:52	18688880008	

图 2-35　序列填充结果

或者在单元格 A2、A3 先分别输入“982”“983”，选择单元格区域 A2:A3，然后用复制填充的方式拖动鼠标即可，如图 2-36 所示。

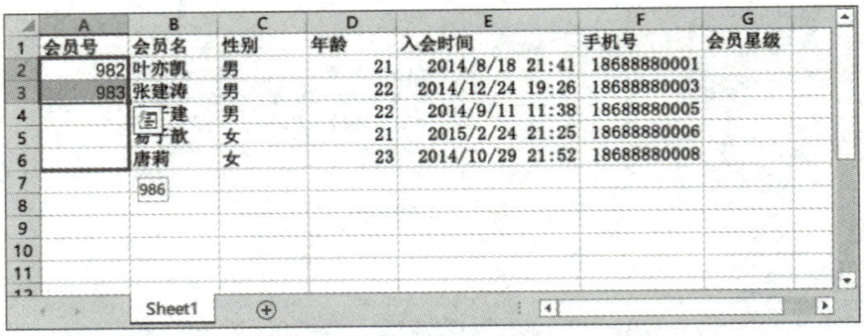

图 2-36　使用拖动法进行快速输入

还可以采用填充命令进行输入，具体操作步骤如下：

(1) 输入“982”。选择单元格 A2，作为数据区域的起始单元格，输入“982”。

(2) 选定需要进行序列填充的单元格区域。选择单元格区域 A2:A6，如图 2-37 所示。

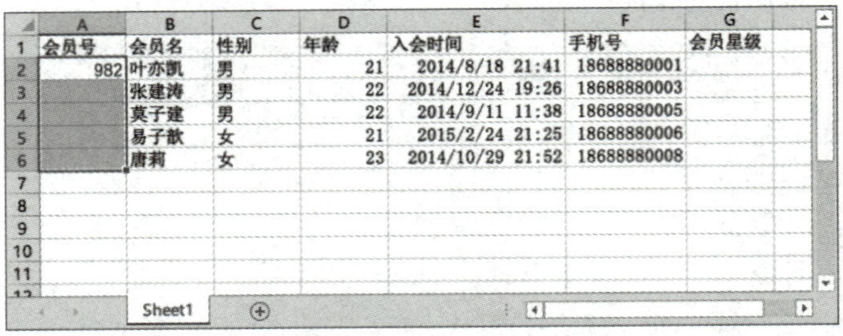

图 2-37　选定需要进行序列填充的单元格区域

(3) 打开【序列】对话框。在【开始】选项卡的【编辑】命令组中单击【填充】命令，在下拉菜单中选择【序列】命令，弹出【序列】对话框。

(4) 在【序列】对话框中设置参数。在【序列产生在】组合框中选择【列】单选按钮，在【类型】组合框中选择【等差序列】单选按钮，在【步长值】文本框中输入“1”，如图 2-38 所示。单击【确定】按钮，显示结果如图 2-39 所示。

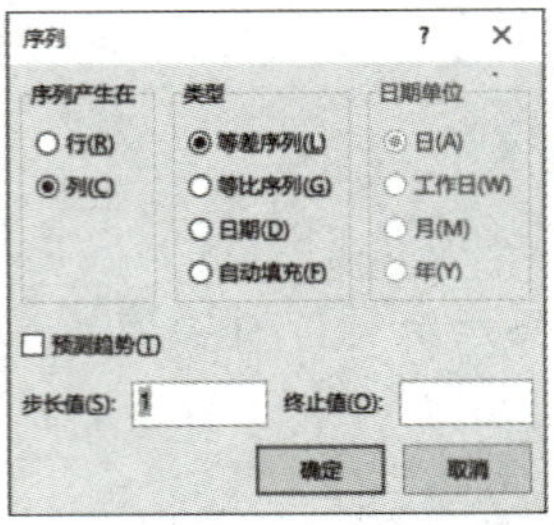

图 2-38　在【序列】对话框中填写相应参数

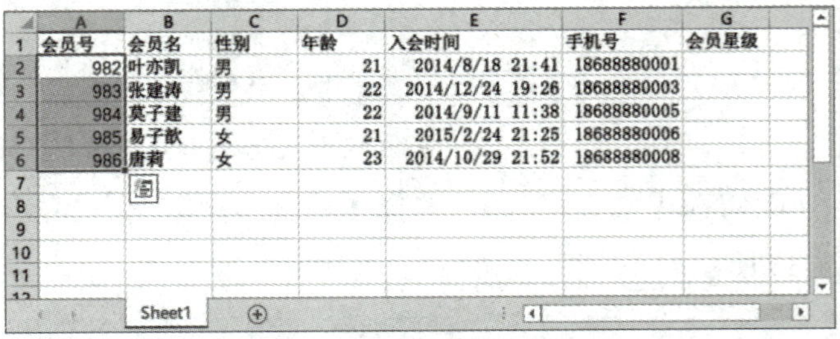

图 2-39　使用填充命令进行快速输入

3) 填充自定义序列

Excel 中包含了一些常见的有规律的数据序列，如日期、季度等，但这些序列有时不能满足用户的需要。在遇到一些特殊的有一定规律的数据时，用户还可以填充自定义序列。现通过自定义序列填充的方式对“用户星级”字段进行输入，具体操作步骤如下：

(1) 打开【Excel 选项】对话框。单击【文件】选项卡，选择【选项】命令，弹出【Excel 选项】对话框，如图 2-40 所示。

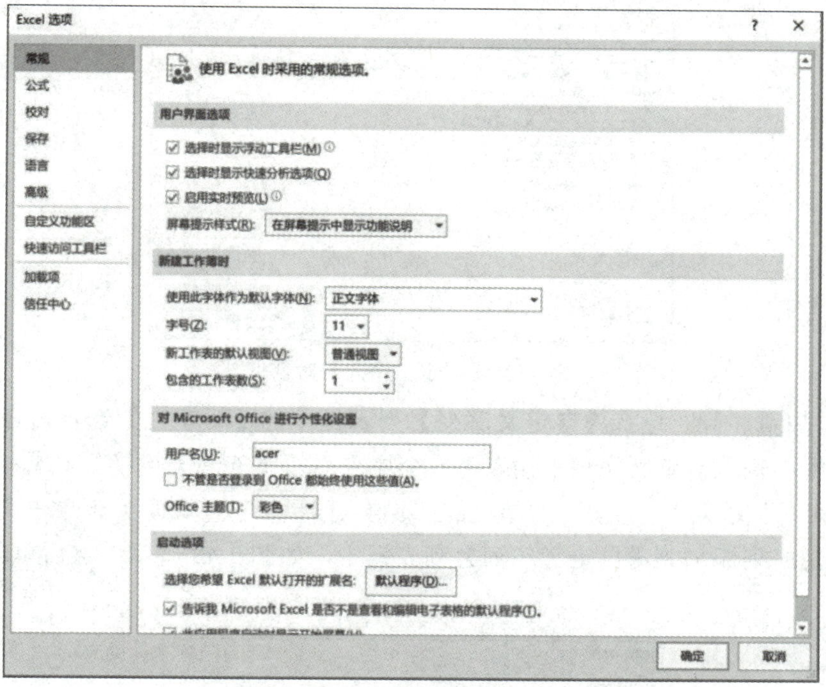

图 2-40　【Excel 选项】对话框

(2) 打开【自定义序列】对话框。在【Excel 选项】对话框中，单击【高级】选项，在【常规】组中单击【编辑自定义列表】按钮（如图 2-41 所示），弹出【自定义序列】对话框，如图 2-42 所示。

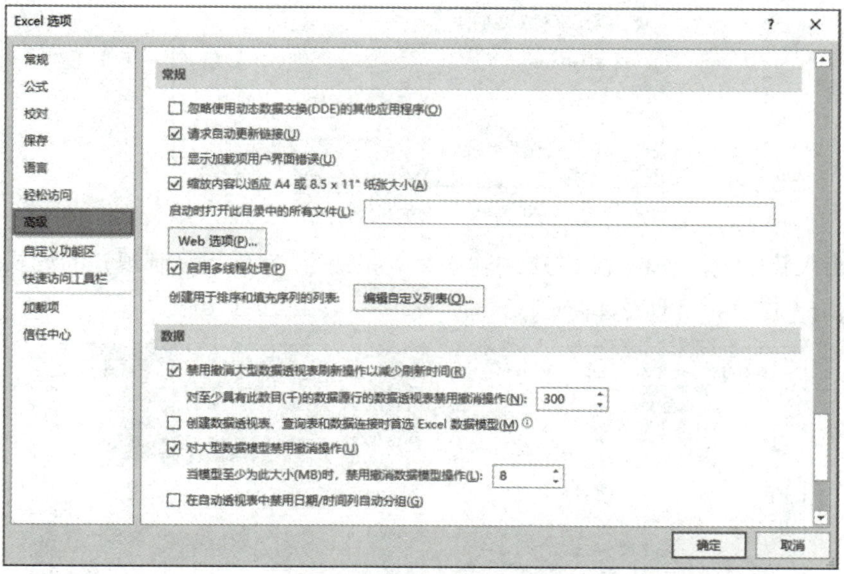

图 2-41　在【常规】组中单击【编辑自定义列表】按钮

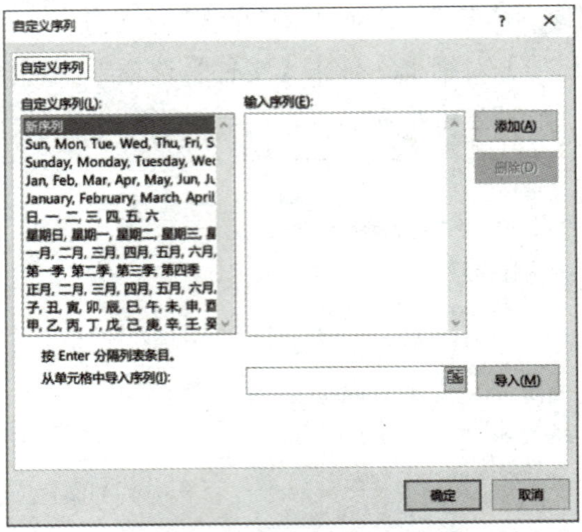

图 2-42 【自定义序列】对话框

(3) 添加新序列。选择【自定义序列】列表框中的【新序列】选项，在【输入序列】文本框中输入自定义序列，输入每一个序列后按【Enter】键换行 (或者用英文状态下的逗号，如输入“一星级 , 二星级 , 三星级 , 四星级 , 五星级”)，单击【添加】按钮，即可把序列添加到【自定义序列】列表框中，如图 2-43 所示。然后单击【确定】按钮。

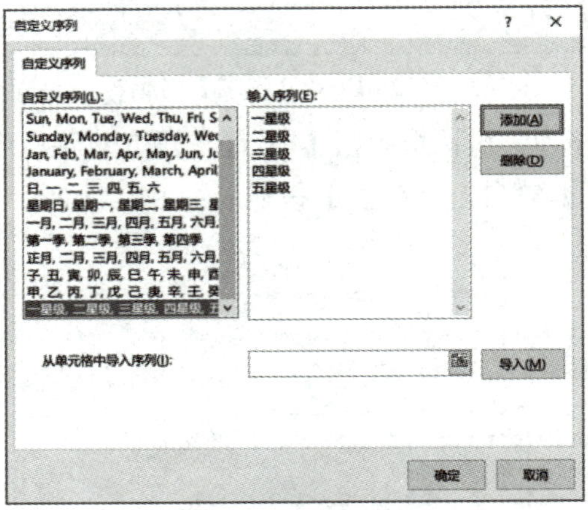

图 2-43 添加的新序列

(4) 输入新序列。在单元格 G2 中输入“一星级”，然后用复制填充的方式拖动鼠标即可得到填充序列，如图 2-44 所示。

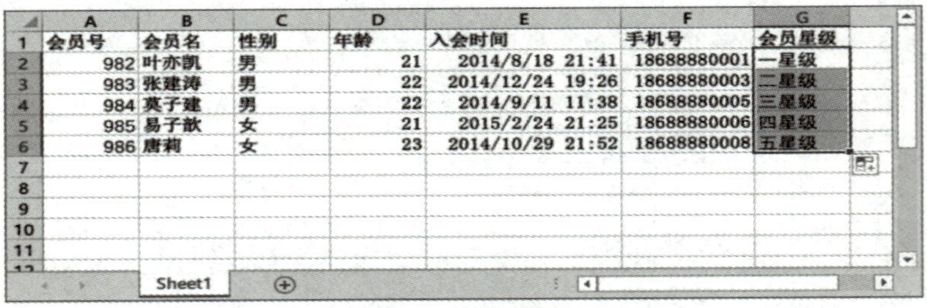

图 2-44 利用自定义序列填充的数据

2. 输入相同的数据

1) 在多个单元格中输入相同的数据

图 2-45 为某餐饮店的会员信息，现将会员号为“1213”“1215”“1116”的会员星级更改为“二星级”，具体操作步骤如下：

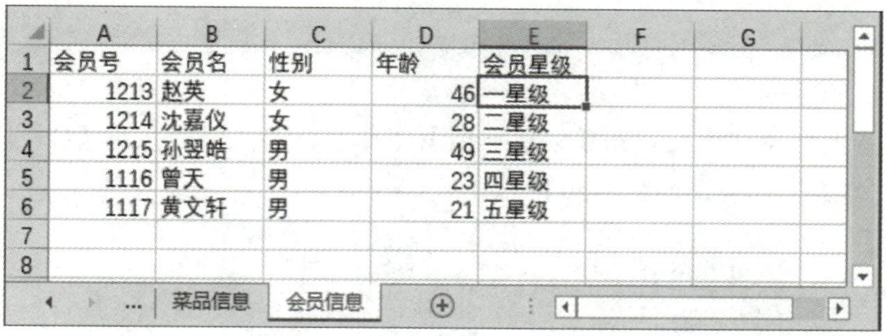

	A	B	C	D	E
1	会员号	会员名	性别	年龄	会员星级
2	1213	赵英	女	46	一星级
3	1214	沈嘉仪	女	28	二星级
4	1215	孙翌皓	男	49	三星级
5	1116	曾天	男	23	四星级
6	1117	黄文轩	男	21	五星级

菜品信息　会员信息

图 2-45　会员信息

(1) 选择多个目标单元格。选择单元格 E2，按下【Ctrl】键的同时，分别单击单元格 E4、E5，如图 2-46 所示。

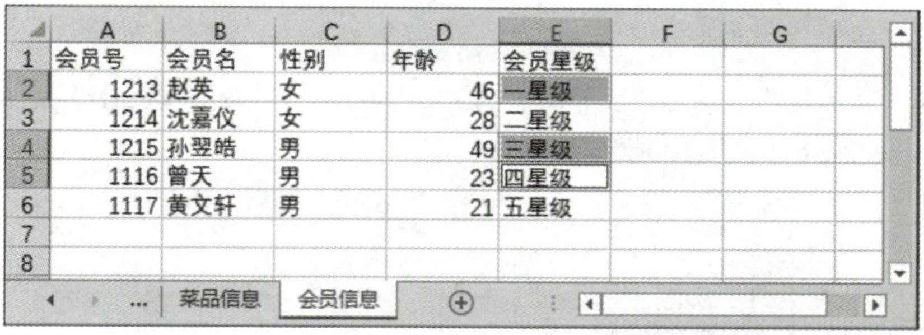

	A	B	C	D	E
1	会员号	会员名	性别	年龄	会员星级
2	1213	赵英	女	46	一星级
3	1214	沈嘉仪	女	28	二星级
4	1215	孙翌皓	男	49	三星级
5	1116	曾天	男	23	四星级
6	1117	黄文轩	男	21	五星级

菜品信息　会员信息

图 2-46　选中多个不相邻的单元格

(2) 输入更改的会员星级。输入“二星级”，然后按下【Ctrl+Enter】组合键，这样所选中的单元格都会被输入相同的数据，如图 2-47 所示。

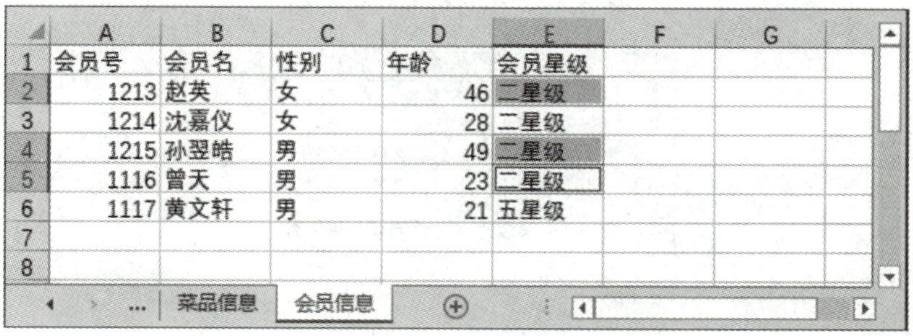

	A	B	C	D	E
1	会员号	会员名	性别	年龄	会员星级
2	1213	赵英	女	46	二星级
3	1214	沈嘉仪	女	28	二星级
4	1215	孙翌皓	男	49	二星级
5	1116	曾天	男	23	二星级
6	1117	黄文轩	男	21	五星级

菜品信息　会员信息

图 2-47　在多个单元格中输入相同的数据

2) 在多张工作表中输入相同的数据

图 2-48 和图 2-49 分别是某餐饮店的订单详情与菜品信息，现该餐饮店的“白斩鸡”打折销售，需要将两个工作表中“白斩鸡”的价格改为“40”，具体操作步骤如下：

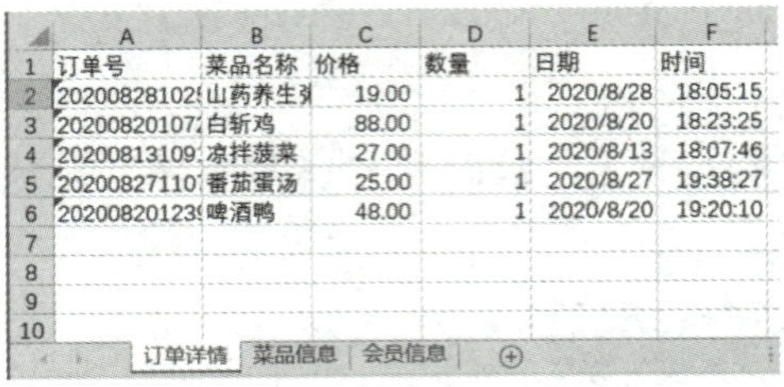

	A	B	C	D	E	F
1	订单号	菜品名称	价格	数量	日期	时间
2	20200828102	山药养生粥	19.00	1	2020/8/28	18:05:15
3	20200820107	白斩鸡	88.00	1	2020/8/20	18:23:25
4	20200813109	凉拌菠菜	27.00	1	2020/8/13	18:07:46
5	20200827110	番茄蛋汤	25.00	1	2020/8/27	19:38:27
6	20200820123	啤酒鸭	48.00	1	2020/8/20	19:20:10

图 2-48　订单详情

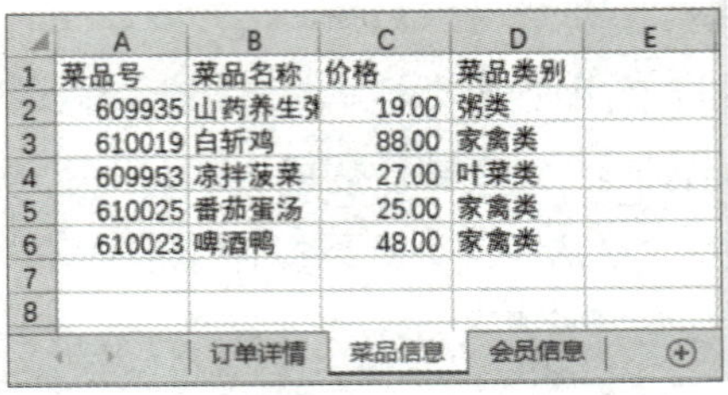

	A	B	C	D	E
1	菜品号	菜品名称	价格	菜品类别	
2	609935	山药养生粥	19.00	粥类	
3	610019	白斩鸡	88.00	家禽类	
4	609953	凉拌菠菜	27.00	叶菜类	
5	610025	番茄蛋汤	25.00	家禽类	
6	610023	啤酒鸭	48.00	家禽类	

图 2-49　菜品信息

(1) 选中两张工作表。单击【订单详情】工作表标签，然后按下【Ctrl】键，再单击【菜品信息】工作表，如图 2-50 所示。

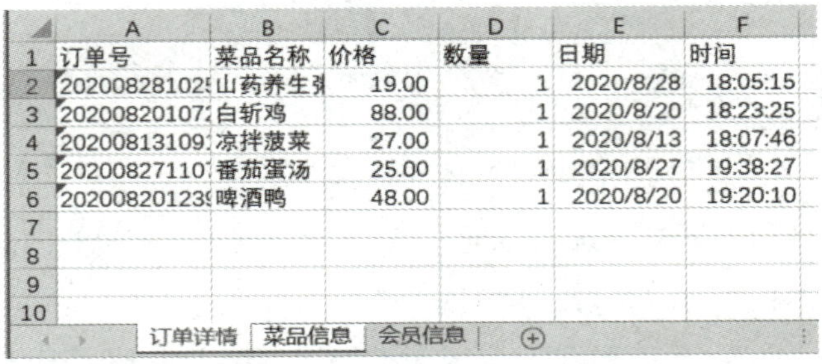

	A	B	C	D	E	F
1	订单号	菜品名称	价格	数量	日期	时间
2	20200828102	山药养生粥	19.00	1	2020/8/28	18:05:15
3	20200820107	白斩鸡	88.00	1	2020/8/20	18:23:25
4	20200813109	凉拌菠菜	27.00	1	2020/8/13	18:07:46
5	20200827110	番茄蛋汤	25.00	1	2020/8/27	19:38:27
6	20200820123	啤酒鸭	48.00	1	2020/8/20	19:20:10

图 2-50　选中两张工作表

(2) 输入新的价格。单击单元格 C3，输入“40”，然后按下【Enter】键或者【Tab】键即可，如图 2-51 和图 2-52 所示。

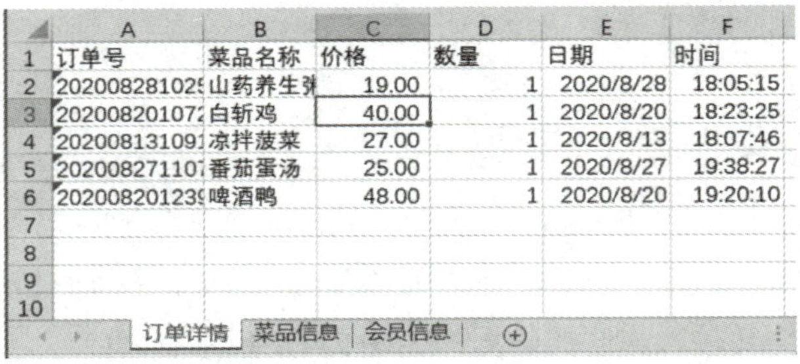

	A	B	C	D	E	F
1	订单号	菜品名称	价格	数量	日期	时间
2	20200828102	山药养生粥	19.00	1	2020/8/28	18:05:15
3	20200820107	白斩鸡	40.00	1	2020/8/20	18:23:25
4	20200813109	凉拌菠菜	27.00	1	2020/8/13	18:07:46
5	20200827110	番茄蛋汤	25.00	1	2020/8/27	19:38:27
6	20200820123	啤酒鸭	48.00	1	2020/8/20	19:20:10

图 2-51　更新后的订单详情

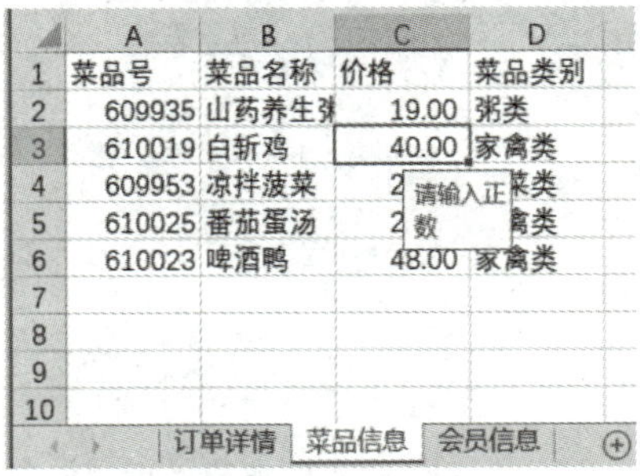

	A	B	C	D
1	菜品号	菜品名称	价格	菜品类别
2	609935	山药养生粥	19.00	粥类
3	610019	白斩鸡	40.00	家禽类
4	609953	凉拌菠菜	2	菜类
5	610025	番茄蛋汤	2	禽类
6	610023	啤酒鸭	48.00	家禽类

图 2-52　更新后的菜品信息

需要注意的是，这种方法只能用于在不同工作表对应的相同单元格中输入相同的数据，如在【订单详情】工作表的单元格 C3 与【菜品信息】的单元格 C3 中输入相同数据。

质量监控（教师完成）				
任务实施栏目评分表				
评分项	分值	作答要求	评审规定	得分
任务资讯	10	问题回答清晰准确，能够紧扣主题，没有明显错误项	对照标准答案，一项错误扣 5 分，扣完为止	
任务规划	20	任务规划合理可实施，没有任何细节错误	参照标准答案，一项错误扣 5 分，扣完为止	
任务实施	40	包含具体实施过程，过程完整、准确、清晰	根据错误的严重程度，每个错误点一次分别扣 10 分、5 分、2 分	
任务扩展	20	任务目标明确，结果准确、完整、详细	根据错误的严重程度，每个错误点一次分别扣 10 分、5 分、2 分	
其他	10	日志和问题项目填写详细、能够反映实际工作过程	没有填写或者太过简单，每项扣 5 分	
合计得分				

职业能力评分表			
评分项	等级	作答要求	等级
知识评价	A|B|C	A：能够完整准确地作答任务资讯的所有问题，准确率在 90% 以上 B：能较准确地作答所有问题，准确率在 60% ～ 80% C：对基础知识掌握得非常差，任务资讯和答辩的准确率在 50% 以下	
能力评价	A|B|C	A：熟悉各个环节的实施步骤，独立完成任务，有能力辅助其他学生完成规定的工作任务，实施快速，准确率高，即任务规划和任务实施正确率在 85% 以上 B：基本完成各个环节的任务，准确率在 60% ～ 80% C：未完成任务或只完成了部分任务，有问题没有积极向其他同学请教，工作实施拖拉，不积极，各个部分的准确率在 50% 以下	
态度素养评价	A|B|C	A：不迟到、不早退，对待其他人有礼貌，善于帮助他人，积极主动完成规定的工作任务，工作台整洁，积极回答老师提问 B：基本完成各个环节的任务，准确率在 60% ～ 80% C：未完成任务或只完成了部分任务，有问题没有积极向其他同学请教，工作实施拖拉，不积极，不能准确回答老师提出的问题，各个部分的准确率在 50% 以下	

任务三　数据获取

任务设计

实施人员信息 (学生填写)							
姓名		班级		学号		电话	

任务目标	笔记栏
(1) 获取文本数据。 (2) 获取网站数据。 (3) 获取 MySQL 数据库数据。	

任务介绍	笔记栏
1. 任务描述 常见文本数据的格式为 txt 和 csv，现有某餐饮企业的员工需要用 Excel 2016 对客户信息进行统计分析，该企业的客户信息存放在客户信息 .txt 和客户信息 .csv 文件中。 此外网站数据是数据的一个重要来源，比如某机构为了查看某地区的经济总体状况，需要获取该地区的生产总值。Excel 2016 也可以获取外部数据库的数据，但在此之前需要新建与连接数据源。 **2. 任务要求** 在 Excel 2016 中找到获取文本数据的相关命令。导入客户信息 .txt 数据和客户信息 .csv 数据。 在 Excel 2016 中找到获取网站数据的命令，选择某地区统计局网站的相关数据并导入。 新建一个 MySQL 数据源并通过 Excel 2016 连接该数据源，导入数据库中含有某餐饮企业会员信息的“info”的数据。	

任务资讯	笔记栏
(1) 如何导入 txt 格式的数据？(2.5 分) (2) 如何导入 csv 格式的数据？(2.5 分) (3) 如何获取网站的数据？(2.5 分) (4) 如何获取数据库数据？(2.5 分)	

任务规划	笔记栏
(1) 导入 txt 格式数据的操作规划。(5 分) (2) 导入 csv 格式数据的操作规划。(5 分) (3) 获取网站数据的操作规划。(5 分) (4) 获取数据库数据的操作规划。(5 分)	

任务实施	笔记栏
(1) 导入客户信息 .txt 数据。(8 分) (2) 导入客户信息 .csv 数据。(8 分) (3) 获取北京市统计局网站数据。(8 分) (4) 获取上海市统计局网站数据。(8 分) (5) 获取 MySQL 数据库中某企业会员信息数据。(8 分)	

任务扩展	笔记栏
在为了直观地查看某自助便利店销售业绩，需要将数据制作成图表，目前数据保存在 MySQL 数据库中的 sales 数据中，需要导入 Excel 2016。 (1) 新建 MySQL 数据源。(10 分) (2) 导入 MySQL 数据库中的 sales 数据。(10 分)	

工作日志		笔记栏
在实施任务的过程中，填写以下工作日志表。(5 分)		
工作日志表		
工作内容	问题及解决方式	
工作总结		
完成本任务的工作总结。(5 分)		

学习资源——数据获取

Excel 2016 可以直接从外部获取数据，如获取文本数据、获取网站数据、获取 MySQL 数据库数据、获取其他来源数据等。

获取文本数据

【学习目标】

(1) 获取文本数据。

(2) 获取网站数据。

(3) 获取 MySQL 数据库数据。

一、获取客户信息数据

常见的文本数据的格式为 txt 和 csv。现有某餐饮企业的员工需要用 Excel 2016 对客户信息进行统计分析，从而了解客户需求，以便更好地服务客户和改进企业的经营管理。该企业的客户信息存放在客户信息 .txt 和客户信息 .csv 文件中。

1. 导入客户信息 .txt 数据

在 Excel 2016 中导入客户信息 .txt 数据的具体操作步骤如下：

(1) 打开【导入文本文件】对话框。新建一个空白工作簿，在【数据】选项卡的【获取外部数据】命令组中，单击【自文本】命令，如图 3-1 所示，弹出【导入文本文件】对话框，如图 3-2 所示。

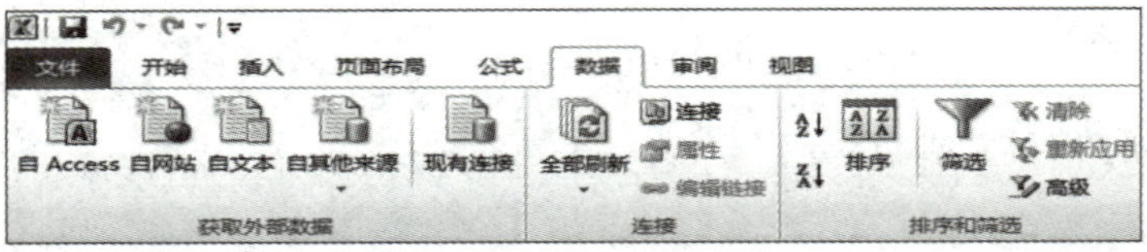

图 3-1 【自文本】命令

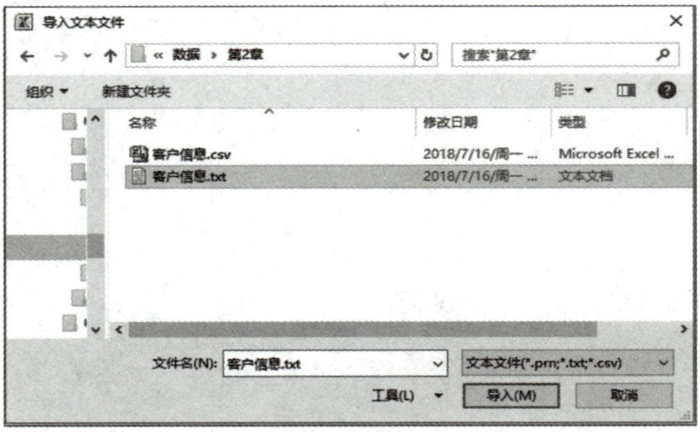

图 3-2 【导入文本文件】对话框

(2) 选择要导入数据的 txt 文件。在【导入文本文件】对话框中，选择客户信息 .txt 数据，单击【导入】按钮，弹出【文本导入向导 - 第 1 步，共 3 步】对话框，如图 3-3 所示。

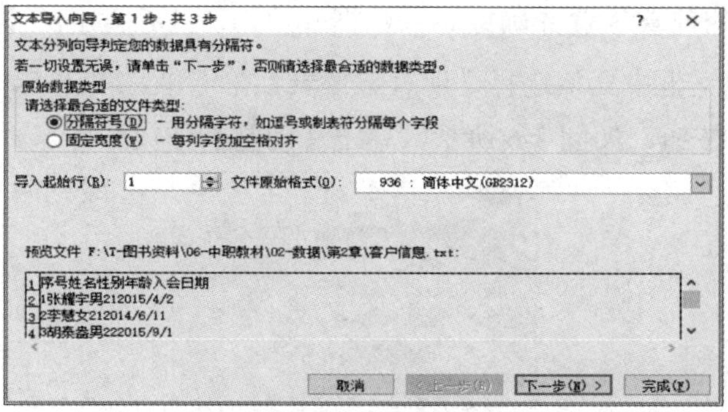

图 3-3　【文本导入向导 - 第 1 步，共 3 步】对话框

(3) 选择最合适的数据类型。在【文本导入向导 - 第 1 步，共 3 步】对话框中，默认选择【分隔符号】单选框，单击【下一步】按钮，弹出【文本导入向导 - 第 2 步，共 3 步】对话框，如图 3-4 所示。

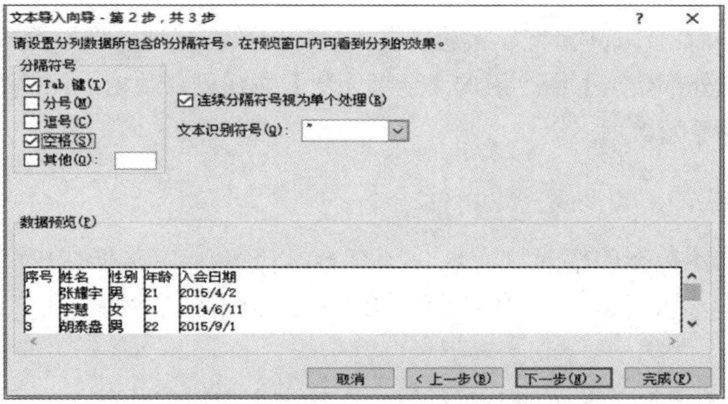

图 3-4　【文本导入向导 - 第 2 步，共 3 步】对话框

(4) 选择合适的分割符号。在【文本导入向导 - 第 2 步，共 3 步】对话框中，勾选【空格】复选框，单击【下一步】按钮，弹出【文本导入向导 - 第 3 步，共 3 步】对话框，如图 3-5 所示。

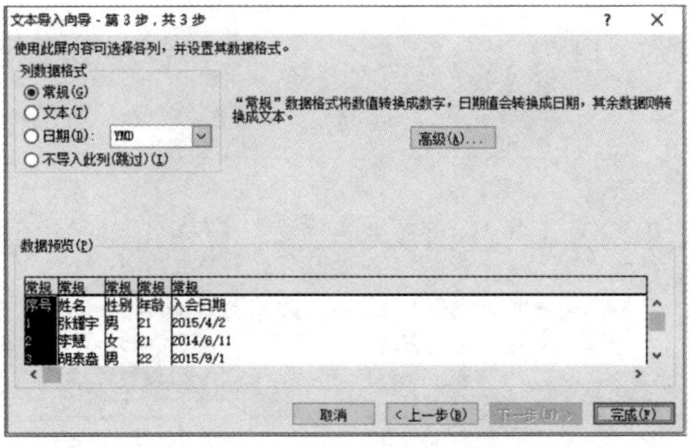

图 3-5　【文本导入向导 - 第 3 步，共 3 步】对话框

(5) 选择数据格式。在【文本导入向导 - 第 3 步，共 3 步】对话框中，默认选择【常规】单选框。

(6) 设置数据的放置位置并确定导入数据。单击图 3-5 所示的【完成】按钮，在弹出【导入数据】对话框中默认选择【现有工作表】单选框，单击 按钮，选择单元格 A1，再次单击 按钮，如图 3-6 所示，单击【确定】按钮。

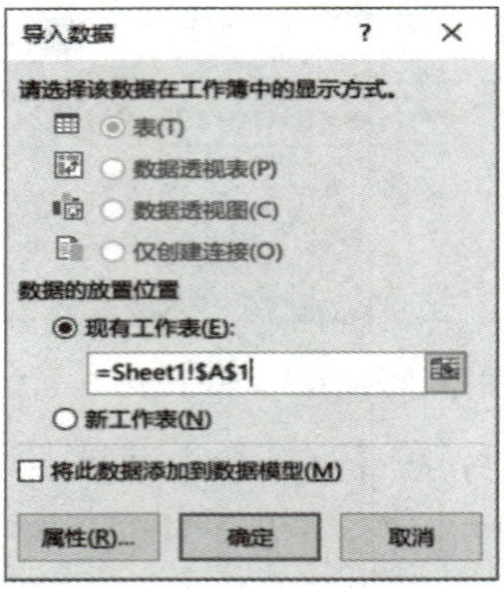

图 3-6 【导入数据】对话框

导入数据后，Excel 会将导入的数据作为外部数据区域，当原始数据有改动时，可以单击【获取外部数据】命令组的【全部刷新】按钮刷新数据，此时 Excel 中的数据会变成改动后的原始数据。

2. 导入客户信息 .csv 数据

常见的文本数据的格式除了 txt，还有 csv。某企业常常把客户信息存放在客户信息 .csv 文件中，以便员工调取和使用。在 Excel 2016 中导入客户信息 .csv 数据的具体操作步骤如下：

(1) 打开【导入文本文件】对话框。新建一个空白工作簿，在【数据】选项卡的【获取外部数据】命令组中，单击【自文本】命令，弹出【导入文本文件】对话框。

(2) 选择要导入数据的 csv 文件。在【导入文本文件】对话框中，选择客户信息 .csv 数据，如图 3-7 所示，单击【导入】按钮，弹出【文本导入向导 - 第 1 步，共 3 步】对话框。

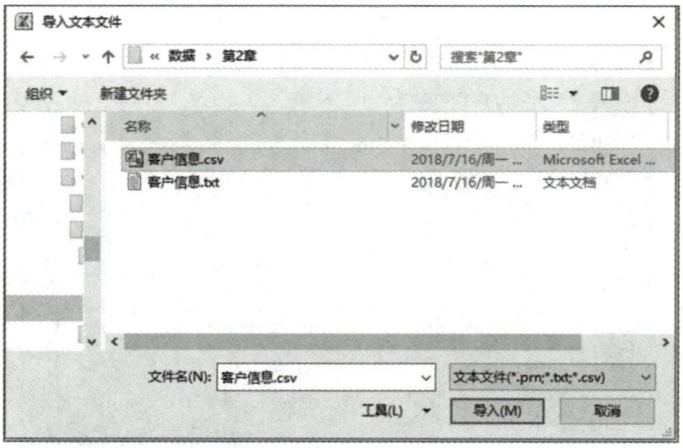

图 3-7 【导入文本文件】对话框

(3) 选择最合适的数据类型。在【文本导入向导 - 第 1 步，共 3 步】对话框中，默认选择【分隔符号】单选框，如图 3-8 所示，单击【下一步】按钮，弹出【文本导入向导 - 第 2 步，共 3 步】对话框。

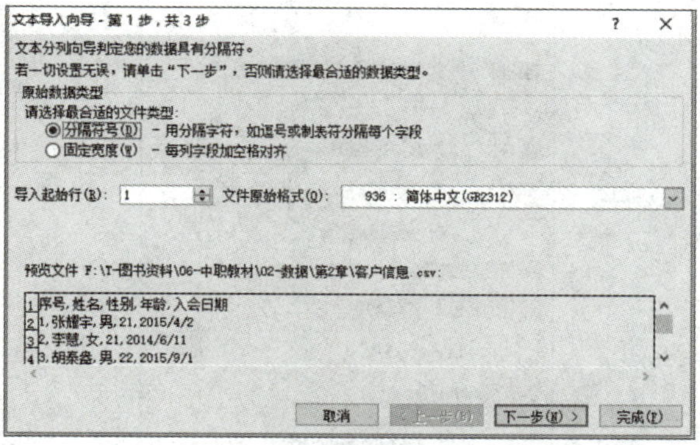

图 3-8 【文本导入向导 - 第 1 步，共 3 步】对话框

(4) 选择合适的分隔符号。在【文本导入向导 - 第 2 步，共 3 步】对话框中，勾选【逗号】复选框，如图 3-9 所示，单击【下一步】按钮，弹出【文本导入向导 - 第 3 步，共 3 步】对话框。

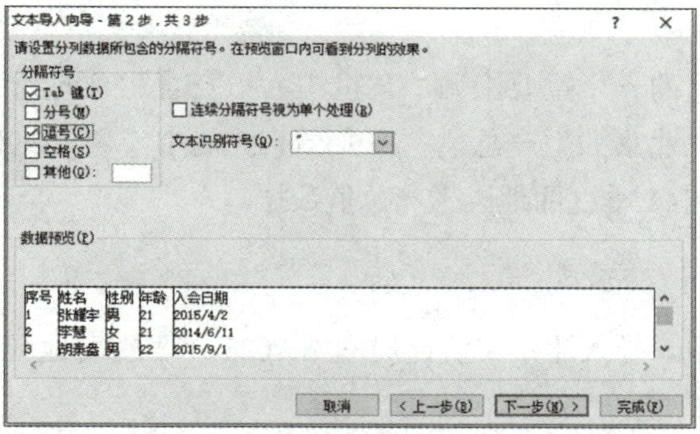

图 3-9 【文本导入向导 - 第 2 步，共 3 步】对话框

(5) 选择数据格式。在【文本导入向导 - 第 3 步，共 3 步】对话框中，默认选择【常规】单选框，如图 3-10 所示，单击【完成】按钮。

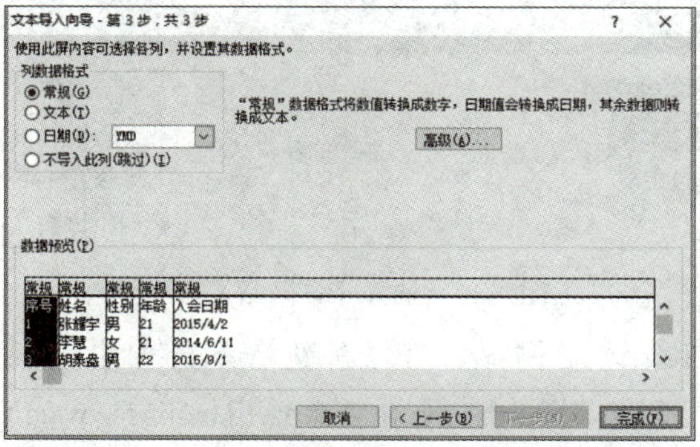

图 3-10 【文本导入向导 - 第 3 步，共 3 步】对话框

(6) 设置数据的放置位置并确定导入数据。单击图 3-10 所示的【完成】按钮，在弹出【导入数据】对话框中默认选择【现有工作表】单选框，单击 按钮，选择单元格 A1，再次单击 按钮，如图 3-11 所示，单击【确定】按钮。

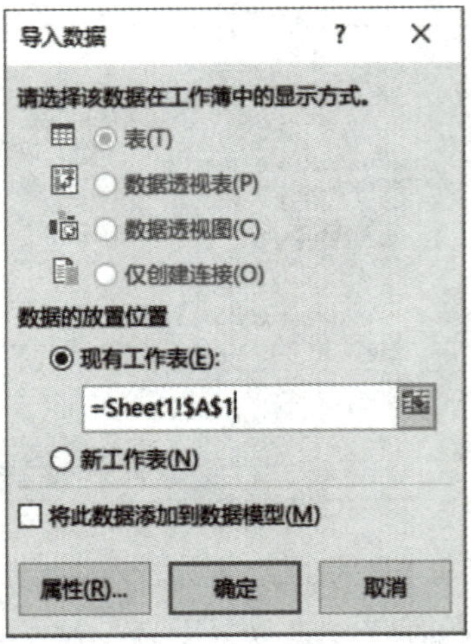

图 3-11 【导入数据】对话框

二、获取网站数据

网站数据是数据的一个重要来源。某机构为了查看北京的经济总体状况，需要获取北京的生产总值。在 Excel 2016 中，获取北京市统计局网站 2021 年 1 季度的地区生产总值数据。

获取网站数据

1. 获取北京市统计局网站数据

在 Excel 2016 中，导入北京市统计局网站 2021 年 1 季度地区的生产总值数据，具体的操作步骤如下：

(1) 打开【新建 Web 查询】对话框。新建一个空白工作簿，在【数据】选项卡的【获取外部数据】命令组中，单击【自网站】命令，如图 3-12 所示，弹出【新建 Web 查询】对话框。

图 3-12 选择【自网站】命令

(2) 打开北京市统计局网站。在【新建 Web 查询】对话框的【地址】文本框中手动输入或者复制粘贴网址“http://tjj.beijing.gov.cn/tjsj_31433/yjdsj_31440/gdp_31750/2021/202104/ t20210419_2362151.html”，单击【转到】按钮，如图 3-13 所示。

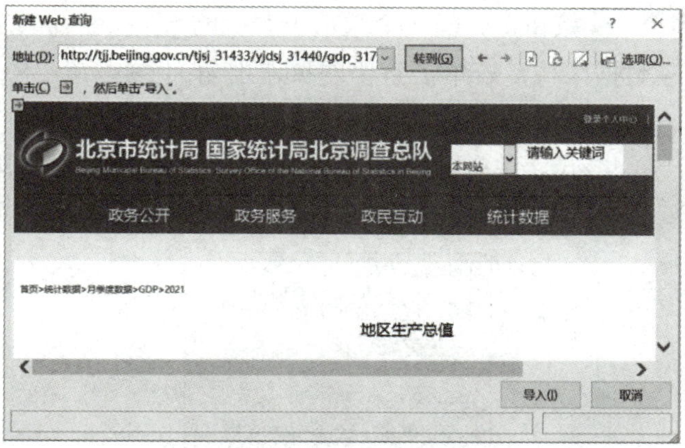

图 3-13 【新建 Web 查询】对话框

此时可能会弹出【脚本错误】对话框，如图 3-14 所示，这种情况与插件运行有关，单击【是】按钮。

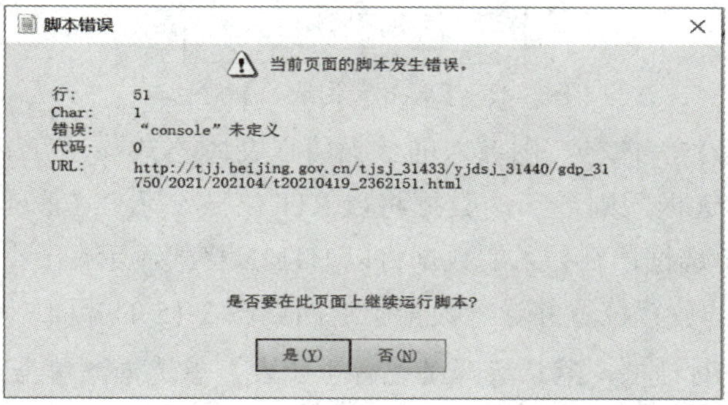

图 3-14 【脚本错误】对话框

(3) 选择网站数据。转到北京市统计局网站后，滑动【新建 Web 查询】对话框右侧和下方的滚动条到合适的位置。单击 2021 年 1 季度表格左上方的按钮，使之变成按钮，如图 3-15 所示。

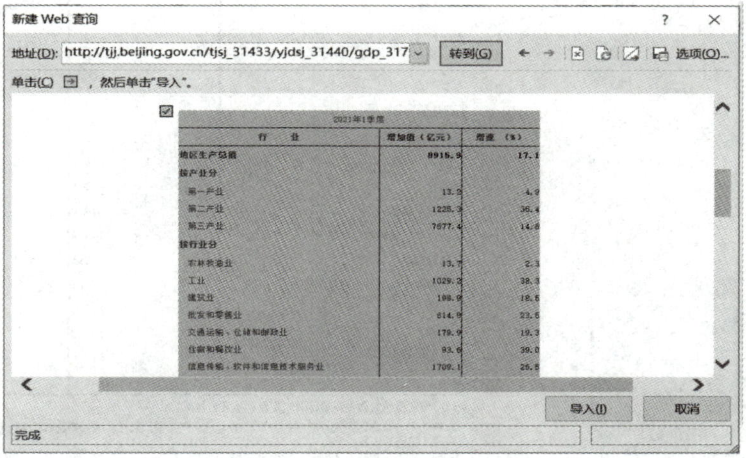

图 3-15 选取所需数据的表格

网页中会有多个按钮，一般一个数据表对应的按钮在其左上角，可以单击按钮查看其对应数据区域，若单击整个网页左上角的按钮，Excel 会下载整个网页的文本内容。

(4) 设置数据导入格式。单击如图 3-15 所示的【选项】按钮，弹出【Web 查询选项】对话框，选择【完全 HTML 格式】单选框，如 3-16 所示，单击【确定】按钮。

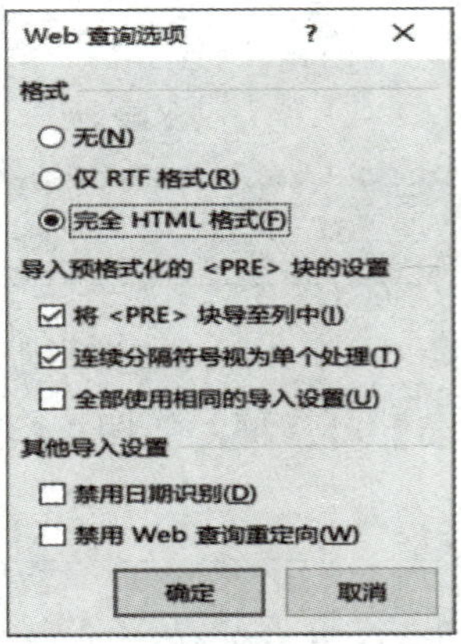

图 3-16 【Web 查询选项】对话框

如果选择【无】单选框，则导入的数据将以文本格式显示在 Excel 中。如果选择【仅 RTF 格式】单选框，则导入的数据将以 RTF 格式显示在 Excel 中。如果选择【完全 HTML 格式】单选框，则导入的数据将以 HTML 格式显示在 Excel 中。

(5) 设置数据的放置位置并导入数据。返回到图 3-15 的界面，单击【导入】按钮，弹出【导入数据】对话框，默认选择【现有工作表】单选框，单击按钮，选择单元格 A1，再次单击按钮，如图 3-17 所示。单击【确定】按钮即可在 Excel 2016 中导入网站数据，显示结果如图 3-18 所示。

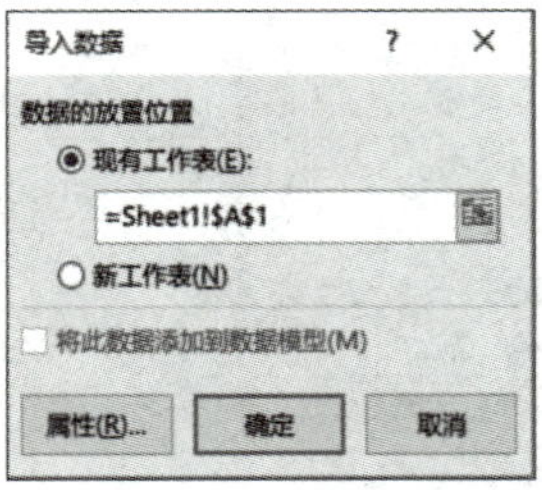

图 3-17 【导入数据】对话框

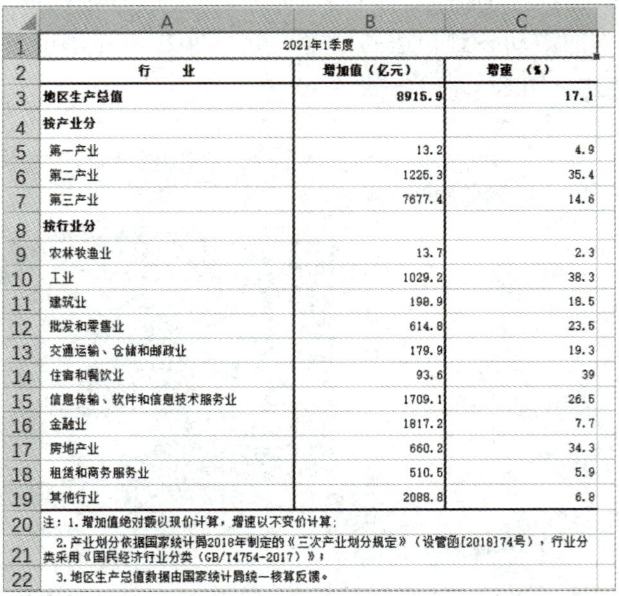

	A	B	C
1	2021年1季度		
2	行　业	增加值（亿元）	增速（%）
3	地区生产总值	8915.9	17.1
4	按产业分		
5	第一产业	13.2	4.9
6	第二产业	1225.3	35.4
7	第三产业	7677.4	14.6
8	按行业分		
9	农林牧渔业	13.7	2.3
10	工业	1029.2	38.3
11	建筑业	198.9	18.5
12	批发和零售业	614.8	23.5
13	交通运输、仓储和邮政业	179.9	19.3
14	住宿和餐饮业	93.6	39
15	信息传输、软件和信息技术服务业	1709.1	26.5
16	金融业	1817.2	7.7
17	房地产业	660.2	34.3
18	租赁和商务服务业	510.5	5.9
19	其他行业	2088.8	6.8
20	注：1. 增加值绝对额以现价计算，增速以不变价计算；		
21	2. 产业划分依据国家统计局2018年制定的《三次产业划分规定》（设管函[2018]74号），行业分类采用《国民经济行业分类（GB/T4754-2017）》；		
22	3. 地区生产总值数据由国家统计局统一核算反馈。		

图 3-18 导入后的北京市 2021 年 1 季度地区生产总值数据效果

2. 获取上海市统计局网站数据

在 Excel 2016 中，获取网站数据的方法有两种，一种是上一节中介绍到的，另一种是通过【新建查询】命令导入。获取上海市统计局网站的 2021 年上半年的上海市生产总值数据，具体的操作步骤如下：

(1) 打开【从 Web】对话框。新建一个空白工作簿，在【数据】选项卡的【获取和转换】命令组中，单击【新建查询】命令，在下拉菜单中依次选择【从其他源】和【从 Web】命令，如图 3-19 所示，弹出【从 Web】对话框。

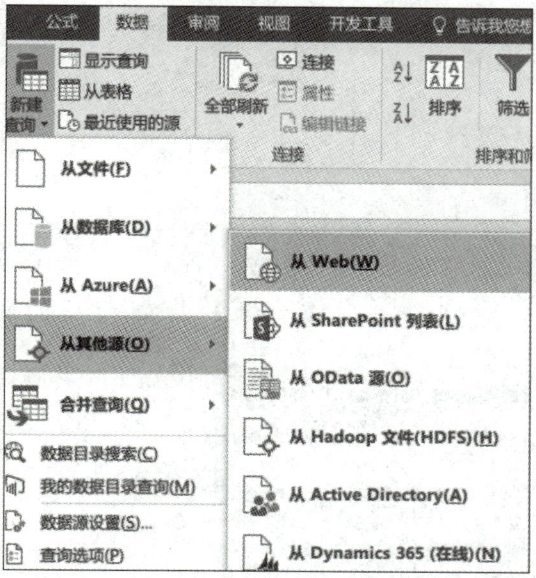

图 3-19　【从 Web】命令

(2) 打开上海市统计局网站。在【从 Web】对话框的【URL】文本框中手动输入或者复制粘贴网址“http://tjj.sh.gov.cn/ydsj2/20210720/caa56776ca0e4f72a9b449c9fd244c54.html”，如图 3-20 所示。

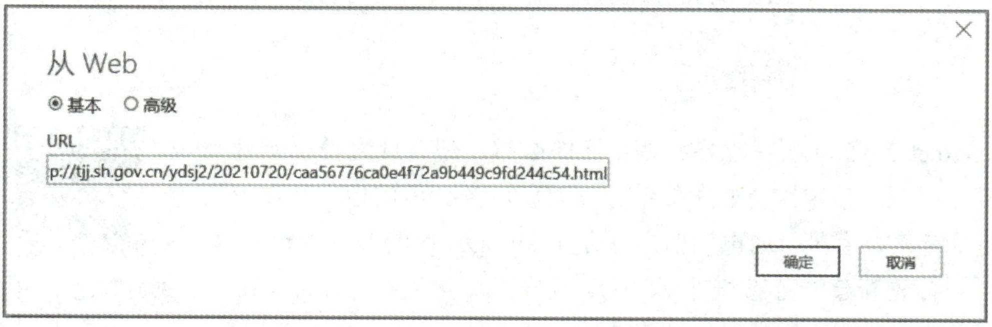

图 3-20　【从 Web】对话框

(3) 选择和导入数据表。单击【确定】按钮，弹出【导航器】对话窗，在【显示选项】列表框中选择【Table 0】，如图 3-21 所示，单击【加载】按钮即可在 Excel 2016 中导入网站数据，如图 3-22 所示。

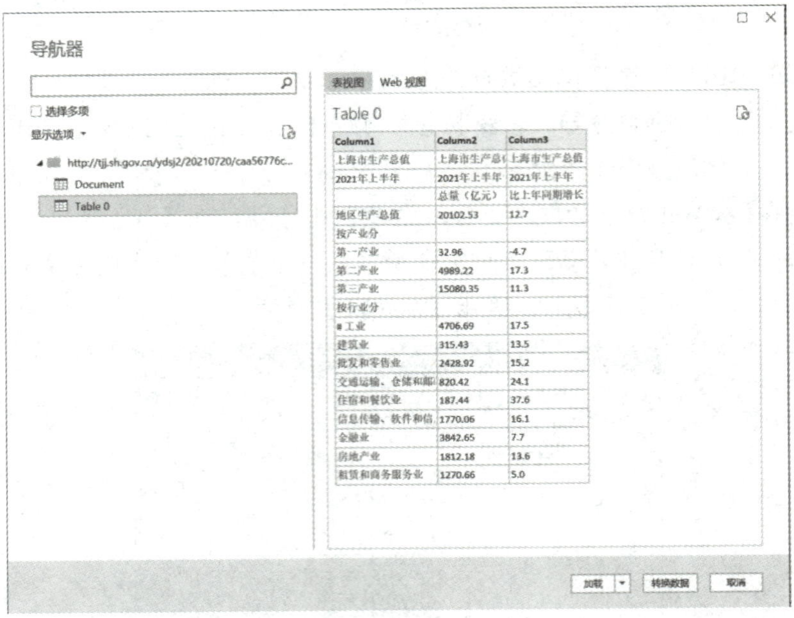

图 3-21 【导航器】对话窗

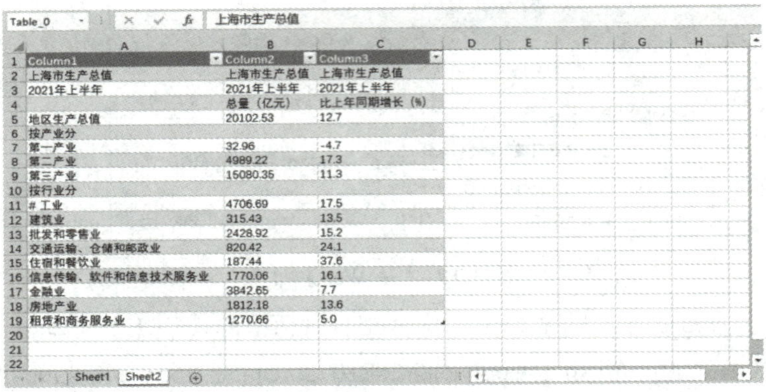

图 3-22 导入后的上海市 2021 年上半年的生产总值数据效果

三、获取数据库数据

Excel 2016 可以获取外部数据库的数据，但在此之前需新建与连接数据源。某餐饮企业做促销，需要获取各会员的电话，以便通过短信邀请各会员，而电话信息保存在 MySQL 数据库的“info”数据中。首先新建与连接一个 MySQL 数据源，然后在 Excel 2016 中导入 MySQL 数据库的“info”数据。

获取 MySQL 数据库中的数据

1. 新建 MySQL 数据源

在计算机中，新建 MySQL 数据源，并进行连接，具体操作步骤如下：

(1) 打开【ODBC 数据源 (64 位)】对话框。在电脑【开始】菜单中打开【控制面板】窗口，依次选择【系统和安全】、【管理工具】菜单。弹出【管理工具】窗口，如图 3-23 所示，双击【ODBC 数据源 (64 位)】程序，弹出【ODBC 数据源 (64 位)】对话框，如图 3-24 所示。

图 3-23　【管理工具】窗口

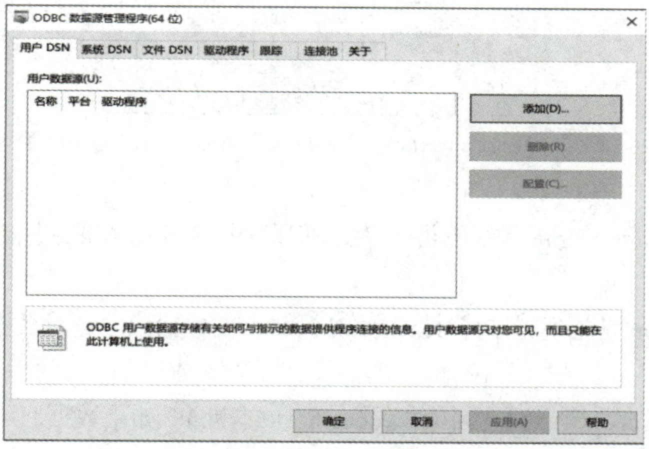

图 3-24　【ODBC 数据源 (64 位)】对话框

如果是 64 位操作系统的电脑，可以选择【ODBC 数据源 (32 位)】或【ODBC 数据源 (64 位)】程序；如果是 32 位操作系统的电脑，只能选择【ODBC 数据源 (32 位)】程序。

(2) 打开【创建新数据源】对话框。在【ODBC 数据源 (64 位)】对话框中单击【添加】按钮，弹出【创建新数据源】对话框，如图 3-25 所示。

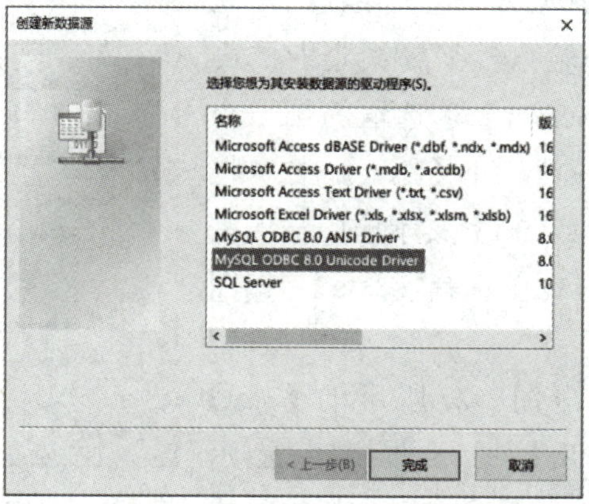

图 3-25　【创建新数据源】对话框

(3) 打开【MySQL Connector/ODBC Data Source Configuration】对话框。在【创建新数据源】对话框中，选择【选择您想为其安装数据源的驱动程序】列表框中的【MySQL ODBC 8.0 Unicode Driver】，单击【完成】按钮，弹出【MySQL Connector/ODBC Data Source Configuration】对话框，如图 3-26 所示。

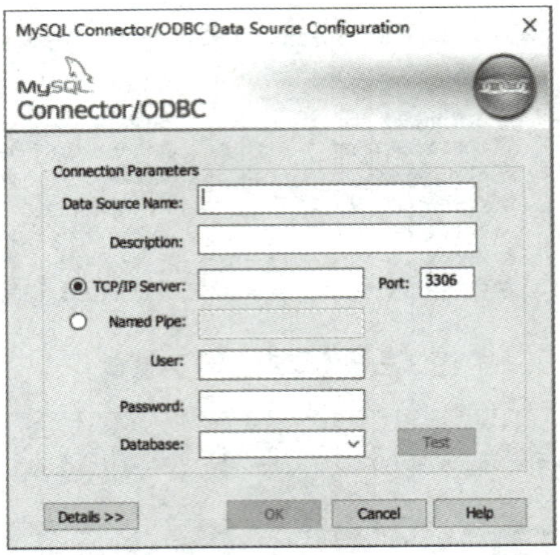

图 3-26 【MySQL Connector/ODBC Data Source Configuration】对话框

图 3-26 中各选项的含义如下：

① Data Source Name 是数据源名称，在【Data Source Name】文本框中输入的是自定义名称。

② Description 是描述，在【Description】文本框中输入的是对数据源的描述。

③ TCP/IP Server 是 TCP/IP 服务器，如果数据库在本机的话，就在【TCP/IP Server】单选框的第一个文本框中输入 localhost(本机)；如果数据库不在本机，那么需要在该文本框中输入数据库所在的 IP。

④ User 和 Password 分别为用户名和密码，这是在下载 MySQL 中自定义设置的。

⑤ Database 是数据库，在【Database】下拉框中选择所需连接的数据库。

(4) 设置参数。在【MySQL Connector/ODBC Data Source Configuration】对话框的【Data Source Name】文本框中输入“会员信息”，在【Description】文本框中输入“某餐饮企业的会员信息”，在【TCP/IP Server】单选框的第一个文本框中输入“localhost”，在【User】文本框中输入用户名，在【Password】文本框中输入密码，在【Database】下拉框中选择【data】，如图 3-27 所示。

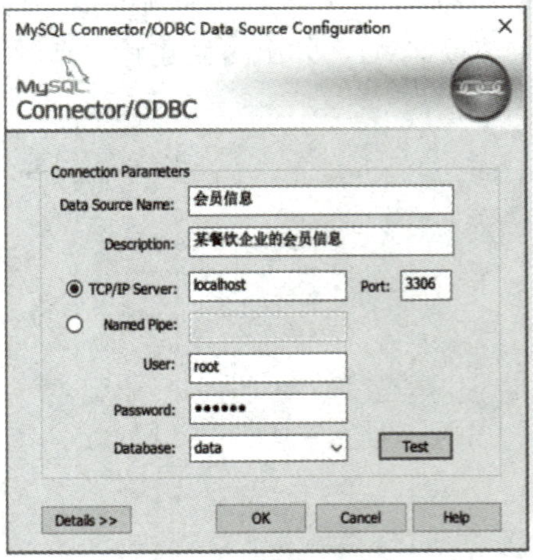

图 3-27 参数设置

(5) 测试连接。单击图 3-27 所示的【Test】按钮，弹出【Test Result】对话框，若显示【Connection Successful】则说明连接成功，如

图3-28所示。单击【确定】按钮，返回到【MySQL Connector/ODBC Data Source Configuration】对话框。

(6) 确定添加数据源。单击图3-27所示的【OK】按钮，返回到【ODBC数据源(64位)】对话框，如图3-29所示，单击【确定】按钮即可成功添加数据源。

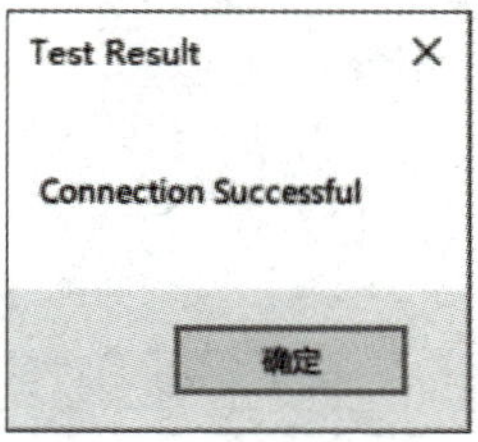

图3-28　【Test Result】对话框

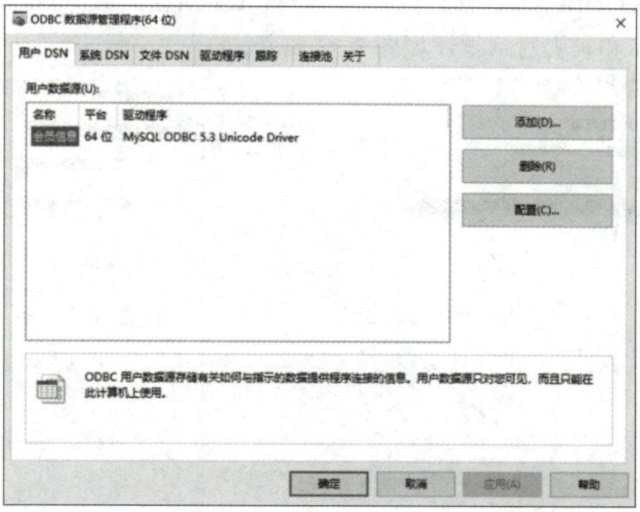

图3-29　返回到【ODBC数据源(64位)】对话框

2. 导入MySQL数据源的数据

在Excel 2016中导入MySQL数据源的数据，具体操作步骤如下：

(1) 打开数据连接向导的【欢迎使用数据连接向导】对话框。创建一个空白工作簿，在【数据】选项卡的【获取外部数据】命令组中，单击【自其他来源】命令，在下拉菜单中选择【来自数据连接向导】命令，如图3-30所示，弹出【欢迎使用数据连接向导】对话框，如图3-31所示。

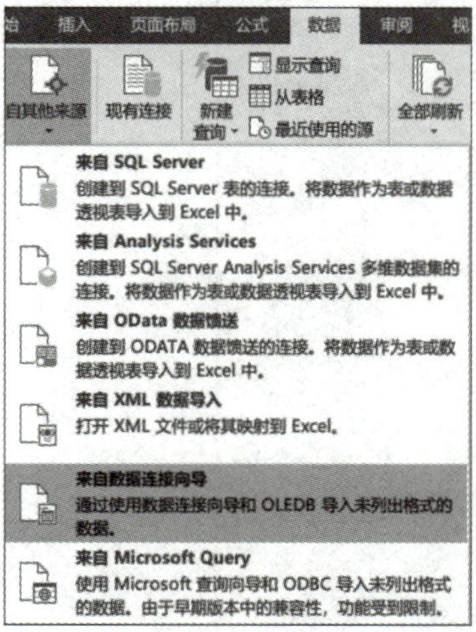

图3-30　【来自数据连接向导】命令

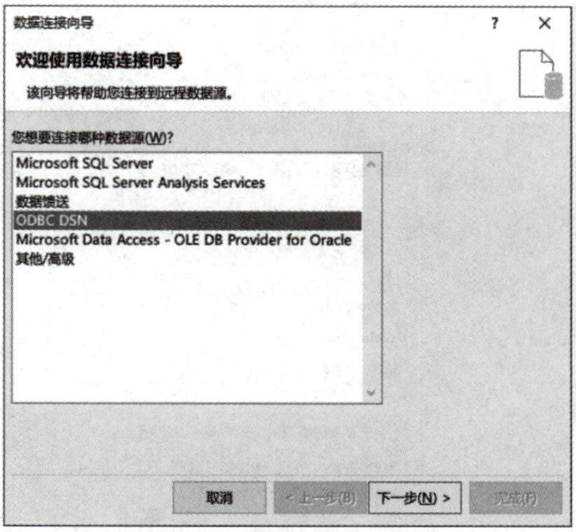

图3-31　【欢迎使用数据连接向导】对话框

(2) 选择要连接的数据源。在数据连接向导的【欢迎使用数据连接向导】对话框的【您想要连接哪种数据源】列表框中选择【ODBC DSN】，单击【下一步】按钮，弹出【连接 ODBC 数据源】对话框，如图 3-32 所示。

(3) 选择要连接的 ODBC 数据源。在数据连接向导的【连接 ODBC 数据源】对话框的【ODBC 数据源】列表框中选择【会员信息】，单击【下一步】按钮，弹出【选择数据库和表】对话框，如图 3-33 所示。

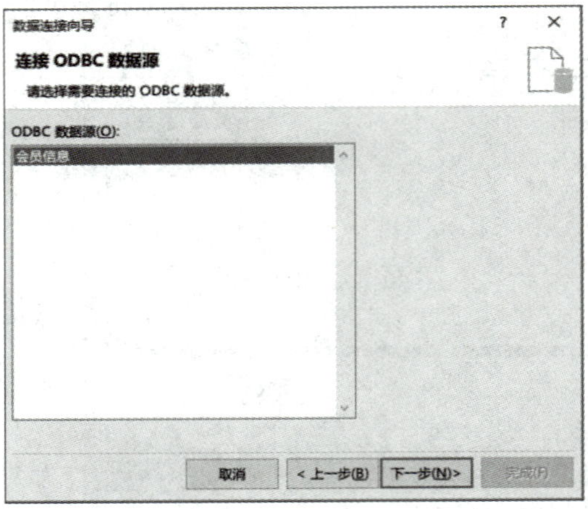

图 3-32 【连接 ODBC 数据源】对话框

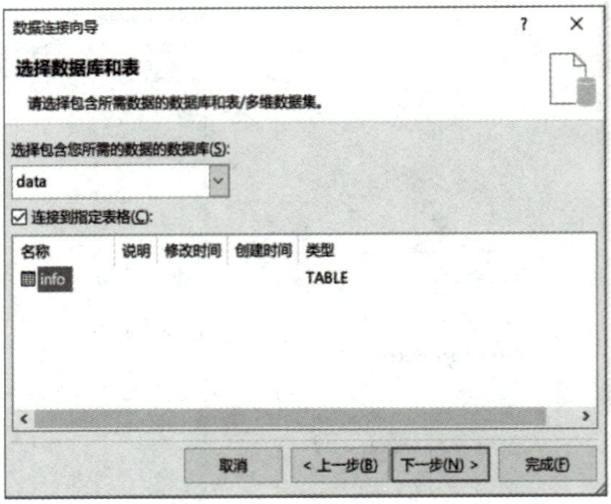

图 3-33 【选择数据库和表】对话框

(4) 选择包含所需数据的数据库和表。在数据连接向导的【选择数据库和表】对话框的【选择包含您所需的数据的数据库】列表框中单击按钮，在下拉列表中选择【data】数据库，在【连接到指定表格】列表框中选择【info】，单击【下一步】按钮，弹出【保存数据连接文件并完成】对话框，如图 3-34 所示。

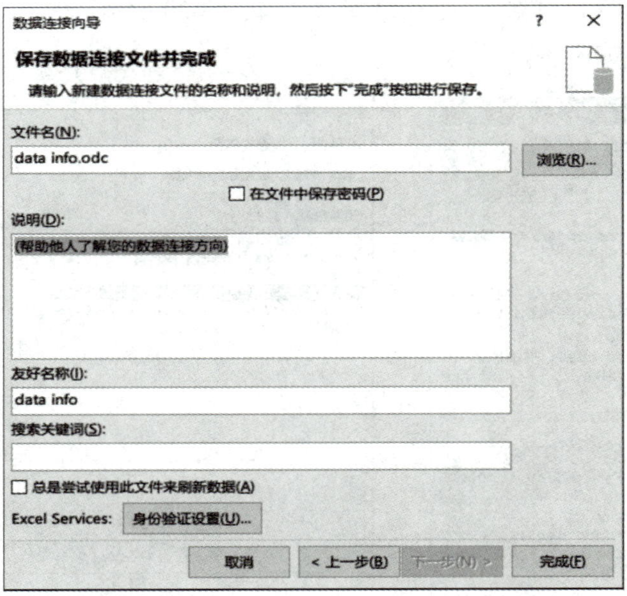

图 3-34 【保存数据连接文件并完成】对话框

(5) 保存数据连接文件。在数据连接向导的【保存数据连接文件并完成】对话框中，默认文件名为“data info.odc”，单击【完成】按钮，弹出【导入数据】对话框，如图 3-35 所示。

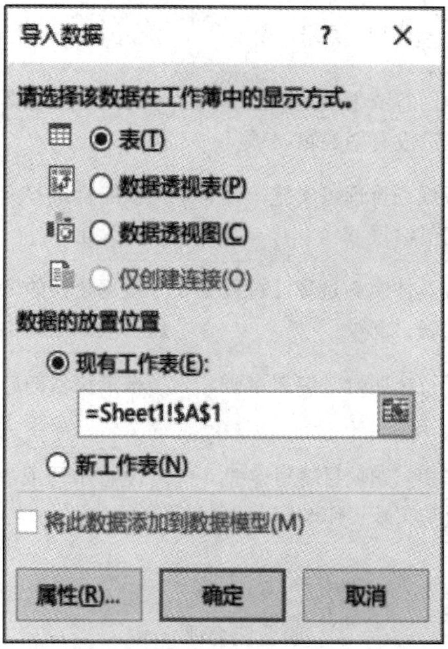

图 3-35　【导入数据】对话框

(6) 设置导入数据的显示方式和放置位置。在【导入数据】对话框中，默认选择【现有工作表】单选框，单击按钮，选择单元格 A1，再次单击按钮。

(7) 确定导入 MySQL 数据源的数据。单击图 3-35 所示的【确定】按钮即可导入 MySQL 数据源的数据，如图 3-36 所示。

	A	B	C	D	E	F	G
1	会员号	会员名	性别	年龄	入会时间	手机号	会员星级
2	982	叶亦凯	男	21	2014/8/18 21:41	18688880001	三星级
3	984	张建涛	男	22	2014/12/24 19:26	18688880003	四星级
4	986	莫子建	男	22	2014/9/11 11:38	18688880005	三星级
5	987	易子歆	女	21	2015/2/24 21:25	18688880006	四星级
6	988	郭仁泽	男	22	2014/11/21 21:45	18688880007	三星级
7	989	唐莉	女	23	2014/10/29 21:52	18688880008	四星级
8	990	张馥雨	女	22	2015/12/5 21:14	18688880009	四星级
9	991	麦凯泽	男	21	2015/2/1 21:21	18688880010	四星级
10	992	姜晗昱	男	22	2014/12/17 20:14	18688880011	三星级
11	993	杨依萱	女	23	2015/10/16 20:24	18688880012	四星级
12	994	刘乐瑶	女	21	2014/1/25 21:35	18688880013	四星级
13	995	杨晓畅	男	49	2014/6/8 13:12	18688880014	三星级
14	996	张昭阳	女	21	2014/1/11 18:16	18688880015	四星级
15	997	徐子轩	女	22	2014/10/1 21:01	18688880016	三星级

图 3-36　导入 MySQL 数据源的显示结果

质量监控（教师完成）				
任务实施栏目评分表				
评分项	分值	作答要求	评审规定	得分
任务资讯	10	问题回答清晰准确，能够紧扣主题，没有明显错误项	对照标准答案，一项错误扣 5 分，扣完为止	
任务规划	20	任务规划合理可实施，没有任何细节错误	参照标准答案，一项错误扣 5 分，扣完为止	
任务实施	40	包含具体实施过程，过程完整、准确、清晰	根据错误的严重程度，每个错误点一次分别扣 10 分、5 分、2 分	
任务扩展	20	任务目标明确，结果准确、完整、详细	根据错误的严重程度，每个错误点一次分别扣 10 分、5 分、2 分	
其他	10	日志和问题项目填写详细、能够反映实际工作过程	没有填写或者太过简单，每项扣 5 分	
合计得分				
职业能力评分表				
评分项	等级	作答要求		等级
知识评价	A|B|C	A：能够完整准确地作答任务资讯的所有问题，准确率在 90% 以上 B：能较准确地作答所有问题，准确率在 60% ～ 80% C：对基础知识掌握得非常差，任务资讯和答辩的准确率在 50% 以下		
能力评价	A|B|C	A：熟悉各个环节的实施步骤，独立完成任务，有能力辅助其他学生完成规定的工作任务，实施快速，准确率高，即任务规划和任务实施正确率在 85% 以上 B：基本完成各个环节的任务，准确率在 60% ～ 80% C：未完成任务或只完成了部分任务，有问题没有积极向其他同学请教，工作实施拖拉，不积极，各个部分的准确率在 50% 以下		
态度素养评价	A|B|C	A：不迟到、不早退，对待其他人有礼貌，善于帮助他人，积极主动完成规定的工作任务，工作台整洁，积极回答老师提问 B：基本完成各个环节的任务，准确率在 60% ～ 80% C：未完成任务或只完成了部分任务，有问题没有积极向其他同学请教，工作实施拖拉，不积极，不能准确回答老师提出的问题，各个部分的准确率在 50% 以下		

任务四　数据排序

任务设计

实施人员信息(学生填写)							
姓名		班级		学号		电话	

任务目标	笔记栏
(1) 了解排序的类型和基本内容。 (2) 能根据单个关键字对数据进行排序。 (3) 能根据自定义序列进行排序。 (4) 掌握各类型排序的基本操作。	

任务介绍	笔记栏
1. 任务描述 在 Excel 中，数据一般会有特定的顺序，当查看这些数据的关注点发生变化时，为了方便查看，常常会对数据进行排序。 **2. 任务要求** 在订单信息表中，在【订单信息】工作表中根据会员名进行升序排序，再根据店铺名进行降序排序。然后创建一个店铺所在地的自定义序列，并根据该自定义序列进行排序，再根据颜色和图标集对店铺所在地进行排序。	

任务资讯	笔记栏
(1) 如何根据单个关键字进行排序？(3 分) (2) 如何根据多个关键字进行排序？(3 分) (3) 如何进行自定义排序？(4 分)	

任务规划	笔记栏
(1) 根据单个关键字进行排序操作的规划。(5 分) (2) 根据多个关键字进行排序操作的规划。(5 分) (3) 根据自定义序列进行自定义排序操作的规划。(10 分)	

任务实施	笔记栏
(1) 在【订单信息】工作表中根据单个关键字进行排序。(8 分) (2) 在【订单信息】工作表中根据多个关键字进行排序。(8 分) (3) 创建自定义序列。(8 分) (4) 根据自定义序列进行排序。(8 分) (5) 根据颜色和图标集进行排序。(8 分)	

任务扩展	笔记栏
现有一个【9 月自助便利店销售业绩】工作表，分别需要按商品名称和天河区便利店、越秀区便利店、白云区便利店自定义序列显示和分析数据，所以在【9 月自助便利店销售业绩】工作表中，分别根据商品名称和自定义序列进行排序。 (1) 根据商品名称进行升序。(10 分) (2) 创建自定义序列，并根据自定义序列进行排序。(10 分)	

工作日志		笔记栏
在实施任务的过程中，填写以下工作日志表。(5 分)		
工作日志表		
工作内容	问题及解决方式	
工作总结		
完成本任务的工作总结。(5 分)		

学习资源——数据排序

当今社会产生的数据与日俱增，面对海量的数据，必须进行数据处理。Excel 2016 可以帮助用户快速地对工作表数据进行排序。

【学习目标】

(1) 了解排序的类型和基本内容。
(2) 能根据单个关键字对数据进行排序。
(3) 能根据自定义序列进行排序。
(4) 掌握各类型排序的基本操作。

数据排序

一、数据排序

在 Excel 中，数据一般会有特定的顺序，当查看这些数据的关注点发生变化时，为了方便查看，常常会对数据进行排序。在【订单信息】工作表中根据会员名进行升序排序，再根据店铺名进行降序排序。

1. 根据单个关键字进行排序

现有一私房小站餐饮店的【订单信息】工作表，需要在【订单信息】工作表中根据会员名进行升序操作，具体操作步骤如下：

(1) 选择单元格区域。在【订单信息】工作表中，选择单元格区域 B 列，如图 4-1 所示。

	A	B	C	D	E	F	G
1	订单号	会员名	店铺名	店铺所在地	消费金额	是否结算	结算时间
2	202008010417	苗宇怡	私房小站（盐田分店）	深圳	165	1	2020/8/1 11:11
3	202008010301	李靖	私房小站（罗湖分店）	深圳	321	1	2020/8/1 11:31
4	202008010413	卓永梅	私房小站（盐田分店）	深圳	854	1	2020/8/1 12:54
5	202008010417	张大鹏	私房小站（罗湖分店）	深圳	466	1	2020/8/1 13:08
6	202008010392	李小东	私房小站（番禺分店）	广州	704	1	2020/8/1 13:07
7	202008010381	沈晓雯	私房小站（天河分店）	广州	239	1	2020/8/1 13:23
8	202008010429	苗泽坤	私房小站（福田分店）	深圳	699	1	2020/8/1 13:34
9	202008010433	李达明	私房小站（番禺分店）	广州	511	1	2020/8/1 13:50
10	202008010569	蓝娜	私房小站（盐田分店）	深圳	326	1	2020/8/1 17:18
11	202008010655	沈丹丹	私房小站（顺德分店）	佛山	263	1	2020/8/1 17:44
12	202008010577	冷亮	私房小站（天河分店）	广州	380	1	2020/8/1 17:50
13	202008010622	徐骏太	私房小站（天河分店）	广州	164	1	2020/8/1 17:47
14	202008010651	高僖桐	私房小站（盐田分店）	深圳	137	1	2020/8/1 18:20
15	202008010694	朱钰	私房小站（天河分店）	广州	819	1	2020/8/1 18:37

订单信息

图 4-1　选择单元格区域 B 列

(2) 打开【排序】对话框。在【数据】选项卡的【排序和筛选】命令组中，单击【排序】命令，如图 4-2 所示。弹出【排序提醒】对话框，如图 4-3 所示，单击【排序】按钮，弹出【排序】对话框。

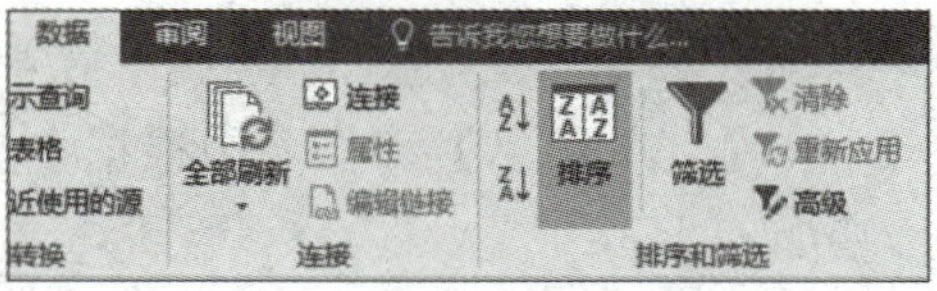

图 4-2 【排序】命令

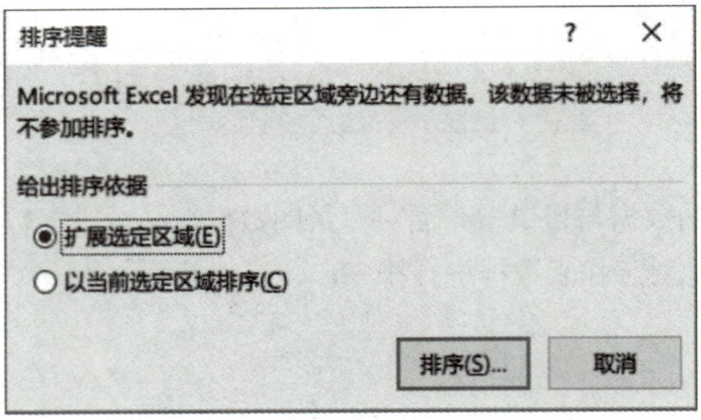

图 4-3 【排序提醒】对话框

(3) 设置主要关键字。在【排序】对话框的【主要关键字】栏的第一个下拉框中单击⌄按钮，在下拉列表中选择【会员名】，如图 4-4 所示。

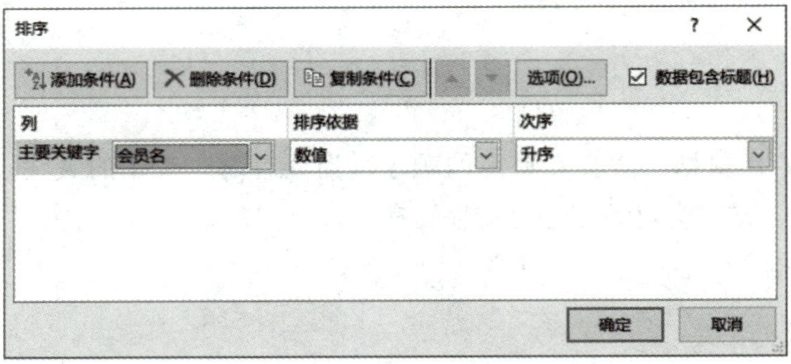

图 4-4 【排序】对话框

(4) 确定升序设置。单击图 4-4 所示的【确定】按钮即可根据会员名进行升序排序，显示结果如图 4-5 所示。

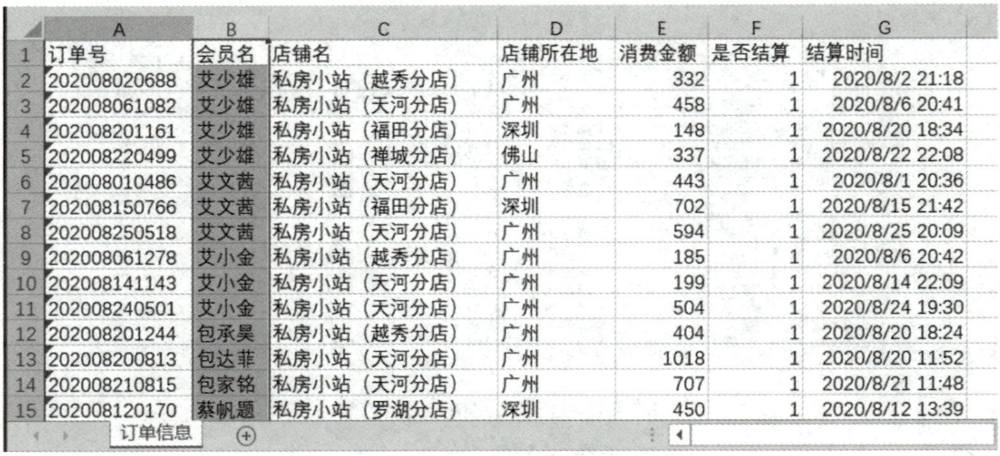

	A	B	C	D	E	F	G
1	订单号	会员名	店铺名	店铺所在地	消费金额	是否结算	结算时间
2	202008020688	艾少雄	私房小站（越秀分店）	广州	332	1	2020/8/2 21:18
3	202008061082	艾少雄	私房小站（天河分店）	广州	458	1	2020/8/6 20:41
4	202008201161	艾少雄	私房小站（福田分店）	深圳	148	1	2020/8/20 18:34
5	202008220499	艾少雄	私房小站（禅城分店）	佛山	337	1	2020/8/22 22:08
6	202008010486	艾文茜	私房小站（天河分店）	广州	443	1	2020/8/1 20:36
7	202008150766	艾文茜	私房小站（福田分店）	深圳	702	1	2020/8/15 21:42
8	202008250518	艾文茜	私房小站（天河分店）	广州	594	1	2020/8/25 20:09
9	202008061278	艾小金	私房小站（越秀分店）	广州	185	1	2020/8/6 20:42
10	202008141143	艾小金	私房小站（天河分店）	广州	199	1	2020/8/14 22:09
11	202008240501	艾小金	私房小站（天河分店）	广州	504	1	2020/8/24 19:30
12	202008201244	包承昊	私房小站（越秀分店）	广州	404	1	2020/8/20 18:24
13	202008200813	包达菲	私房小站（天河分店）	广州	1018	1	2020/8/20 11:52
14	202008210815	包家铭	私房小站（天河分店）	广州	707	1	2020/8/21 11:48
15	202008120170	蔡帆题	私房小站（罗湖分店）	深圳	450	1	2020/8/12 13:39

订单信息

图 4-5 根据单个关键字排序后的效果

在【订单信息】工作表中根据会员名进行升序还有一种快捷的方法，具体的操作步骤如下：

(1) 在【订单信息】工作表中，选择会员名下面任一非空单元格，例如单元格 B3。

(2) 在【数据】选项卡的【排序和筛选】命令组中，单击 按钮即可根据会员名进行升序。

2. 根据多个关键字排序

在 Excel 中，除了根据单个关键字进行排序，还可以根据多个关键字、颜色或图标进行排序。在【订单信息】工作表中先根据会员名进行升序，再把相同会员名的订单根据店铺名进行降序，具体的操作步骤如下：

(1) 选择单元格。在【订单信息】工作表中，选择任一非空单元格。

(2) 打开【排序】对话框。在【数据】选项卡的【排序和筛选】命令组中，单击【排序】命令，如图 4-2 所示，弹出【排序】对话框。

(3) 设置主要关键字。在【排序】对话框的【主要关键字】栏的第一个下拉框中单击按钮，在下拉列表中选择【会员名】，如图 4-6 所示。

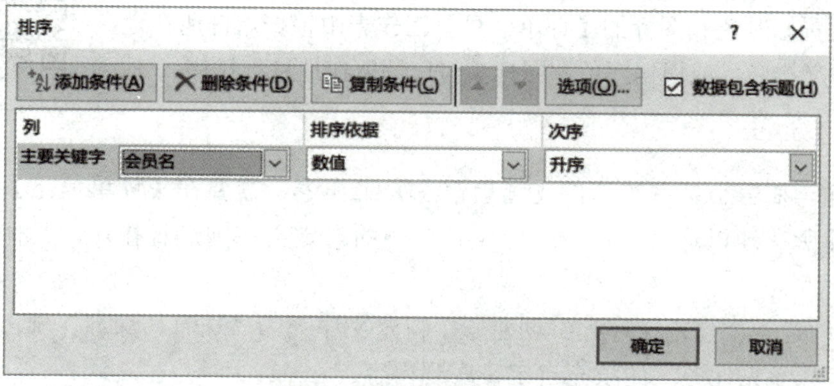

图 4-6 设置主要关键字

(4) 设置次要关键字。设置次要关键字及其排序依据和次序的具体操作步骤如下：

① 单击图 4-6 所示的【添加条件】按钮，弹出【次要关键字】栏，在【次要关键字】栏的第一个下拉框中单击按钮，在下拉列表中选择【店铺名】。

② 在【次序】下拉框中单击按钮，在下拉列表中选择【降序】，如图 4-7 所示。

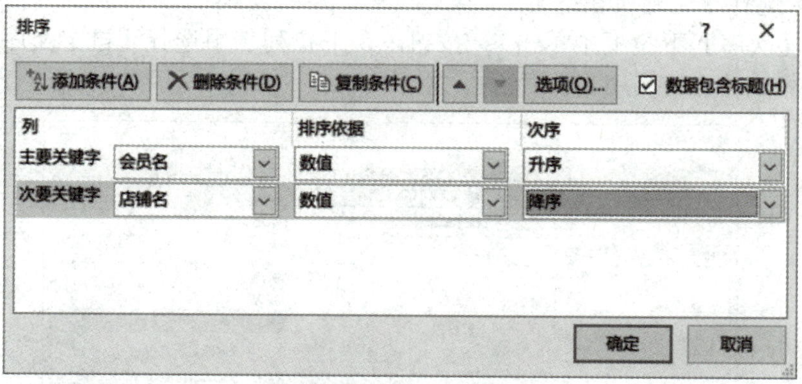

图 4-7 设置次要关键字

(5) 确定多个排序的设置。单击图 4-7 所示的【确定】按钮即可先根据会员名进行升序，再把相同会员名的订单根据店铺名进行降序，效果如图 4-8 所示。

	A	B	C	D	E	F	G
1	订单号	会员名	店铺名	店铺所在地	消费金额	是否结算	结算时间
2	202008020688	艾少雄	私房小站（越秀分店）	广州	332	1	2020/8/2 21:18
3	202008061082	艾少雄	私房小站（天河分店）	广州	458	1	2020/8/6 20:41
4	202008201161	艾少雄	私房小站（福田分店）	深圳	148	1	2020/8/20 18:34
5	202008220499	艾少雄	私房小站（禅城分店）	佛山	337	1	2020/8/22 22:08
6	202008010486	艾文茜	私房小站（天河分店）	广州	443	1	2020/8/1 20:36
7	202008250518	艾文茜	私房小站（天河分店）	广州	594	1	2020/8/25 20:09
8	202008150766	艾文茜	私房小站（福田分店）	深圳	702	1	2020/8/15 21:42
9	202008061278	艾小金	私房小站（越秀分店）	广州	185	1	2020/8/6 20:42
10	202008141143	艾小金	私房小站（天河分店）	广州	199	1	2020/8/14 22:09
11	202008240501	艾小金	私房小站（天河分店）	广州	504	1	2020/8/24 19:30
12	202008201244	包承昊	私房小站（越秀分店）	广州	404	1	2020/8/20 18:24
13	202008200813	包达菲	私房小站（天河分店）	广州	1018	1	2020/8/20 11:52
14	202008210815	包家铭	私房小站（天河分店）	广州	707	1	2020/8/21 11:48
15	202008120170	蔡帆题	私房小站（罗湖分店）	深圳	450	1	2020/8/12 13:39

订单信息

图 4-8　根据多个关键字排序后的效果

二、自定义排序

在设置好颜色和图标的【订单信息】工作表中根据店铺所在地进行自定义排序，或根据颜色和图标集对店铺所在地进行排序。

自定义排序

1. 根据自定义店铺所在地顺序进行排序

现有一私房小站餐饮店的【订单信息】工作表，需要在【订单信息】工作表中根据店铺所在地以珠海、深圳、佛山、广州的自定义序列进行排序，具体的操作步骤如下：

(1) 创建一个自定义序列。创建一个自定义序列为“珠海、深圳、佛山、广州”，其操作步骤参见任务二的填充自定义序列内容。

(2) 打开【排序】对话框。在【订单信息】工作表中，选择任一非空单元格，在【数据】选项卡的【排序和筛选】命令组中，单击【排序】命令，弹出【排序】对话框。

(3) 设置主要关键字。在【排序】对话框中设置主要关键字及其次序，具体操作如下：

① 在【排序】对话框的【主要关键字】栏的第一个下拉框中单击 ⌄ 按钮，在下拉列表中选择【店铺所在地】。

② 在【次序】下拉框中单击 ⌄ 按钮，在下拉列表中选择【自定义序列】，如图 4-9 所示，弹出【自定义序列】对话框。

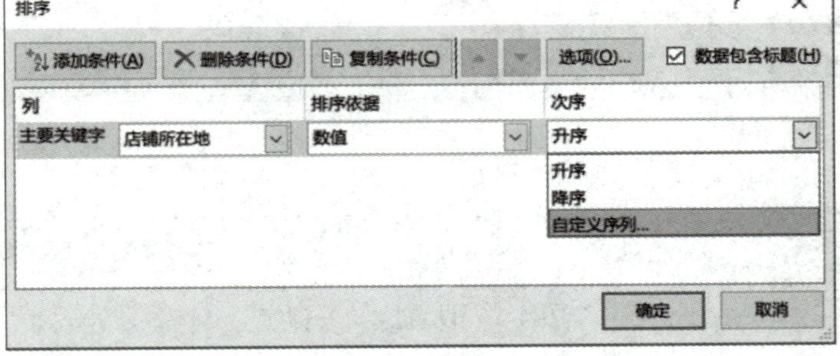

图 4-9　【排序】对话框

(4) 选择自定义序列。在【自定义序列】对话框的【自定义序列】列表框中选择自定义序列【珠海、深圳、佛山、广州】，如图 4-10 所示，单击【确定】按钮，回到【排序】对话框，如图 4-11 所示。

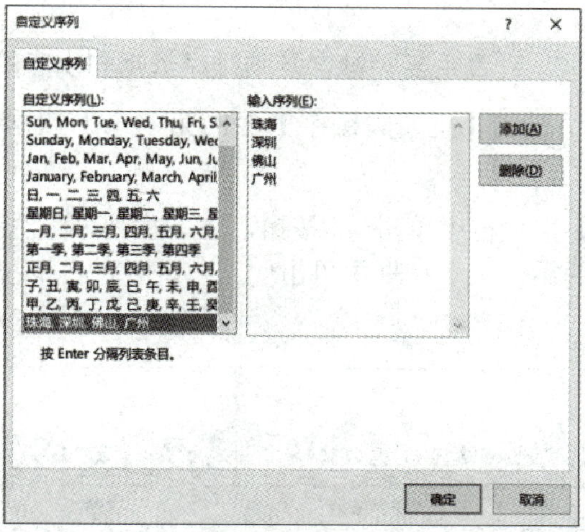

图 4-10 【自定义序列】对话框

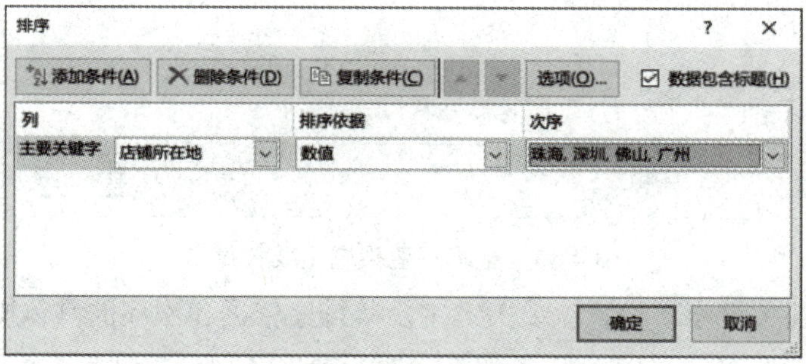

图 4-11 根据自定义排序设置主要关键字

(5) 确定自定义排序设置。单击图 4-11 所示的【确定】按钮即可根据店铺所在地进行自定义排序，显示结果如图 4-12 所示。

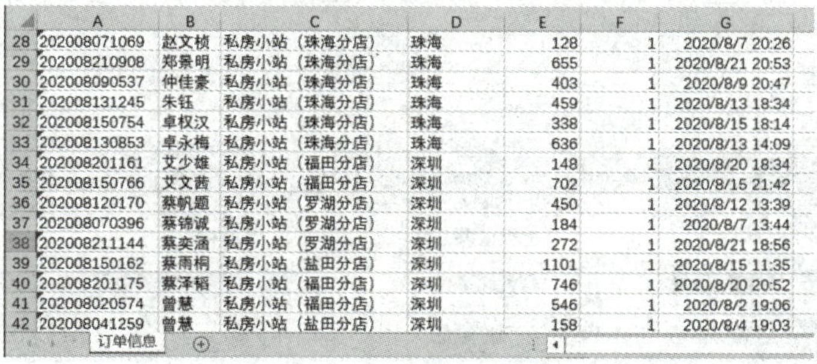

	A	B	C	D	E	F	G
28	202008071069	赵文桢	私房小站（珠海分店）	珠海	128	1	2020/8/7 20:26
29	202008210908	郑景明	私房小站（珠海分店）	珠海	655	1	2020/8/21 20:53
30	202008090537	仲佳豪	私房小站（珠海分店）	珠海	403	1	2020/8/9 20:47
31	202008131245	朱钰	私房小站（珠海分店）	珠海	459	1	2020/8/13 18:34
32	202008150754	卓权汉	私房小站（珠海分店）	珠海	338	1	2020/8/15 18:14
33	202008130853	卓永梅	私房小站（珠海分店）	珠海	636	1	2020/8/13 14:09
34	202008201161	艾少雄	私房小站（福田分店）	深圳	148	1	2020/8/20 18:34
35	202008150766	艾文茜	私房小站（福田分店）	深圳	702	1	2020/8/15 21:42
36	202008120170	蔡帆题	私房小站（罗湖分店）	深圳	450	1	2020/8/12 13:39
37	202008070396	蔡锦诚	私房小站（罗湖分店）	深圳	184	1	2020/8/7 13:44
38	202008211144	蔡奕涵	私房小站（罗湖分店）	深圳	272	1	2020/8/21 18:56
39	202008150162	蔡雨桐	私房小站（盐田分店）	深圳	1101	1	2020/8/15 11:35
40	202008201175	蔡泽韬	私房小站（福田分店）	深圳	746	1	2020/8/20 20:52
41	202008020574	曾慧	私房小站（福田分店）	深圳	546	1	2020/8/2 19:06
42	202008041259	曾慧	私房小站（盐田分店）	深圳	158	1	2020/8/4 19:03

订单信息

图 4-12 自定义排序后的显示结果

2. 根据颜色或图标集排序

1) 根据颜色排序

在设置了颜色和图标的【订单信息】工作表中，根据颜色进行排序的具体操作步骤如下：

(1) 打开【排序】对话框。在【订单信息】工作表中，选择任一非空单元格，在【数据】选项卡的【排序和筛选】命令组中，单击【排序】命令，如图 4-2 所示，弹出【排序】对话框。

(2) 设置主要关键字。设置主要关键字及其排序依据和次序的具体操作如下：

① 在【排序】对话框的【主要关键字】栏的第一个下拉框中单击 按钮，在下拉列表中选择【店铺所在地】。

② 在【排序依据】下拉框中单击 按钮，在下拉列表中选择【单元格颜色】。

③ 在【次序】组的第一个下拉框中单击倒三角符号，在下拉列表中选择绿色图标，如图 4-13 所示。

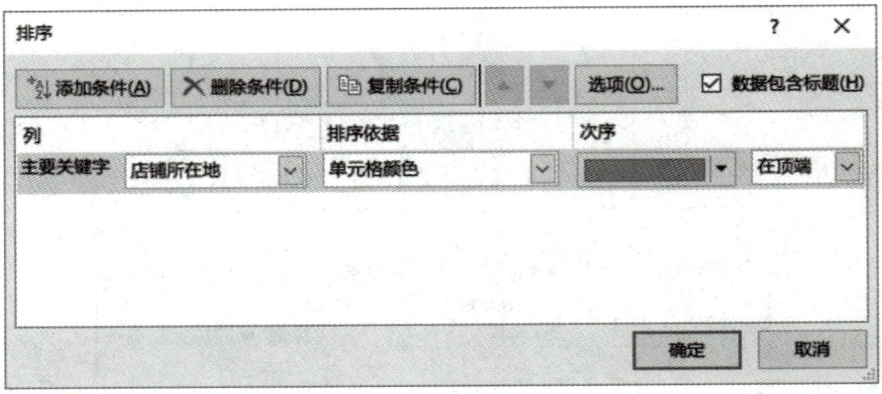

图 4-13　根据绿色设置主要关键字

(3) 设置次要关键字。设置次要关键字及其排序依据和次序的具体操作如下：

① 单击图 4-13 所示的【添加条件】按钮，弹出【次要关键字】栏，在【次要关键字】栏的第一个下拉框中单击 按钮，在下拉列表中选择【店铺所在地】。

② 在【排序依据】下拉框中单击 按钮，在下拉列表中选择【单元格颜色】。

③ 在【次序】组的第一个下拉框中单击倒三角符号，在下拉列表中选择黄色图标，如图 4-14 所示。

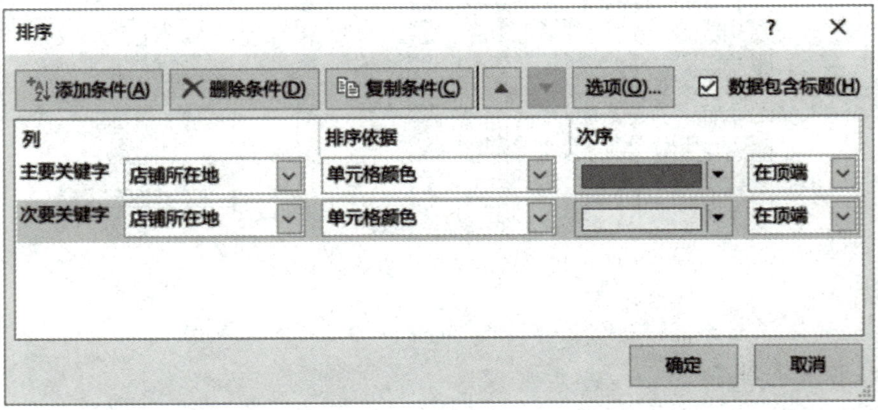

图 4-14　根据黄色设置次要关键字

(4) 设置剩余的次要关键字及其排序依据和次序。重复两次步骤 (3)，在【次序】组的第一个下拉框中单击 按钮，在下拉列表中先后选择红色图标和蓝色图标，如图 4-15 所示。

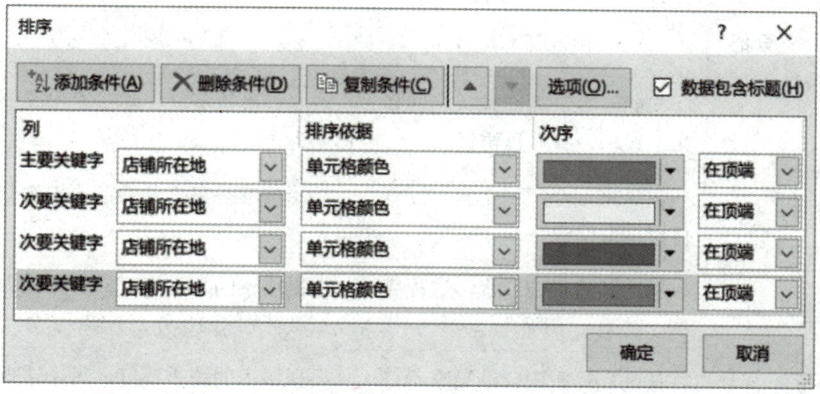

图 4-15　根据红色和蓝色设置次要关键字

(5) 确定排序设置。单击图 4-15 所示的【确定】按钮即可根据颜色排序，效果为绿色的单元格在最顶端，然后是黄色的单元格，接着是红色的单元格，最后是蓝色的单元格，同一种颜色的单元格之间的顺序维持不变。

2) 根据图标集排序

根据图标集进行排序的操作步骤与根据颜色进行排序的操作步骤相似，不同的是在【排序】对话框中的【排序依据】下拉框中选择【单元格图标】，在【次序】组中的第一个下拉框中选择图标，其具体参数设置如图 4-16 所示。

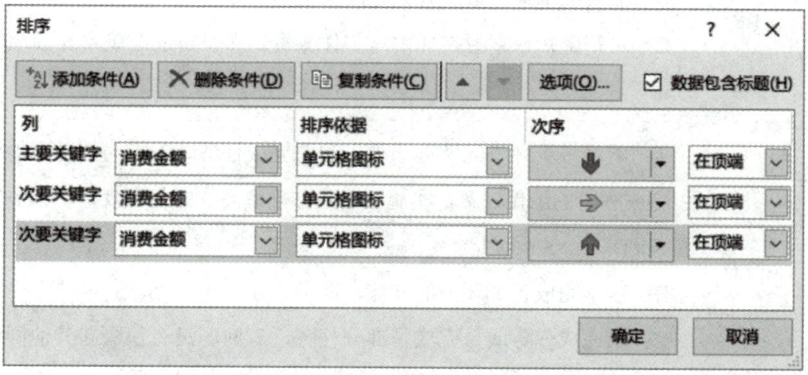

图 4-16　根据图标集设置排序

<table>
<tr><th colspan="5">质量监控（教师完成）</th></tr>
<tr><td colspan="5">任务实施栏目评分表</td></tr>
<tr><td>评分项</td><td>分值</td><td>作答要求</td><td>评审规定</td><td>得分</td></tr>
<tr><td>任务资讯</td><td>10</td><td>问题回答清晰准确，能够紧扣主题，没有明显错误项</td><td>对照标准答案，一项错误扣 5 分，扣完为止</td><td></td></tr>
<tr><td>任务规划</td><td>20</td><td>任务规划合理可实施，没有任何细节错误</td><td>参照标准答案，一项错误扣 5 分，扣完为止</td><td></td></tr>
<tr><td>任务实施</td><td>40</td><td>包含具体实施过程，过程完整、准确、清晰</td><td>根据错误的严重程度，每个错误点一次分别扣 10 分、5 分、2 分</td><td></td></tr>
<tr><td>任务扩展</td><td>20</td><td>任务目标明确，结果准确、完整、详细</td><td>根据错误的严重程度，每个错误点一次分别扣 10 分、5 分、2 分</td><td></td></tr>
<tr><td>其他</td><td>10</td><td>日志和问题项目填写详细、能够反映实际工作过程</td><td>没有填写或者太过简单，每项扣 5 分</td><td></td></tr>
<tr><td colspan="5">合计得分</td></tr>
<tr><td colspan="5">职业能力评分表</td></tr>
<tr><td>评分项</td><td>等级</td><td colspan="2">作答要求</td><td>等级</td></tr>
<tr><td>知识评价</td><td>A|B|C</td><td colspan="2">A：能够完整准确地作答任务资讯的所有问题，准确率在 90% 以上
B：能较准确地作答所有问题，准确率在 60% ～ 80%
C：对基础知识掌握得非常差，任务资讯和答辩的准确率在 50% 以下</td><td></td></tr>
<tr><td>能力评价</td><td>A|B|C</td><td colspan="2">A：熟悉各个环节的实施步骤，独立完成任务，有能力辅助其他学生完成规定的工作任务，实施快速，准确率高，即任务规划和任务实施正确率在 85% 以上
B：基本完成各个环节的任务，准确率在 60% ～ 80%
C：未完成任务或只完成了部分任务，有问题没有积极向其他同学请教，工作实施拖拉，不积极，各个部分的准确率在 50% 以下</td><td></td></tr>
<tr><td>态度素养评价</td><td>A|B|C</td><td colspan="2">A：不迟到、不早退，对待其他人有礼貌，善于帮助他人，积极主动完成规定的工作任务，工作台整洁，积极回答老师提问
B：基本完成各个环节的任务，准确率在 60% ～ 80%
C：未完成任务或只完成了部分任务，有问题没有积极向其他同学请教，工作实施拖拉，不积极，不能准确回答老师提出的问题，各个部分的准确率在 50% 以下</td><td></td></tr>
</table>

任务五　数据筛选

任务设计

<table>
<tr><td colspan="8">实施人员信息（学生填写）</td></tr>
<tr><td>姓名</td><td></td><td>班级</td><td></td><td>学号</td><td></td><td>电话</td><td></td></tr>
</table>

任务目标	笔记栏
(1) 了解筛选的方式和类型。 (2) 掌握各类型筛选的基本操作。 (3) 能根据不同的条件筛选出数据中的关键信息。	

任务介绍	笔记栏
1. 任务描述 在海量的工作表数据中，有时并非必须同时对所有数据进行分析，单独的几类数据组合分析反而更有意义，因此往往需要对数据进行筛选。 **2. 任务要求** 掌握基本的数据筛选方法，如根据颜色筛选、自定义筛选以及高级筛选。	

任务资讯	笔记栏
(1) 如何根据单元格颜色进行筛选？(3 分) (2) 如何设置自定义筛选条件？(3 分) (3) 如何进行高级筛选？(4 分)	

任务规划	笔记栏
(1) 根据颜色进行筛选的操作规划。(5 分) (2) 自定义筛选操作规划。(5 分) (3) 高级筛选操作规划。(10 分)	

任务实施	笔记栏
(1) 在【订单信息】工作表的店铺所在列中筛选出含有某种颜色标记的地区。(10 分) (2) 自定义筛选出某些会员的消费数据。(10 分) (3) 进行满足单个条件的高级筛选。(10 分) (4) 进行满足多个条件的高级筛选。(10 分)	

任务扩展	笔记栏
现有一个单元格设有颜色的【9 月自助便利店销售业绩】工作表，为了查看带有红色标记单元格的行和查找全部二级类目为乳制品和碳酸饮料的行，分别用多种筛选方法对【9 月自助便利店销售业绩】工作表的数据进行筛选。 (1) 在【二级类目】列筛选出单元格颜色为红色的行。(10 分) (2) 在【二级类目】列筛选出“乳制品”或“碳酸饮料”的行。(10 分)	

工作日志	笔记栏
在实施任务的过程中，填写以下工作日志表。(5 分)	

工作日志表

工作内容	问题及解决方式

工作总结

完成本任务的工作总结。(5 分)

学习资源——数据筛选

【学习目标】

(1) 了解筛选的方式和类型。

(2) 掌握各类型筛选的基本操作。

(3) 根据不同的条件筛选出数据中的关键信息。

数据筛选

一、数据筛选

现有一个存放了私房小站餐饮店订单信息的【订单信息】工作表，某员工为了统计，需要对【订单信息】工作表进行筛选，得到含有蓝色标记的珠海地区的销售业绩，再筛选出会员名为“张大鹏”和“李小东”的消费金额数据。

1. 根据颜色筛选店铺所在地

现有一个私房小站餐饮店【订单信息】工作表，某员工为了统计含有蓝色标记的珠海地区的销售业绩，需要在【订单信息】工作表中筛选出单元格颜色为蓝色的行，具体的操作步骤如下：

(1) 选择单元格。在【订单信息】工作表中，选择任一非空单元格。

(2) 选择【筛选】命令。在【数据】选项卡的【排序和筛选】命令组中，单击【筛选】命令，此时【订单信息】工作表的列标题旁边都显示一个倒三角符号，如图 5-1 所示。

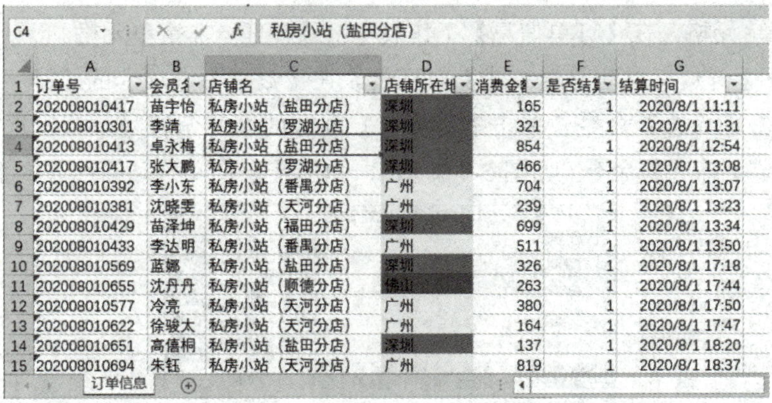

	A	B	C	D	E	F	G
1	订单号	会员名	店铺名	店铺所在地	消费金额	是否结算	结算时间
2	202008010417	苗宇怡	私房小站（盐田分店）	深圳	165	1	2020/8/1 11:11
3	202008010301	李靖	私房小站（罗湖分店）	深圳	321	1	2020/8/1 11:31
4	202008010413	卓永梅	私房小站（盐田分店）	深圳	854	1	2020/8/1 12:54
5	202008010417	张大鹏	私房小站（罗湖分店）	深圳	466	1	2020/8/1 13:08
6	202008010392	李小东	私房小站（番禺分店）	广州	704	1	2020/8/1 13:07
7	202008010381	沈晓雯	私房小站（天河分店）	广州	239	1	2020/8/1 13:23
8	202008010429	苗泽坤	私房小站（福田分店）	深圳	699	1	2020/8/1 13:34
9	202008010433	李达明	私房小站（番禺分店）	广州	511	1	2020/8/1 13:50
10	202008010569	蓝娜	私房小站（盐田分店）	深圳	326	1	2020/8/1 17:18
11	202008010655	沈丹丹	私房小站（顺德分店）	佛山	263	1	2020/8/1 17:44
12	202008010577	冷亮	私房小站（天河分店）	广州	380	1	2020/8/1 17:50
13	202008010622	徐骏太	私房小站（天河分店）	广州	164	1	2020/8/1 17:47
14	202008010651	高僖桐	私房小站（盐田分店）	深圳	137	1	2020/8/1 18:20
15	202008010694	朱钰	私房小站（天河分店）	广州	819	1	2020/8/1 18:37

图 5-1　选择【筛选】命令后的效果

(3) 设置筛选条件并确定。单击【店铺所在地】列旁的倒三角符号，在下拉菜单中选择【按颜色筛选】命令 (如图 5-2 所示)，再单击蓝色图标即可筛选出单元格颜色为蓝色的行，显示结果如图 5-3 所示。

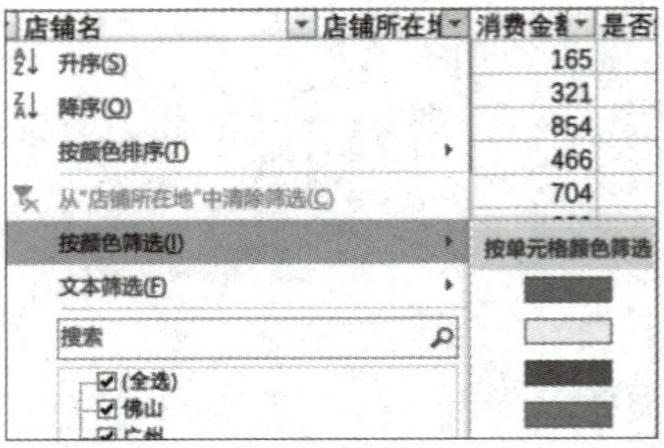

图 5-2 【按颜色筛选】命令

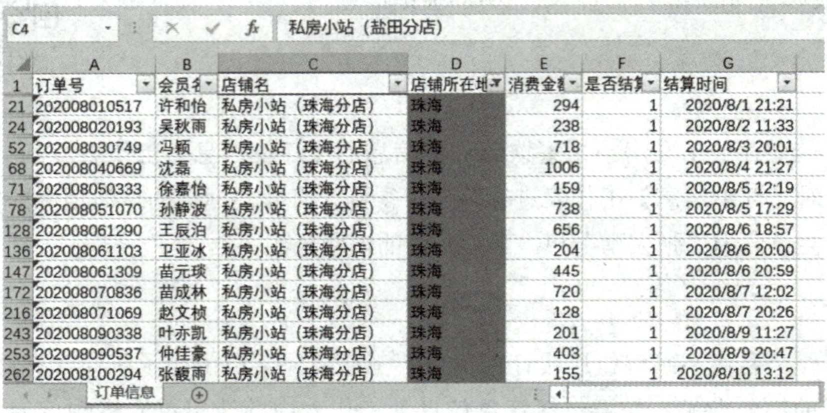

	A 订单号	B 会员名	C 店铺名	D 店铺所在地	E 消费金额	F 是否结算	G 结算时间
21	202008010517	许和怡	私房小站（珠海分店）	珠海	294	1	2020/8/1 21:21
24	202008020193	吴秋雨	私房小站（珠海分店）	珠海	238	1	2020/8/2 11:33
52	202008030749	冯颖	私房小站（珠海分店）	珠海	718	1	2020/8/3 20:01
68	202008040669	沈磊	私房小站（珠海分店）	珠海	1006	1	2020/8/4 21:27
71	202008050333	徐嘉怡	私房小站（珠海分店）	珠海	159	1	2020/8/5 12:19
78	202008051070	孙静波	私房小站（珠海分店）	珠海	738	1	2020/8/5 17:29
128	202008061290	王辰泊	私房小站（珠海分店）	珠海	656	1	2020/8/6 18:57
136	202008061103	卫亚冰	私房小站（珠海分店）	珠海	204	1	2020/8/6 20:00
147	202008061309	苗元瑛	私房小站（珠海分店）	珠海	445	1	2020/8/6 20:59
172	202008070836	苗成林	私房小站（珠海分店）	珠海	720	1	2020/8/7 12:02
216	202008071069	赵文桢	私房小站（珠海分店）	珠海	128	1	2020/8/7 20:26
243	202008090338	叶亦凯	私房小站（珠海分店）	珠海	201	1	2020/8/9 11:27
253	202008090537	仲佳豪	私房小站（珠海分店）	珠海	403	1	2020/8/9 20:47
262	202008100294	张馥雨	私房小站（珠海分店）	珠海	155	1	2020/8/10 13:12

图 5-3　根据颜色筛选后的显示结果

2. 自定义筛选某些会员的消费数据

自定义筛选

现有一私房小站餐饮店的【订单信息】工作表，需要在【订单信息】工作表中筛选出会员名为“张大鹏”和“李小东”的行，具体的操作步骤如下：

(1) 选择单元格。在【订单信息】工作表中，选择任一非空单元格。

(2) 打开【自定义自动筛选方式】对话框。在【数据】选项卡的【排序和筛选】命令组中，单击【筛选】命令，单击【会员名】列旁的倒三角符号，依次选择【文本筛选】和【自定义筛选】命令（如图 5-4 所示），弹出【自定义自动筛选方式】对话框。

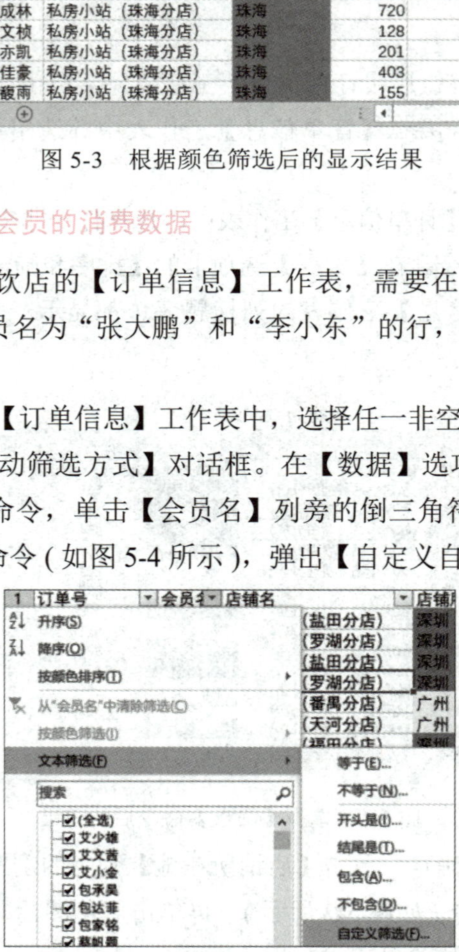

图 5-4 【文本筛选】和【自定义筛选】命令

(3) 设置自定义筛选条件。设置自定义筛选条件的具体操作如下，条件的设置如图 5-5 所示。

① 在第一个条件设置中，单击第一个按钮，在下拉列表中选择【等于】，在旁边的文本框中输入“张大鹏”。

② 选择【或】单选按钮。

③ 在第二个条件设置中，单击第一个按钮，在下拉列表中选择【等于】，在旁边的文本框中输入“李小东”。

图 5-5 【自定义自动筛选方式】对话框

(4) 确定筛选设置。在图 5-5 中单击【确定】按钮即可在【订单信息】工作表中筛选出会员名为“张大鹏”和“李小东”的行，显示结果如图 5-6 所示。

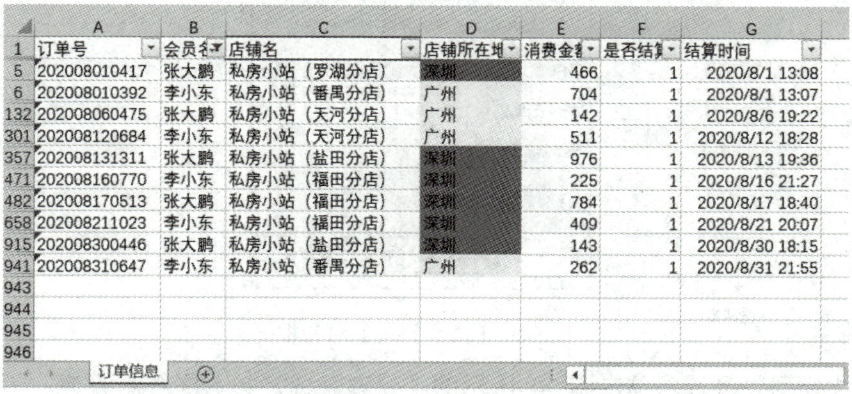

	A	B	C	D	E	F	G
1	订单号	会员名	店铺名	店铺所在地	消费金额	是否结算	结算时间
5	202008010417	张大鹏	私房小站（罗湖分店）	深圳	466	1	2020/8/1 13:08
6	202008010392	李小东	私房小站（番禺分店）	广州	704	1	2020/8/1 13:07
132	202008060475	张大鹏	私房小站（天河分店）	广州	142	1	2020/8/6 19:22
301	202008120684	李小东	私房小站（天河分店）	广州	511	1	2020/8/12 18:28
357	202008131311	张大鹏	私房小站（盐田分店）	深圳	976	1	2020/8/13 19:36
471	202008160770	李小东	私房小站（福田分店）	深圳	225	1	2020/8/16 21:27
482	202008170513	张大鹏	私房小站（福田分店）	深圳	784	1	2020/8/17 18:40
658	202008211023	李小东	私房小站（福田分店）	深圳	409	1	2020/8/21 20:07
915	202008300446	张大鹏	私房小站（盐田分店）	深圳	143	1	2020/8/30 18:15
941	202008310647	李小东	私房小站（番禺分店）	广州	262	1	2020/8/31 21:55
943							
944							
945							
946							

图 5-6 自定义筛选后的显示结果

二、高级筛选

筛选分为自动筛选和高级筛选两种方式。根据颜色筛选和自定义筛选是自动筛选，自动筛选应用于要进行筛选的数据列表的字段比较少的情况。当要筛选的数据列表字段比较多而筛选条件比较复杂时，需要使用高级筛选。高级筛选可以进行同时满足多个条件的筛选，或者满足其中单个条件的筛选。

1. 同时满足多个条件的筛选

在【订单信息】工作表中筛选出店铺所在地为深圳且消费金额大于 1200 的行，具体的操作步骤如下：

(1) 新建一个工作表并输入筛选条件。在【订单信息】工作表旁创建一个新的工作表【Sheet1】，在【Sheet1】工作表的单元格区域 A1:B2 中建立条件区域，如图 5-7 所示。

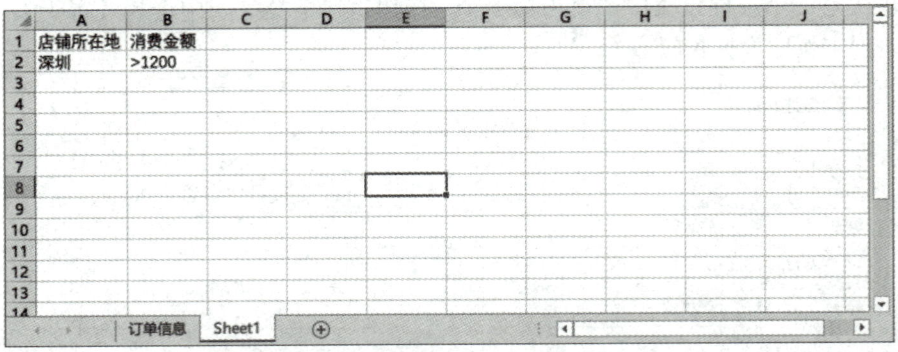

图 5-7　同时满足多个条件的条件区域

(2) 打开【高级筛选】对话框。在【订单信息】工作表中单击任一非空单元格，在【数据】选项卡的【排序和筛选】命令组中单击【高级】命令，弹出【高级筛选】对话框，如图 5-8 所示。

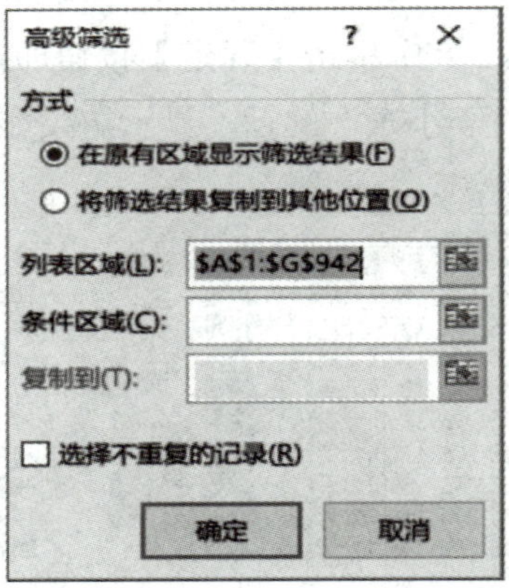

图 5-8　【高级筛选】对话框

(3) 选择列表区域。单击图 5-8 所示的【列表区域】文本框右侧的按钮，弹出【高级筛选 - 列表区域 :】对话框，选择【订单信息】工作表的单元格区域 A 列到 G 列，如图 5-9 所示。然后单击按钮回到【高级筛选】对话框。

图 5-9　【高级筛选 - 列表区域 :】对话框

(4) 选择条件区域。单击图 5-8 所示的【条件区域】文本框右侧的按钮，弹出【高级筛选 - 条件区域 :】对话框，选择【Sheet1】工作表的单元格区域 A1:B2，如图

5-10 所示。然后单击 按钮回到【高级筛选】对话框。

图 5-10 【高级筛选 - 条件区域 :】对话框

(5) 确定筛选设置。单击图 5-8 所示的【确定】按钮即可在【订单信息】工作表中筛选出店铺所在地为深圳且消费金额大于 1200 的行，显示结果如图 5-11 所示。

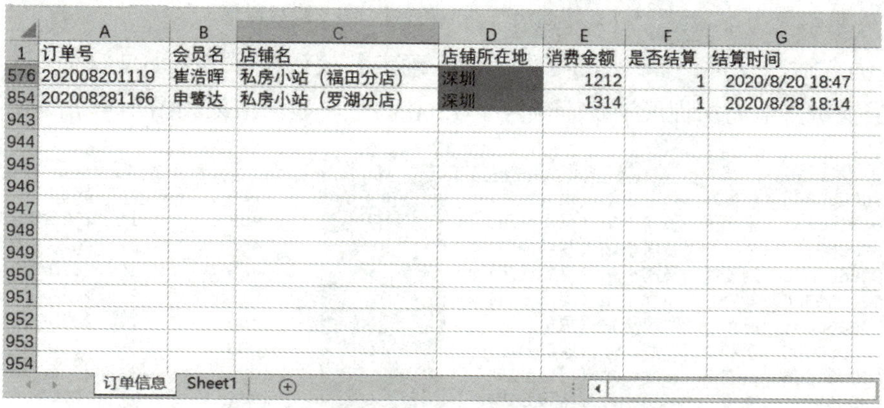

图 5-11 同时满足多个条件的筛选后的显示结果

2. 满足其中单个条件的筛选

在【订单信息】工作表中筛选出店铺所在地为深圳或消费金额大于 1200 的行，具体操作步骤如下：

(1) 输入筛选条件。在【订单信息】工作表旁创建一个新的工作表【Sheet2】，在【Sheet2】工作表的单元格区域 A1:B3 建立条件区域，如图 5-12 所示。

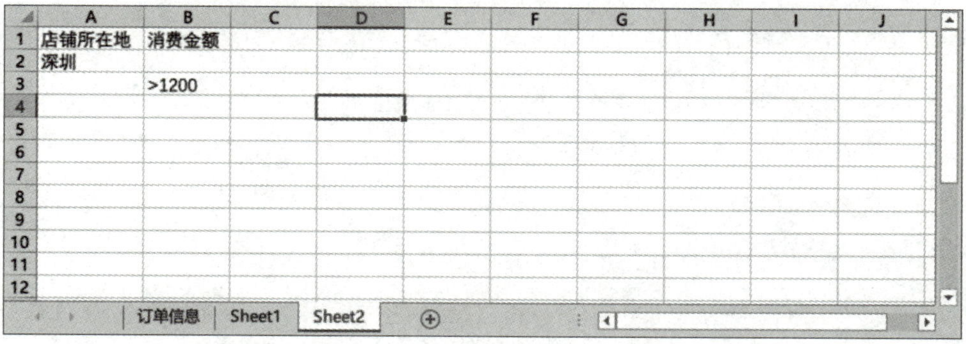

图 5-12 满足其中单个条件的条件区域设置

(2) 打开【高级筛选】对话框。在【订单信息】工作表中单击任一非空单元格，在【数据】选项卡的【排序和筛选】命令组中单击【高级】命令，弹出【高级筛选】对话框，如图 5-8 所示。

(3) 选择列表区域。单击图 5-8 所示的【列表区域】文本框右侧的 按钮，弹出【高级筛选 - 列表区域 :】对话框，选择【订单信息】工作表的单元格区域 A 列到 G 列，如图 5-9 所示。然后单击 按钮回到【高级筛选】对话框。

(4) 选择条件区域。单击图 5-8 所示的【条件区域】文本框右侧的 按钮，弹出【高级筛选 - 条件区域：】对话框，选择【Sheet2】工作表的单元格区域 A1:B3，如图 5-13 所示。然后单击 按钮回到【高级筛选】对话框。

图 5-13 【高级筛选 - 条件区域：】对话框

(5) 确定筛选设置。单击图 5-8 所示的【确定】按钮即可在【订单信息】工作表中筛选出店铺所在地为深圳或消费金额大于 1200 的行，显示结果如图 5-14 所示。

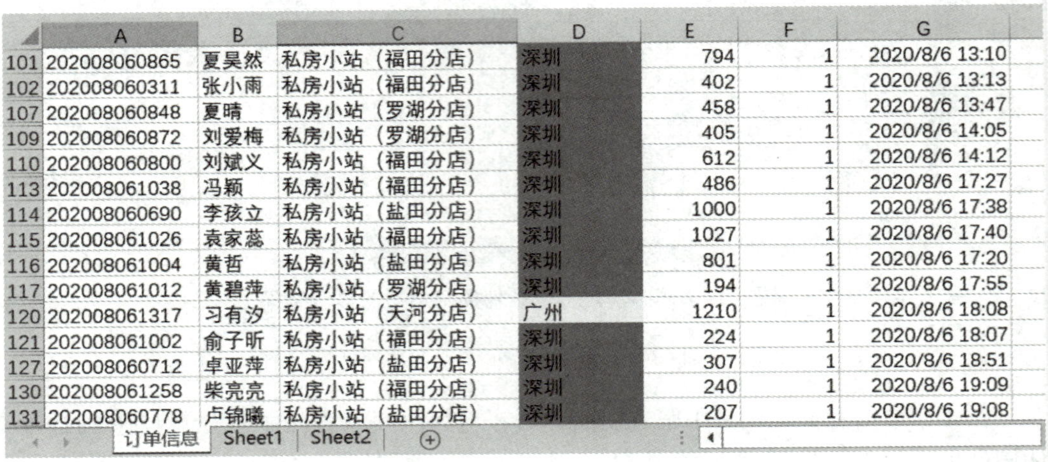

	A	B	C	D	E	F	G
101	202008060865	夏昊然	私房小站（福田分店）	深圳	794	1	2020/8/6 13:10
102	202008060311	张小雨	私房小站（福田分店）	深圳	402	1	2020/8/6 13:13
107	202008060848	夏晴	私房小站（罗湖分店）	深圳	458	1	2020/8/6 13:47
109	202008060872	刘爱梅	私房小站（罗湖分店）	深圳	405	1	2020/8/6 14:05
110	202008060800	刘斌义	私房小站（福田分店）	深圳	612	1	2020/8/6 14:12
113	202008061038	冯颖	私房小站（福田分店）	深圳	486	1	2020/8/6 17:27
114	202008060690	李孩立	私房小站（盐田分店）	深圳	1000	1	2020/8/6 17:38
115	202008061026	袁家蕊	私房小站（福田分店）	深圳	1027	1	2020/8/6 17:40
116	202008061004	黄哲	私房小站（盐田分店）	深圳	801	1	2020/8/6 17:20
117	202008061012	黄碧萍	私房小站（罗湖分店）	深圳	194	1	2020/8/6 17:55
120	202008061317	习有汐	私房小站（天河分店）	广州	1210	1	2020/8/6 18:08
121	202008061002	俞子昕	私房小站（福田分店）	深圳	224	1	2020/8/6 18:07
127	202008060712	卓亚萍	私房小站（盐田分店）	深圳	307	1	2020/8/6 18:51
130	202008061258	柴亮亮	私房小站（福田分店）	深圳	240	1	2020/8/6 19:09
131	202008060778	卢锦曦	私房小站（盐田分店）	深圳	207	1	2020/8/6 19:08

图 5-14 满足其中单个条件的筛选结果

<table>
<tr><th colspan="5">质量监控（教师完成）</th></tr>
<tr><td colspan="5">任务实施栏目评分表</td></tr>
<tr><td>评分项</td><td>分值</td><td>作答要求</td><td>评审规定</td><td>得分</td></tr>
<tr><td>任务资讯</td><td>10</td><td>问题回答清晰准确，能够紧扣主题，没有明显错误项</td><td>对照标准答案，一项错误扣 5 分，扣完为止</td><td></td></tr>
<tr><td>任务规划</td><td>20</td><td>任务规划合理可实施，没有任何细节错误</td><td>参照标准答案，一项错误扣 5 分，扣完为止</td><td></td></tr>
<tr><td>任务实施</td><td>40</td><td>包含具体实施过程，过程完整、准确、清晰</td><td>根据错误的严重程度，每个错误点一次分别扣 10 分、5 分、2 分</td><td></td></tr>
<tr><td>任务扩展</td><td>20</td><td>任务目标明确，结果准确、完整、详细</td><td>根据错误的严重程度，每个错误点一次分别扣 10 分、5 分、2 分</td><td></td></tr>
<tr><td>其他</td><td>10</td><td>日志和问题项目填写详细、能够反映实际工作过程</td><td>没有填写或者太过简单，每项扣 5 分</td><td></td></tr>
<tr><td colspan="5">合计得分</td></tr>
<tr><td colspan="5">职业能力评分表</td></tr>
<tr><td>评分项</td><td>等级</td><td colspan="2">作答要求</td><td>等级</td></tr>
<tr><td>知识评价</td><td>A|B|C</td><td colspan="2">A：能够完整准确地作答任务资讯的所有问题，准确率在 90% 以上
B：能较准确地作答所有问题，准确率在 60% ～ 80%
C：对基础知识掌握得非常差，任务资讯和答辩的准确率在 50% 以下</td><td></td></tr>
<tr><td>能力评价</td><td>A|B|C</td><td colspan="2">A：熟悉各个环节的实施步骤，独立完成任务，有能力辅助其他学生完成规定的工作任务，实施快速，准确率高，即任务规划和任务实施正确率在 85% 以上
B：基本完成各个环节的任务，准确率在 60% ～ 80%
C：未完成任务或只完成了部分任务，有问题没有积极向其他同学请教，工作实施拖拉，不积极，各个部分的准确率在 50% 以下</td><td></td></tr>
<tr><td>态度素养评价</td><td>A|B|C</td><td colspan="2">A：不迟到、不早退，对待其他人有礼貌，善于帮助他人，积极主动完成规定的工作任务，工作台整洁，积极回答老师提问
B：基本完成各个环节的任务，准确率在 60% ～ 80%
C：未完成任务或只完成了部分任务，有问题没有积极向其他同学请教，工作实施拖拉，不积极，不能准确回答老师提出的问题，各个部分的准确率在 50% 以下</td><td></td></tr>
</table>

任务六　分类汇总

任务设计

实施人员信息（学生填写）							
姓名		班级		学号		电话	

任务目标	笔记栏
(1) 了解分类汇总的类型。 (2) 掌握分类汇总的基本操作。 (3) 掌握分页显示分类汇总的方法。	

任务介绍	笔记栏
1. 任务描述 在海量的数据中，常常要通过分类汇总求得数据的和、积、与平均值等数值。现在【订单信息】工作表中分别进行如下操作：统计各会员消费金额的总和与平均值；统计各会员在不同店铺的消费总额；分页显示汇总后各会员的消费总额数据。 **2. 任务要求** 能对数据进行简单及高级分类汇总并实现分页显示。	

任务资讯	笔记栏
(1) 分类汇总的方式有哪些？(2 分) (2) 分类汇总的汇总方式有哪些？(2 分) (3) 简单分类汇总的基本操作流程是怎样的？(2 分) (4) 高级分类汇总的操作过程是怎样的？(2 分) (5) 如何分页显示分类汇总结果？(2 分)	

任务规划	笔记栏
(1) 分类汇总操作任务规划。(10 分) (2) 实施步骤规划。(10 分) ① 简单分类汇总。 ② 调整分类汇总项。 ③ 调整分类汇总的计算方法。 ④ 高级分类汇总的实现。 ⑤ 分页显示分类汇总结果。	

任务实施	笔记栏
(1) 统计各会员消费金额的总和。(10 分) (2) 统计各会员消费金额的平均值。(10 分) (3) 先对会员名进行分类汇总后，再对店铺名进行汇总。(10 分) (4) 统计各会员消费金额的总和，并将汇总结果分页显示。(10 分)	

任务扩展	笔记栏
在利用 Excel 进行分类汇总时，会遇到形形色色的问题，比如源数据并未提前分类，这时分类汇总的结果很难达到预定的目标。这种情况下，该如何解决呢？ (1) 不提前按照分类关键字进行分类。(10 分) (2) 汇总方式包含多项，如求和、求平均值、最大值或最小值等。(5 分) (3) 分类字段为字符型数据，且需要按照特定的顺序进行。(5 分)	

工作日志		笔记栏
在实施任务的过程中，填写以下工作日志表。(5 分)		
工作日志表		
工作内容	问题及解决方式	
工作总结		
完成本任务的工作总结。(5 分)		

学习资源——分类汇总

Excel 2016 可以采用分类汇总的方式帮助用户快速处理工作表数据。

【学习目标】

(1) 了解排序的类型和基本内容。

(2) 能根据单个关键字对数据进行排序。

(3) 能根据自定义序列进行排序。

(4) 掌握各类型排序的基本操作。

相同字段分类汇总

一、创建分类汇总

在海量的数据中，常常要通过分类汇总求得数据的和、积、与平均值等数值。如任务要求在【订单信息】工作表中分别进行如下操作：统计各会员消费金额的总和与平均值；统计各会员在不同店铺的消费总额；分页显示汇总后各会员的消费总额数据。

1. 简单分类汇总

在【订单信息】工作表中统计各会员的消费金额，具体的操作步骤如下：

(1) 将会员名按升序排列。选中 B 列任一非空单元格，例如 B3 单元格，在【数据】选项卡的【排序和筛选】命令组中，单击 A↓Z 符号，将该列数据按数值大小或字母顺序按升序排列，显示结果如图 6-1 所示。

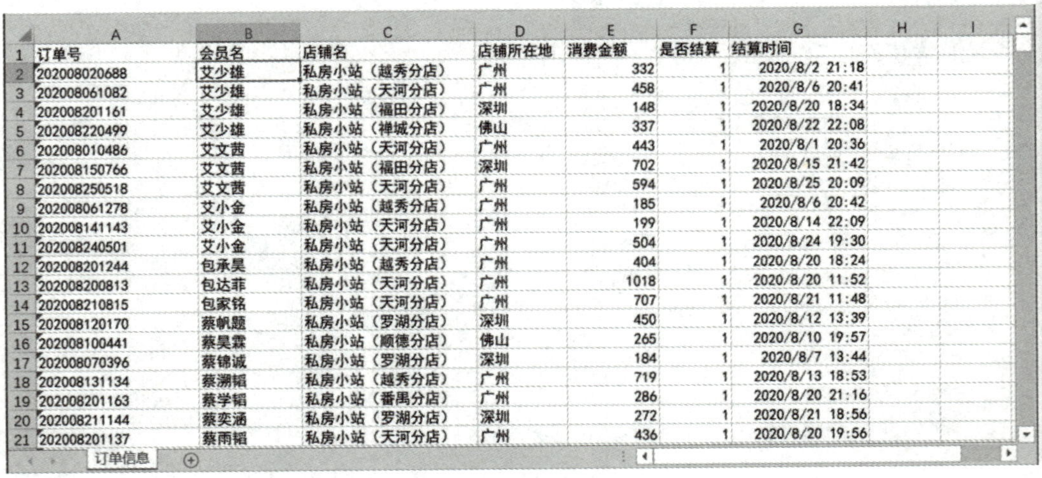

	A	B	C	D	E	F	G	H	I
1	订单号	会员名	店铺名	店铺所在地	消费金额	是否结算	结算时间		
2	202008020688	艾少雄	私房小站（越秀分店）	广州	332	1	2020/8/2 21:18		
3	202008061082	艾少雄	私房小站（天河分店）	广州	458	1	2020/8/6 20:41		
4	202008201161	艾少雄	私房小站（福田分店）	深圳	148	1	2020/8/20 18:34		
5	202008220499	艾少雄	私房小站（禅城分店）	佛山	337	1	2020/8/22 22:08		
6	202008010486	艾文茜	私房小站（天河分店）	广州	443	1	2020/8/1 20:36		
7	202008150766	艾文茜	私房小站（福田分店）	深圳	702	1	2020/8/15 21:42		
8	202008250518	艾文茜	私房小站（天河分店）	广州	594	1	2020/8/25 20:09		
9	202008061278	艾小金	私房小站（越秀分店）	广州	185	1	2020/8/6 20:42		
10	202008141143	艾小金	私房小站（天河分店）	广州	199	1	2020/8/14 22:09		
11	202008240501	艾小金	私房小站（天河分店）	广州	504	1	2020/8/24 19:30		
12	202008201244	包承昊	私房小站（越秀分店）	广州	404	1	2020/8/20 18:24		
13	202008200813	包达菲	私房小站（天河分店）	广州	1018	1	2020/8/20 11:52		
14	202008210815	包家铭	私房小站（天河分店）	广州	707	1	2020/8/21 11:48		
15	202008120170	蔡帆题	私房小站（罗湖分店）	深圳	450	1	2020/8/12 13:39		
16	202008100441	蔡昊霖	私房小站（顺德分店）	佛山	265	1	2020/8/10 19:57		
17	202008070396	蔡锦诚	私房小站（罗湖分店）	深圳	184	1	2020/8/7 13:44		
18	202008131134	蔡溯韬	私房小站（越秀分店）	广州	719	1	2020/8/13 18:53		
19	202008201163	蔡学韬	私房小站（番禺分店）	广州	286	1	2020/8/20 21:16		
20	202008211144	蔡奕涵	私房小站（罗湖分店）	深圳	272	1	2020/8/21 18:56		
21	202008201137	蔡雨韬	私房小站（天河分店）	广州	436	1	2020/8/20 19:56		

图 6-1　根据会员名进行升序

(2) 打开【分类汇总】对话框。在【数据】选项卡的【分级显示】命令组中，单击【分类汇总】命令（如图 6-2 所示），弹出【分类汇总】对话框。

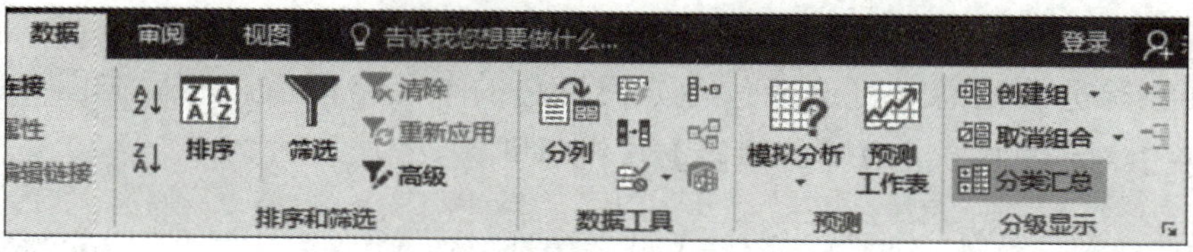

图 6-2 【分类汇总】命令

(3) 设置参数。在【分类汇总】对话框中单击【分类字段】下拉框的 按钮，在下拉列表中选择【会员名】；单击【汇总方式】下拉框的 按钮，在下拉列表中选择【求和】；在【选定汇总项】列表框中勾选【消费金额】复选框，取消其他复选框的勾选，如图 6-3 所示。

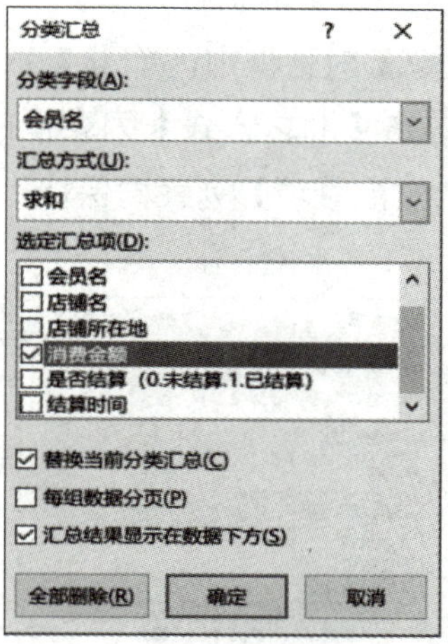

图 6-3 【分类汇总】对话框

(4) 统计汇总。单击图 6-3 所示的【确定】按钮即可在【订单信息】工作表中统计各会员的消费金额的总额，显示结果如图 6-4 所示。

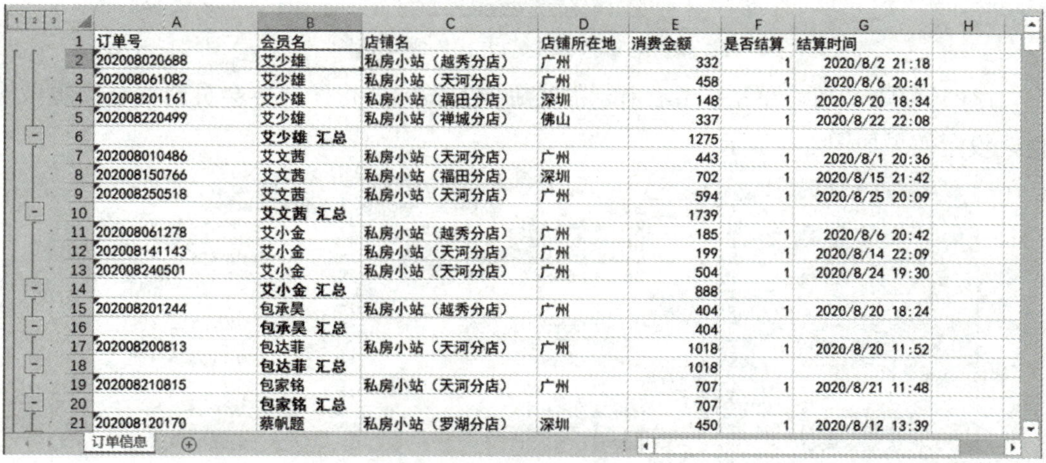

	A	B	C	D	E	F	G	H
1	订单号	会员名	店铺名	店铺所在地	消费金额	是否结算	结算时间	
2	202008020688	艾少雄	私房小站（越秀分店）	广州	332	1	2020/8/2 21:18	
3	202008061082	艾少雄	私房小站（天河分店）	广州	458	1	2020/8/6 20:41	
4	202008201161	艾少雄	私房小站（福田分店）	深圳	148	1	2020/8/20 18:34	
5	202008220499	艾少雄	私房小站（禅城分店）	佛山	337	1	2020/8/22 22:08	
6		艾少雄 汇总			1275			
7	202008010486	艾文茜	私房小站（天河分店）	广州	443	1	2020/8/1 20:36	
8	202008150766	艾文茜	私房小站（福田分店）	深圳	702	1	2020/8/15 21:42	
9	202008250518	艾文茜	私房小站（天河分店）	广州	594	1	2020/8/25 20:09	
10		艾文茜 汇总			1739			
11	202008061278	艾小金	私房小站（越秀分店）	广州	185	1	2020/8/6 20:42	
12	202008141143	艾小金	私房小站（天河分店）	广州	199	1	2020/8/14 22:09	
13	202008240501	艾小金	私房小站（天河分店）	广州	504	1	2020/8/24 19:30	
14		艾小金 汇总			888			
15	202008201244	包承昊	私房小站（越秀分店）	广州	404	1	2020/8/20 18:24	
16		包承昊 汇总			404			
17	202008200813	包达菲	私房小站（天河分店）	广州	1018	1	2020/8/20 11:52	
18		包达菲 汇总			1018			
19	202008210815	包家铭	私房小站（天河分店）	广州	707	1	2020/8/21 11:48	
20		包家铭 汇总			707			
21	202008120170	蔡帆题	私房小站（罗湖分店）	深圳	450	1	2020/8/12 13:39	

图 6-4 简单分类汇总效果

在分类汇总后，工作表行号左侧出现的 + 和 - 按钮是层次按钮，分别能显示和隐藏组中明细数据。在层次按钮上方出现的 1 2 3 按钮是分级显示按钮，单击所需级别的数字就可以隐藏较低级别的明细数据，显示其他级别的明细数据。

若要删除分类汇总，可选择包含分类汇总的单元格区域，然后在图 6-3 所示的【分类汇总】对话框中单击【全部删除】按钮即可。

2. 高级分类汇总

不同字段分类汇总

在【订单信息】工作表中统计各会员消费金额的平均值，具体操作步骤如下：

(1) 打开【分类汇总】对话框。在简单分类汇总结果的基础上，在【数据】选项卡的【分级显示】命令组中，单击【分类汇总】命令（如图 6-2 所示），弹出【分类汇总】对话框。

(2) 设置参数。在【分类汇总】对话框中，单击【分类字段】下拉框的 按钮，在下拉列表中选择【会员名】；单击【汇总方式】列表框的 按钮，在下拉列表中选择【平均值】；【分类字段】和【选定汇总项】列表框保持不变，取消勾选【替换当前分类汇总】复选框，如图 6-5 所示。

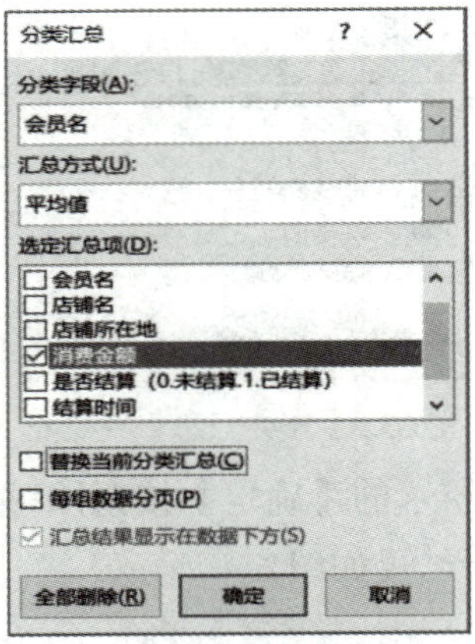

图 6-5　选择汇总方式为平均值

(3) 计算平均值。单击图 6-5 所示的【确定】按钮即可统计各会员消费金额的平均值，设置效果如图 6-6 所示。

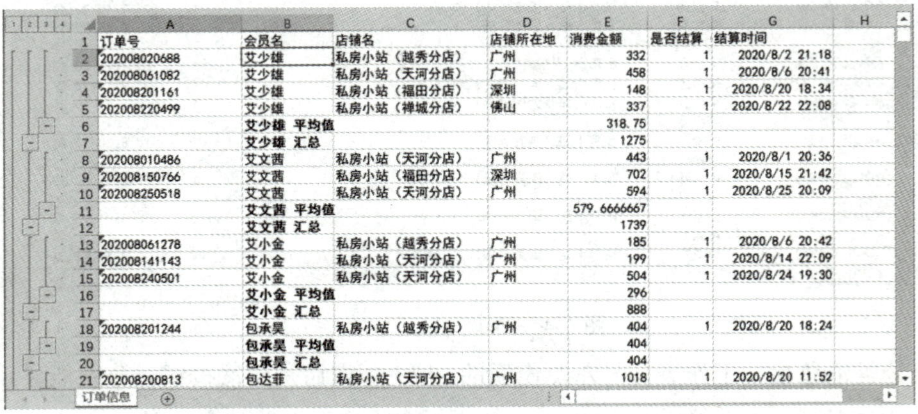

	A	B	C	D	E	F	G	H
1	订单号	会员名	店铺名	店铺所在地	消费金额	是否结算	结算时间	
2	202008020688	艾少雄	私房小站（越秀分店）	广州	332	1	2020/8/2 21:18	
3	202008061082	艾少雄	私房小站（天河分店）	广州	458	1	2020/8/6 20:41	
4	202008201161	艾少雄	私房小站（福田分店）	深圳	148	1	2020/8/20 18:34	
5	202008220499	艾少雄	私房小站（禅城分店）	佛山	337	1	2020/8/22 22:08	
6		艾少雄 平均值			318.75			
7		艾少雄 汇总			1275			
8	202008010486	艾文茜	私房小站（天河分店）	广州	443	1	2020/8/1 20:36	
9	202008150766	艾文茜	私房小站（福田分店）	深圳	702	1	2020/8/15 21:42	
10	202008250518	艾文茜	私房小站（天河分店）	广州	594	1	2020/8/25 20:09	
11		艾文茜 平均值			579.6666667			
12		艾文茜 汇总			1739			
13	202008061278	艾小金	私房小站（越秀分店）	广州	185	1	2020/8/6 20:42	
14	202008141143	艾小金	私房小站（天河分店）	广州	199	1	2020/8/14 22:09	
15	202008240501	艾小金	私房小站（天河分店）	广州	504	1	2020/8/24 19:30	
16		艾小金 平均值			296			
17		艾小金 汇总			888			
18	202008201244	包承昊	私房小站（越秀分店）	广州	404	1	2020/8/20 18:24	
19		包承昊 平均值			404			
20		包承昊 汇总			404			
21	202008200813	包达菲	私房小站（天河分店）	广州	1018	1	2020/8/20 11:52	

图 6-6　高级分类汇总效果

3. 嵌套分类汇总

在【订单信息】工作表中，先对会员名进行简单分类汇总，再对店铺名进行汇总，具体操作步骤如下：

(1) 对数据进行排序。在【订单信息】工作表中，先根据会员名进行升序，再将相同会员名的订单根据店铺名进行升序，排序效果如图 6-7 所示。

	A	B	C	D	E	F	G	H	I
1	订单号	会员名	店铺名	店铺所在地	消费金额	是否结算	结算时间		
2	202008220499	艾少雄	私房小站（禅城分店）	佛山	337	1	2020/8/22 22:08		
3	202008201161	艾少雄	私房小站（福田分店）	深圳	148	1	2020/8/20 18:34		
4	202008061082	艾少雄	私房小站（天河分店）	广州	458	1	2020/8/6 20:41		
5	202008020688	艾少雄	私房小站（越秀分店）	广州	332	1	2020/8/2 21:18		
6	202008150766	艾文茜	私房小站（福田分店）	深圳	702	1	2020/8/15 21:42		
7	202008010486	艾文茜	私房小站（天河分店）	广州	443	1	2020/8/1 20:36		
8	202008250518	艾文茜	私房小站（天河分店）	广州	594	1	2020/8/25 20:09		
9	202008141143	艾小金	私房小站（天河分店）	广州	199	1	2020/8/14 22:09		
10	202008240501	艾小金	私房小站（天河分店）	广州	504	1	2020/8/24 19:30		
11	202008061278	艾小金	私房小站（越秀分店）	广州	185	1	2020/8/6 20:42		
12	202008201244	包承昊	私房小站（越秀分店）	广州	404	1	2020/8/20 18:24		
13	202008200813	包达菲	私房小站（天河分店）	广州	1018	1	2020/8/20 11:52		
14	202008210815	包家铭	私房小站（天河分店）	广州	707	1	2020/8/21 11:48		
15	202008120170	蔡帆题	私房小站（罗湖分店）	深圳	450	1	2020/8/12 13:39		
16	202008100441	蔡昊霖	私房小站（顺德分店）	佛山	265	1	2020/8/10 19:57		
17	202008070396	蔡锦诚	私房小站（罗湖分店）	深圳	184	1	2020/8/7 13:44		
18	202008131134	蔡溯韬	私房小站（越秀分店）	广州	719	1	2020/8/13 18:53		
19	202008201163	蔡学韬	私房小站（番禺分店）	广州	286	1	2020/8/20 21:16		
20	202008211144	蔡奕涵	私房小站（罗湖分店）	深圳	272	1	2020/8/21 18:56		
21	202008201137	蔡雨韬	私房小站（天河分店）	广州	436	1	2020/8/20 19:56		

订单信息

图 6-7　排序效果

(2) 进行简单分类汇总。在【数据】选项卡的【分级显示】命令组中，单击【分类汇总】命令，在弹出的【分类汇总】对话框中设置参数，如图 6-8 所示，单击【确定】按钮得到第一次汇总结果。

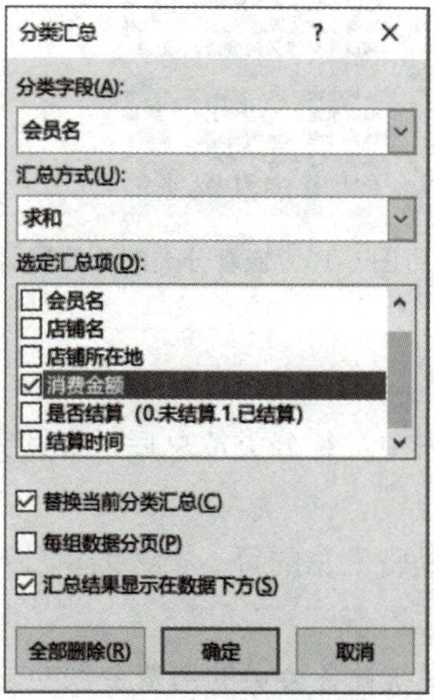

图 6-8　第一次汇总的参数

(3) 设置第二次分类汇总的参数。在【数据】选项卡的【分级显示】命令组中，单击【分类汇总】命令，在弹出的【分类汇总】对话框中设置参数，如图 6-9 所示。

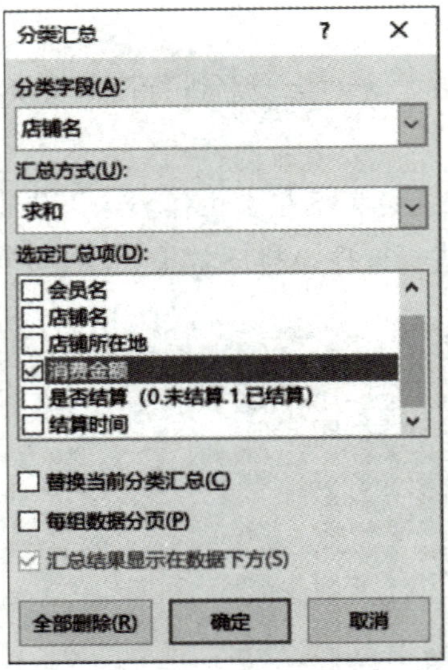

图 6-9　第二次汇总的参数设置

(4) 确定设置。单击图 6-9 所示的【确定】按钮即可先对会员名进行简单分类汇总，再对店铺名进行汇总，显示结果如图 6-10 所示。

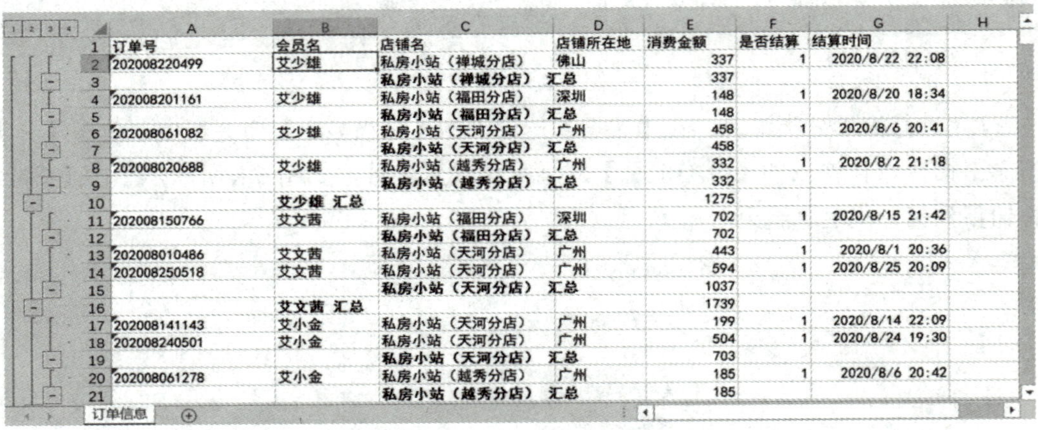

图 6-10　嵌套分类汇总效果

二、分页显示数据列表

在对【订单信息】工作表中进行分类汇总后，继续完成分页显示汇总后的各会员的消费总额数据。

分页显示分类汇总结果是将汇总的每一类数据单独地列在一页中，以方便清晰地显示或打印分类汇总的结果。

在【订单信息】工作表中统计各会员的消费金额的总和，并将汇总结果分页显示，具体的操作步骤如下：

(1) 根据会员名升序。选中 B 列任一非空单元格，例如 B2 单元格，在【数据】选项卡的【排序和筛选】命令组中，单击 A↓Z 符号，将该列数据按数值大小升序。

(2) 打开【分类汇总】对话框。选择任一非空单元格，在【数据】选项卡的【分级显示】命令组中，单击【分类汇总】命令，弹出【分类汇总】对话框。

(3) 设置参数。单击【分类字段】下拉框的 按钮，在下拉列表中选择【会员名】，在【选定汇总项】列表框中勾选【消费金额】复选框，勾选【每页数据分页】复选框，如图 6-11 所示。

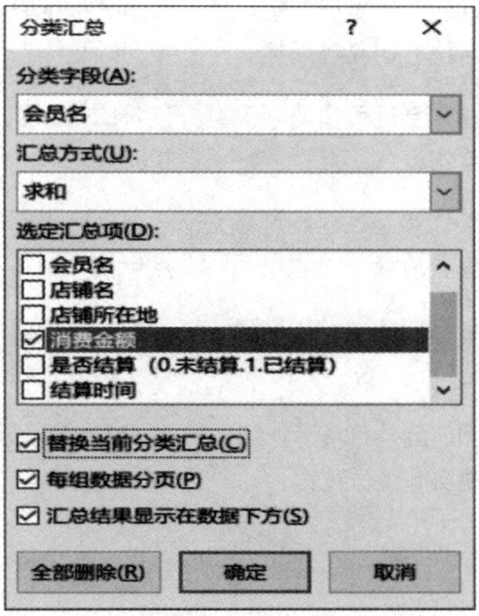

图 6-11　【分类汇总】对话框

(4) 确定设置。单击图 6-11 所示的【确定】按钮即可在【订单信息】工作表中统计各会员的消费金额，并将汇总结果分页显示，设置效果如图 6-12 所示。

	A	B	C	D	E	F	G	H
1	订单号	会员名	店铺名	店铺所在地	消费金额	是否结算	结算时间	
2	202008220499	艾少雄	私房小站（禅城分店）	佛山	337	1	2020/8/22 22:08	
3	202008201161	艾少雄	私房小站（福田分店）	深圳	148	1	2020/8/20 18:34	
4	202008061082	艾少雄	私房小站（天河分店）	广州	458	1	2020/8/6 20:41	
5	202008020688	艾少雄	私房小站（越秀分店）	广州	332	1	2020/8/2 21:18	
6		艾少雄 汇总			1275			
7	202008150766	艾文茜	私房小站（福田分店）	深圳	702	1	2020/8/15 21:42	
8	202008010486	艾文茜	私房小站（天河分店）	广州	443	1	2020/8/1 20:36	
9	202008250518	艾文茜	私房小站（天河分店）	广州	594	1	2020/8/25 20:09	
10		艾文茜 汇总			1739			
11	202008141143	艾小金	私房小站（天河分店）	广州	199	1	2020/8/14 22:09	
12	202008240501	艾小金	私房小站（天河分店）	广州	504	1	2020/8/24 19:30	
13	202008061278	艾小金	私房小站（越秀分店）	广州	185	1	2020/8/6 20:42	
14		艾小金 汇总			888			
15	202008201244	包承昊	私房小站（越秀分店）	广州	404	1	2020/8/20 18:24	
16		包承昊 汇总			404			
17	202008200813	包达菲	私房小站（天河分店）	广州	1018	1	2020/8/20 11:52	
18		包达菲 汇总			1018			
19	202008210815	包家铭	私房小站（天河分店）	广州	707	1	2020/8/21 11:48	
20		包家铭 汇总			707			
21	202008120170	蔡帆题	私房小站（罗湖分店）	深圳	450	1	2020/8/12 13:39	

订单信息

图 6-12　分页显示数据列表效果

<table>
<tr><th colspan="5">质量监控（教师完成）</th></tr>
<tr><td colspan="5">任务实施栏目评分表</td></tr>
<tr><td>评分项</td><td>分值</td><td>作 答 要 求</td><td>评 审 规 定</td><td>得分</td></tr>
<tr><td>任务资讯</td><td>10</td><td>问题回答清晰准确，能够紧扣主题，没有明显错误项</td><td>对照标准答案，一项错误扣 5 分，扣完为止</td><td></td></tr>
<tr><td>任务规划</td><td>20</td><td>任务规划合理可实施，没有任何细节错误</td><td>参照标准答案，一项错误扣 5 分，扣完为止</td><td></td></tr>
<tr><td>任务实施</td><td>40</td><td>包含具体实施过程，过程完整、准确、清晰</td><td>根据错误的严重程度，每个错误点一次分别扣 10 分、5 分、2 分</td><td></td></tr>
<tr><td>任务扩展</td><td>20</td><td>任务目标明确，结果准确、完整、详细</td><td>根据错误的严重程度，每个错误点一次分别扣 10 分、5 分、2 分</td><td></td></tr>
<tr><td>其他</td><td>10</td><td>日志和问题项目填写详细、能够反映实际工作过程</td><td>没有填写或者太过简单，每项扣 5 分</td><td></td></tr>
<tr><td colspan="5">合 计 得 分</td></tr>
<tr><td colspan="5">职业能力评分表</td></tr>
<tr><td>评分项</td><td>等级</td><td colspan="2">作 答 要 求</td><td>等级</td></tr>
<tr><td>知识评价</td><td>A|B|C</td><td colspan="2">A：能够完整准确地作答任务资讯的所有问题，准确率在 90% 以上
B：能较准确地作答所有问题，准确率在 60% ～ 80%
C：对基础知识掌握得非常差，任务资讯和答辩的准确率在 50% 以下</td><td></td></tr>
<tr><td>能力评价</td><td>A|B|C</td><td colspan="2">A：熟悉各个环节的实施步骤，独立完成任务，有能力辅助其他学生完成规定的工作任务，实施快速，准确率高，即任务规划和任务实施正确率在 85% 以上
B：基本完成各个环节的任务，准确率在 60% ～ 80%
C：未完成任务或只完成了部分任务，有问题没有积极向其他同学请教，工作实施拖拉，不积极，各个部分的准确率在 50% 以下</td><td></td></tr>
<tr><td>态度素养评价</td><td>A|B|C</td><td colspan="2">A：不迟到、不早退，对待其他人有礼貌，善于帮助他人，积极主动完成规定的工作任务，工作台整洁，积极回答老师提问
B：基本完成各个环节的任务，准确率在 60% ～ 80%
C：未完成任务或只完成了部分任务，有问题没有积极向其他同学请教，工作实施拖拉，不积极，不能准确回答老师提出的问题，各个部分的准确率在 50% 以下</td><td></td></tr>
</table>

任务七 公式与函数

任务设计

实施人员信息（学生填写）							
姓名		班级		学号		电话	

任务目标	笔记栏
(1) 认识函数与公式。 (2) 掌握单元格的引用方式和应用。 (3) 掌握数组公式的使用。	

任务介绍	笔记栏
1. 任务描述 Excel 2016 中含有丰富的内置函数，方便用户进行数据处理。现在某餐饮店 2016 年的【9 月 1 日订单详情】工作表中，分别使用公式和函数计算菜品的总价，再采用引用单元格的方式完善【9 月 1 日订单详情】和【9 月订单详情】工作表。 **2. 任务要求** 掌握公式与函数的书写规范，掌握利用公式及函数计算方法，熟练掌握单元格引用方式。	

任务资讯	笔记栏
(1) Excel 公式的输入方式是什么？(2 分) (2) 罗列输入公式时常见的错误和原因。(2 分) (3) Excel 2016 中有哪些类型的函数？(2 分) (4) 在进行计算时，有几种单元格引用方式？(2 分) (5) 应用数组公式与普通公式有什么区别？(2 分)	

任务规划	笔记栏
(1) 输入公式和函数操作的规划。(5 分) (2) 引用单元格操作的规划。(10 分) ① 相对引用。 ② 绝对引用。 ③ 混合引用。 ④ 外部引用。 ⑤ 三维引用。 (3) 数组公式操作的规划。(5 分) ① 使用单一单元格数组公式。 ② 使用多个单元格数组公式。	

任务实施	笔记栏
(1) 输入公式计算菜品的总价。(5 分) (2) 输入 PRODUCT 函数计算菜品的总价。(5 分) (3) 用相对引用的方式计算菜品的总价。(5 分) (4) 用绝对引用的方式输入订单的日期。(5 分) (5) 用三维引用的方式在【9 月订单详情】工作表输入 9 月 1 日的营业额。(5 分) (6) 用外部引用的方式在【9 月订单详情】工作表输入 9 月 2 日的营业额。(5 分) (7) 使用单一单元格数组公式计算 9 月 1 日的营业额。(5 分) (8) 使用多单元格数组公式计算各订单的菜品的总价。(5 分)	

任务扩展	笔记栏
(1) Excel 包含多种类型的运算符，分别是算术运算符、比较运算符、文本运算符和引用运算符。与常规数学计算的运算相似，Excel 所有的运算也有运算优先级。当公式中同时用到多个运算符时，它们的运算优先级是怎样的？(5 分) (2) 在使用函数或公式完成计算后，需要对计算结果进行必要的验证。如果计算结果与预期结果不符，需要检查公式或函数是否存在逻辑错误或检查函数的参数设置是否有误。采用哪些方法可以检查函数出错的原因？(5 分) (3) 如何设置函数的自动重算和手动重算？(10 分)	

工作日志	笔记栏
在实施任务的过程中，填写以下工作日志表。(5 分)	

工作日志表

工作内容	问题及解决方式

工作总结

完成本任务的工作总结。(5 分)

学习资源——函数的应用

为了对工作表中的数据进行计算，需要在单元格中创建和使用公式；为了完成一些复杂的运算，还需要在公式中使用各种各样的函数。本任务将对 Excel 2016 常用的函数进行介绍。

【学习目标】

(1) 认识函数和公式。

(2) 熟知各类型函数的名称和参数。

(3) 掌握各类型函数的使用。

认识公式和函数

一、认识公式和函数

现在某餐饮店 2020 年的【9 月 1 日订单详情】工作表中，分别使用公式和函数计算菜品的总价，再采用引用单元格的方式完善【9 月 1 日订单详情】和【9 月订单详情】工作表。

1. 输入公式和函数

1) 输入公式

在【9 月订单详情】工作表中输入公式计算菜品的总价，具体操作步骤如下：

(1) 输入“=”。单击单元格 E4，输入等号“=”，Excel 就会默认用户在输入公式，系统的状态栏显示为【输入】，如图 7-1 所示。

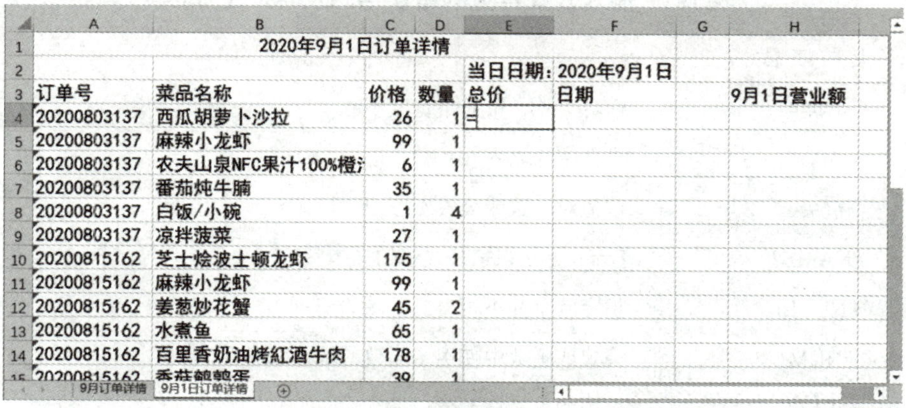

	A	B	C	D	E	F	G	H
1	2020年9月1日订单详情							
2					当日日期：	2020年9月1日		
3	订单号	菜品名称	价格	数量	总价	日期		9月1日营业额
4	20200803137	西瓜胡萝卜沙拉	26	1	=			
5	20200803137	麻辣小龙虾	99	1				
6	20200803137	农夫山泉NFC果汁100%橙汁	6	1				
7	20200803137	番茄炖牛腩	35	1				
8	20200803137	白饭/小碗	1	4				
9	20200803137	凉拌菠菜	27	1				
10	20200815162	芝士烩波士顿龙虾	175	1				
11	20200815162	麻辣小龙虾	99	1				
12	20200815162	姜葱炒花蟹	45	2				
13	20200815162	水煮鱼	65	1				
14	20200815162	百里香奶油烤紅酒牛肉	178	1				
15	20200815162	香菇鹌鹑蛋	39	1				

图 7-1　输入等号

(2) 输入公式。因为总价等于价格乘以数量，所以在等号后面输入公式“26*1”，如图 7-2 所示。

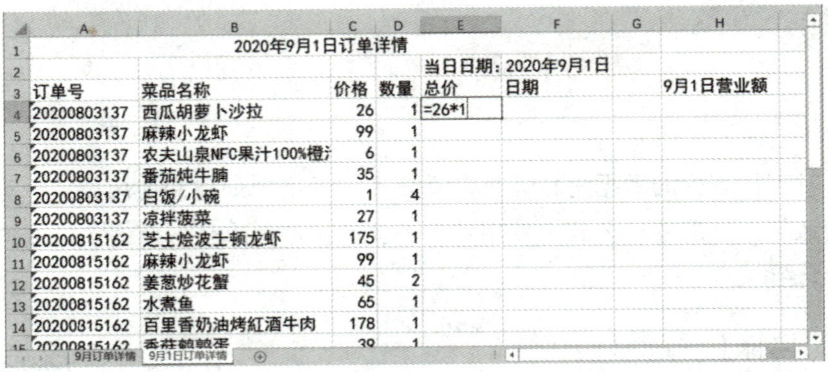

图 7-2　输入“26*1”

(3) 确定公式。按下【Enter】键，Excel 2016 就会计算出 26 乘以 1 的结果为 26，按照步骤 (2) 的方法计算所有的总价，结果如图 7-3 所示。

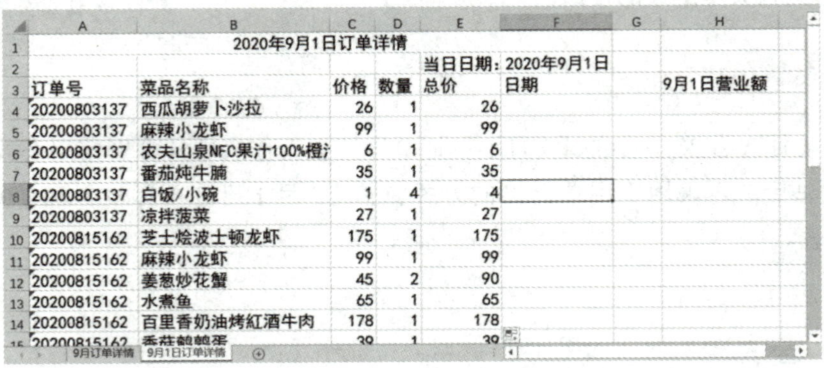

图 7-3　计算结果

在输入公式时，可能会出现输入错误，此时单元格会显示相应的错误信息。常见的错误信息及其产生原因如表 7-1 所示。

表 7-1　输入公式常见的错误信息及其产生原因

错误信息	产生原因
#####	内容太长、单元格宽度不够
#DIV/0!	当数字除以零 (0) 时
#N/A	数值对函数或公式不可用
#NAME?	Excel 无法识别公式中的文本
#NULL!	指定两个并不相交的区域的交点
#NUM!	公式或函数中使用了无效的数值
#REF!	引用的单元格无效
#VALUE!	使用的参数或操作数的类型不正确

2) 输入函数

Excel 2016 函数按功能分类如表 7-2 所示。

表 7-2　Excel 2016 函数按功能分类

函数类型	作　用
加载宏和自动化函数	用于加载宏或执行某些自动化操作
多维数据集函数	用于从多维数据库中提取数据并将其显示在单元格中
数据库函数	用于对数据库中的数据进行分析
日期和时间函数	用于处理公式中与日期和时间有关的值
工程函数	用于处理复杂的数值并在不同的数制和测量体系中进行转换
财务函数	用于进行财务方面的相关操作
信息函数	用于判断单元格内数据所属的类型以及单元格是否为空等
逻辑函数	用于检测是否满足一个或多个条件
查找和引用函数	用于查找存储在工作表中的特定值
数学和三角函数	用于进行数据和三角函数方面的各种计算
统计函数	用于对特定范围内的数据进行分析统计
文本函数	用于处理公式中的文本字符串

如果对所输入的函数的名称和相关参数不熟悉，可以选择通过【插入函数】来输入函数。在 Excel 2016 中通过【插入函数】输入“PRODUCT”函数来求在【9 月订单详情】工作表订单的汇总总价，具体操作步骤如下：

(1) 打开【插入函数】对话框。选择单元格 E10，在【公式】选项卡的【函数库】命令组中，单击【插入函数】命令，如图 7-4 所示，弹出【插入函数】对话框。

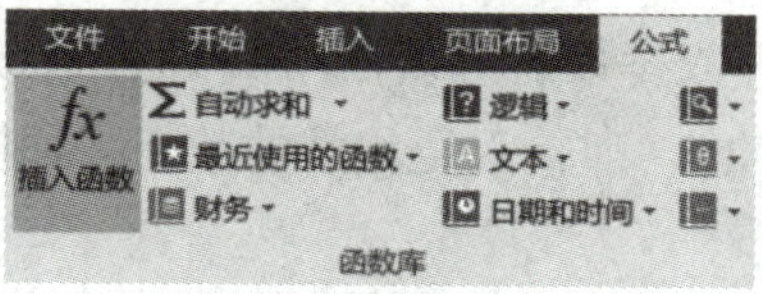

图 7-4　【插入函数】命令

(2) 选择函数类别。在【插入函数】对话框的【或选择类别】下拉框中选择【数学与三角函数】，如图 7-5 所示。

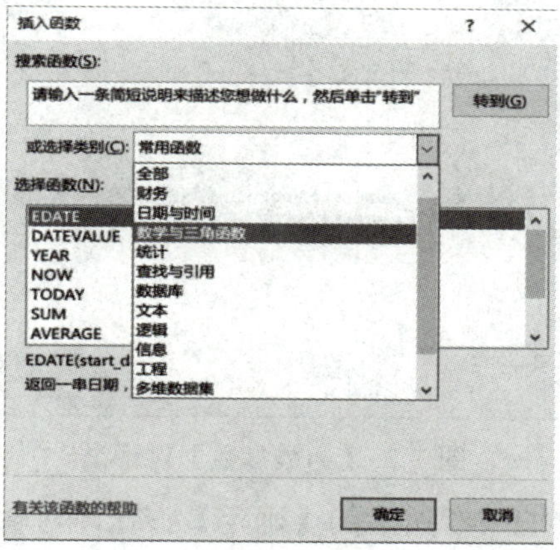

图 7-5　选择【数学与三角函数】

(3) 选择函数。在【选择函数】列表框中选择【PRODUCT】函数，如图 7-6 所示，单击【确定】按钮。

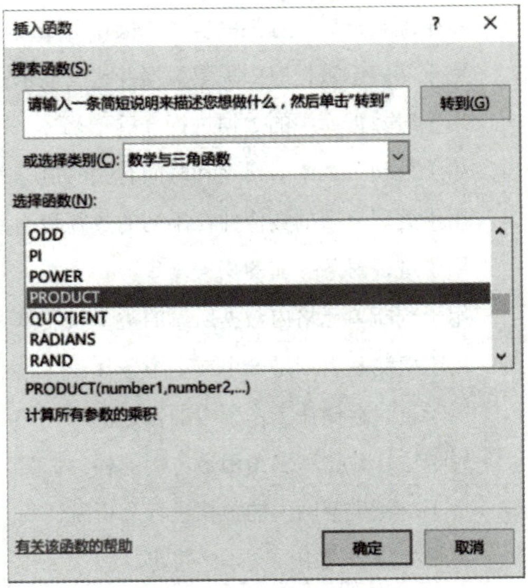

图 7-6　选择【PRODUCT】函数

也可以在【搜索函数】文本框中输入需要函数所做的工作，然后单击【转到】按钮即可在【选择函数】文本框中显示所需函数。

如果对所输入的函数名称和相关参数不熟悉，可以在【插入函数】对话框的【选择函数】列表框下方查看函数与参数的说明。

(4) 设置参数。弹出【函数参数】对话框，在【Number1】文本框中输入“26”，在【Number2】文本框中输入“1”，即输入要相乘的数值，如图 7-7 所示。

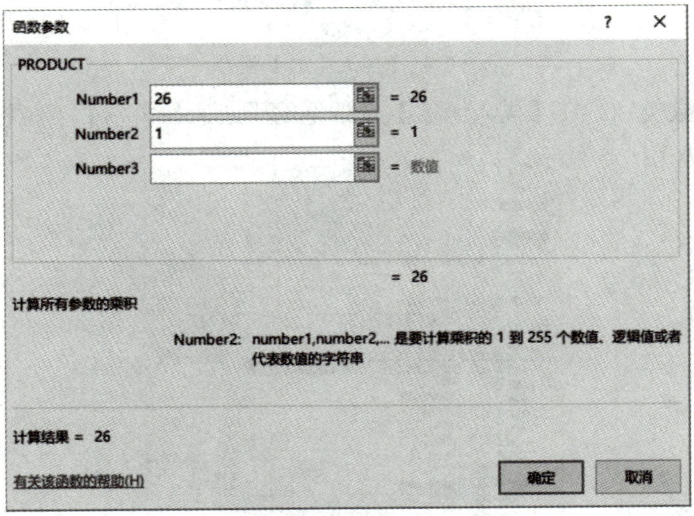

图 7-7　【函数参数】对话框

(5) 计算总价。单击如图 7-7 所示的【确定】按钮即可输入 PRODUCT 函数，计算订单的总价，用同样的方法计算剩余订单的总价，得到的效果如图 7-8 所示。

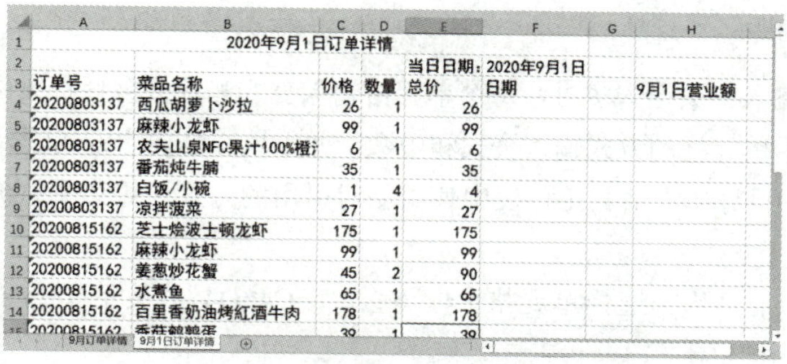

2020年9月1日订单详情					
				当日日期：2020年9月1日	
订单号	菜品名称	价格	数量	总价	日期	9月1日营业额
20200803137	西瓜胡萝卜沙拉	26	1	26		
20200803137	麻辣小龙虾	99	1	99		
20200803137	农夫山泉NFC果汁100%橙汁	6	1	6		
20200803137	番茄炖牛腩	35	1	35		
20200803137	白饭/小碗	1	4	4		
20200803137	凉拌菠菜	27	1	27		
20200815162	芝士烩波士顿龙虾	175	1	175		
20200815162	麻辣小龙虾	99	1	99		
20200815162	姜葱炒花蟹	45	2	90		
20200815162	水煮鱼	65	1	65		
20200815162	百里香奶油烤紅酒牛肉	178	1	178		

图 7-8　使用【SUM】函数得到的效果

如果熟悉函数的名称和相关参数，可以使用较为方便快捷的手动输入函数方法，注意手动输入函数的符号时，都要在英文状态下输入，如手动输入 PRODUCT 函数的操作步骤如下：

① 输入函数。选择单元格 E4，手动输入求和函数“=PRODUCT(26, 1)”，如图 7-9 所示。

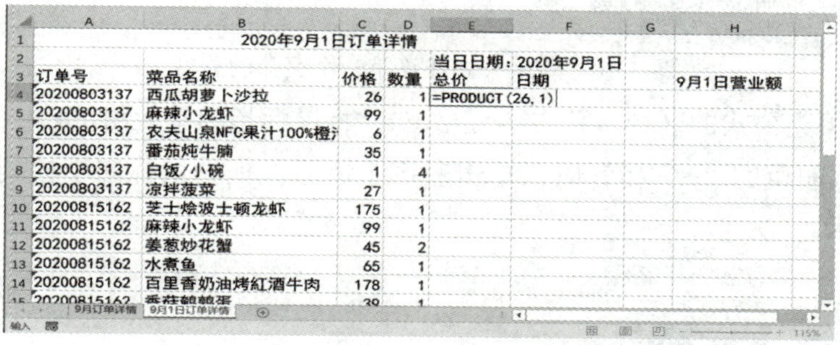

2020年9月1日订单详情						
				当日日期：2020年9月1日		
订单号	菜品名称	价格	数量	总价	日期	9月1日营业额
20200803137	西瓜胡萝卜沙拉	26	1	=PRODUCT (26, 1)		
20200803137	麻辣小龙虾	99	1			
20200803137	农夫山泉NFC果汁100%橙汁	6	1			
20200803137	番茄炖牛腩	35	1			
20200803137	白饭/小碗	1	4			
20200803137	凉拌菠菜	27	1			
20200815162	芝士烩波士顿龙虾	175	1			
20200815162	麻辣小龙虾	99	1			
20200815162	姜葱炒花蟹	45	2			
20200815162	水煮鱼	65	1			
20200815162	百里香奶油烤紅酒牛肉	178	1			

图 7-9　输入 PRODUCT 函数

② 计算总价。按下【Enter】键即可计算订单的总价，用同样的方法计算剩余的总价。

2. 引用单元格

单元格的引用是公式的组成部分之一，其作用在于标识工作表上的单元格或单元格区域，并通过 Excel 查找公式中所使用的数值或数据。常用的单元格引用样式及其说明如表 7-3 所示。

表 7-3　常用的单元格引用样式及其说明

引用样式	样式说明
A1	列 A 和行 1 交叉处的单元格
A1:A10	在列 A 和行 1 到行 10 之间的单元格
B2:E2	在行 2 和列 B 到列 E 之间的单元格
3:3	行 3 中的全部单元格
3:5	行 3 到行 5 之间的全部单元格
D:D	列 D 中的全部单元格
A:D	列 A 到列 D 之间的全部单元格
A1:D10	列 A 到列 D 和行 1 到行 10 之间的单元格

1) 相对引用

当所需要输入的数据太多时，每个单元格输入公式和函数会耗费大量时间，此时可以考虑使用引用单元格的方式输入公式和函数，并用填充公式的方式输入剩余的公式。

在【9 月 1 日订单详情】工作表中使用相对引用的方式计算菜品总价，具体操作步骤如下：

(1) 计算一个总价。选择单元格 E4，输入“=C4*D4”，按下【Enter】键，计算结果如图 7-10 所示。

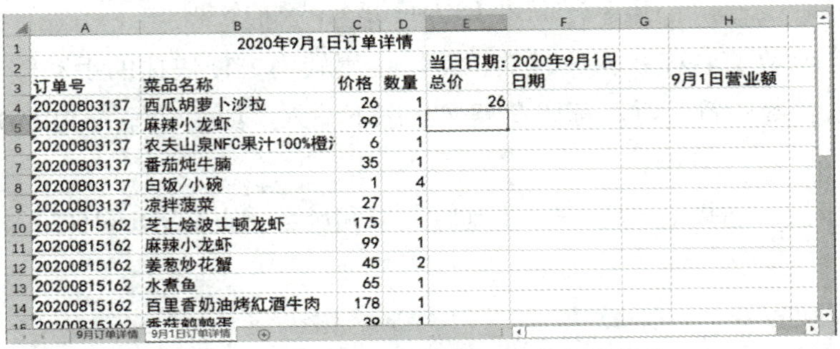

图 7-10　输入公式计算第一个菜品的总价

(2) 选择填充公式的区域。单击单元格 E4，将鼠标指向单元格 E4 的右下角，当指针变为黑色且加粗的“+”指针时，单击左键不放开，拖动鼠标向下拉到单元格 E29，如图 7-11 所示。

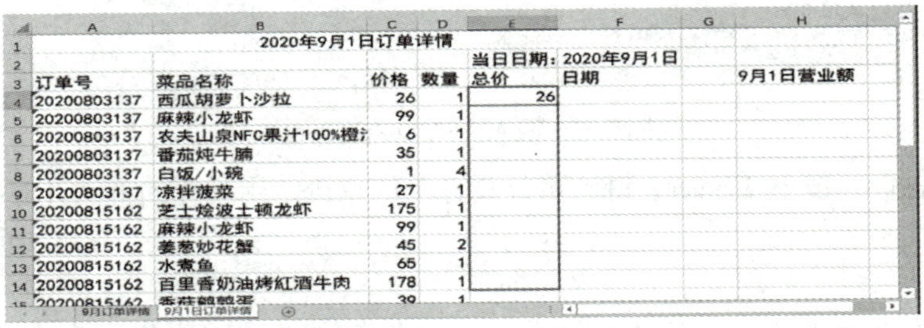

图 7-11　选择填充公式的区域

(3) 填充公式。松开左键，单元格 E4 下方的单元格会自动复制公式，但引用的单元格会变成引用相对应的单元格，例如单元格 E5 的公式为“=C5*D5”，显示结果如图 7-12 所示。

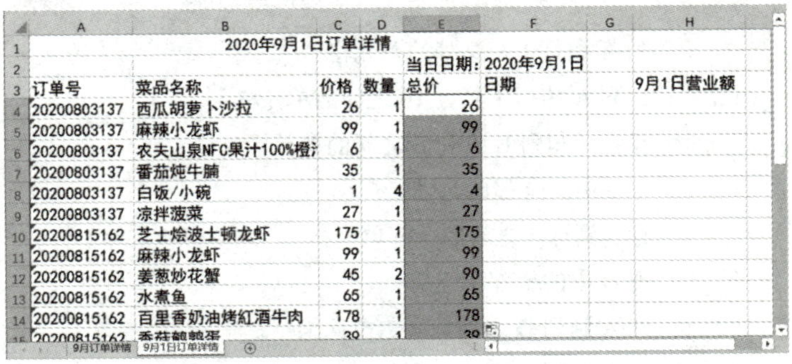

图 7-12　相对引用

也可以在实施步骤 (2) 的过程中，当指针变为黑色且加粗的“+”指针时，双击左键，单元格 E4 下方的单元格会自动复制公式直到遇到空行停止。这种方法适用于填充较多的公式时。

2) 绝对引用

在【9 月 1 日订单详情】工作表中用绝对引用 (即在引用单元格名称前加上符号“$”) 的方式输入订单的日期，具体操作步骤如下：

(1) 输入公式。选择单元格 F4，输入“=$F$2”，如图 7-13 所示，按下【Enter】键。

	A	B	C	D	E	F	G	H
1	2020年9月1日订单详情							
2					当日日期:	2020年9月1日		
3	订单号	菜品名称	价格	数量	总价			9月1日营业额
4	20200803137	西瓜胡萝卜沙拉	26	1	26	=$F$2		
5	20200803137	麻辣小龙虾	99	1	99			
6	20200803137	农夫山泉NFC果汁10	6	1	6			
7	20200803137	番茄炖牛腩	35	1	35			
8	20200803137	白饭/小碗	1	4	4			
9	20200803137	凉拌菠菜	27	1	27			
10	20200815162	芝士烩波士顿龙虾	175	1	175			
11	20200815162	麻辣小龙虾	99	1	99			
12	20200815162	姜葱炒花蟹	45	2	90			
13	20200815162	水煮鱼	65	1	65			
14	20200815162	百里香奶油烤紅酒牛	178	1	178			

图 7-13　输入日期

(2) 填充公式。单击单元格 F4，将鼠标指向单元格 F4 的右下角，当指针变为黑色且加粗的“+”指针时，双击左键，单元格 F4 下方的单元格会自动复制公式，引用的单元格不变，设置效果如图 7-14 所示。

	A	B	C	D	E	F	G	H
1	2020年9月1日订单详情							
2					当日日期:	2020年9月1日		
3	订单号	菜品名称	价格	数量	总价	日期		9月1日营业额
4	20200803137	西瓜胡萝卜沙拉	26	1	26	2020年9月1日		
5	20200803137	麻辣小龙虾	99	1	99	2020年9月1日		
6	20200803137	农夫山泉NFC果汁10	6	1	6	2020年9月1日		
7	20200803137	番茄炖牛腩	35	1	35	2020年9月1日		
8	20200803137	白饭/小碗	1	4	4	2020年9月1日		
9	20200803137	凉拌菠菜	27	1	27	2020年9月1日		
10	20200815162	芝士烩波士顿龙虾	175	1	175	2020年9月1日		
11	20200815162	麻辣小龙虾	99	1	99	2020年9月1日		
12	20200815162	姜葱炒花蟹	45	2	90	2020年9月1日		
13	20200815162	水煮鱼	65	1	65	2020年9月1日		
14	20200815162	百里香奶油烤紅酒牛	178	1	178	2020年9月1日		

图 7-14　绝对引用

相对引用和绝对引用混合使用可以变为混合引用，包括绝对列和相对行或绝对行和相对列，绝对引用列采用 $A1、$B1 等形式，绝对引用行采用 A$1、B$1 等形式。

相对引用、绝对引用和混合引用是单元格引用的主要方式，在单元格或编辑栏中选中单元格引用，按 F4 键可以在相对引用、绝对引用和混合引用之间快速切换。例如，按下 F4 键可以在 A1、$A$1、A$1 和 $A1 之间转换。

3) 三维引用

如果要分析同一个工作簿中多个工作表上相同单元格或相同单元格区域中的数据，可以使用三维引用。

在【9 月订单详情】工作表中使用三维引用的方式输入 9 月 1 日营业额，具体操作步骤如下：

(1) 计算 9 月 1 日营业额。在【9 月 1 日订单详情】工作表中把所有订单的总价相加，计算出 9 月 1 日营业额，如图 7-15 所示。

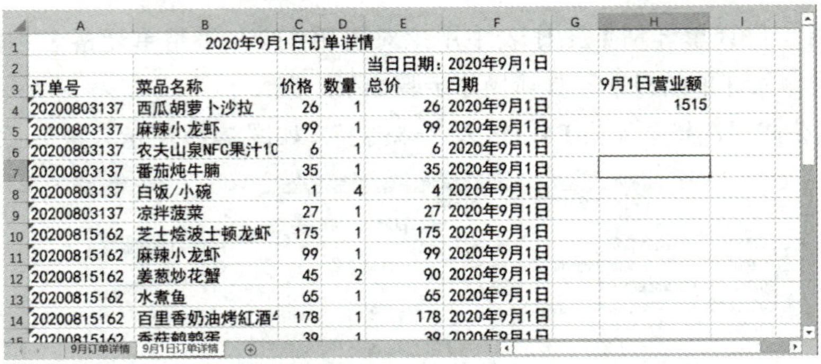

图 7-15　计算 9 月 1 日营业额

(2) 输入公式。在【9 月订单详情】工作表中单击单元格 B1，输入“=9 月 1 日订单详情 '!H4”，如图 7-16 所示。

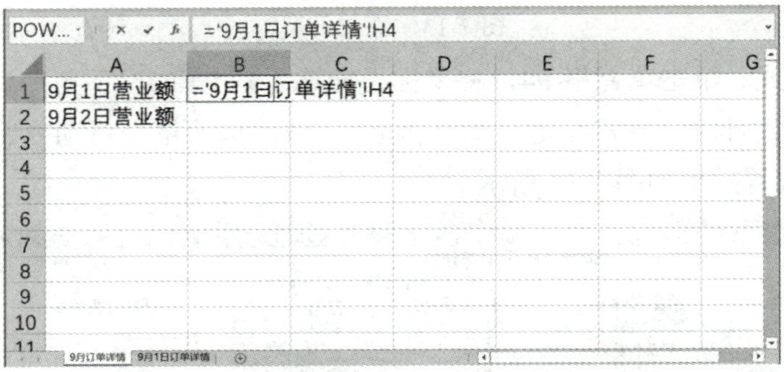

图 7-16　输入“=9 月 1 日订单详情 '!H4”

(3) 输入营业额。按下【Enter】键即可使用三维引用的方式输入 9 月 1 日营业额，如图 7-17 所示。

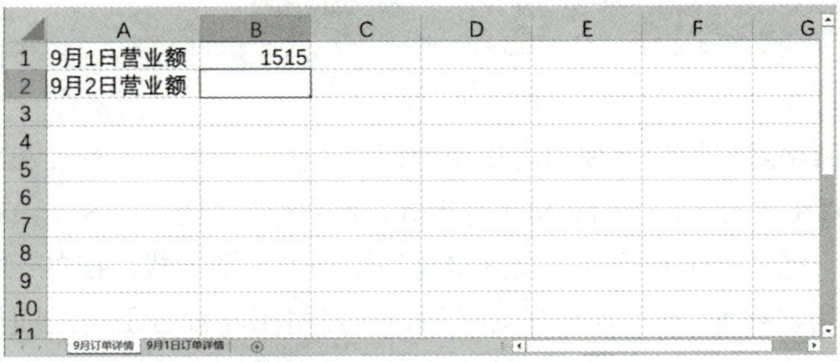

图 7-17　输入 9 月 1 日营业额

4) 外部引用

若要在单元格公式中引用另外一个工作簿中的单元格，则需要使用外部引用。

此餐饮店 2020 年 9 月 2 日的订单详情数据事先已存放到【2020 年 9 月 2 日订单详情】工作簿的【9 月 2 日订单详情】工作表中，如图 7-18 所示。

图 7-18　餐饮店 2020 年 9 月 2 日的订单详情数据

在【9 月订单详情】工作表中使用外部引用的方式输入 9 月 2 日营业额，具体操作步骤如下：

(1) 打开【9 月 2 日订单详情】工作簿。双击【9 月 2 日订单详情】文件。

(2) 输入公式。在【9 月订单详情】工作表中单击单元格 B2，输入“= '[9 月 2 日订单详情 .xlsx] 9 月 2 日订单详情 '!$H$4”，如图 7-19 所示。

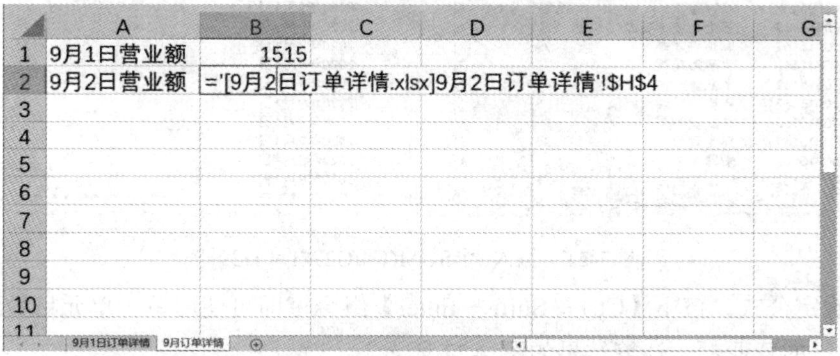

图 7-19　输入“=[9 月 2 日订单详情 .xlsx]9 月 2 日订单详情 '!$H$4”

(3) 确定公式。按下【Enter】键即可使用外部引用的方式输入 9 月 2 日营业额，如图 7-20 所示。

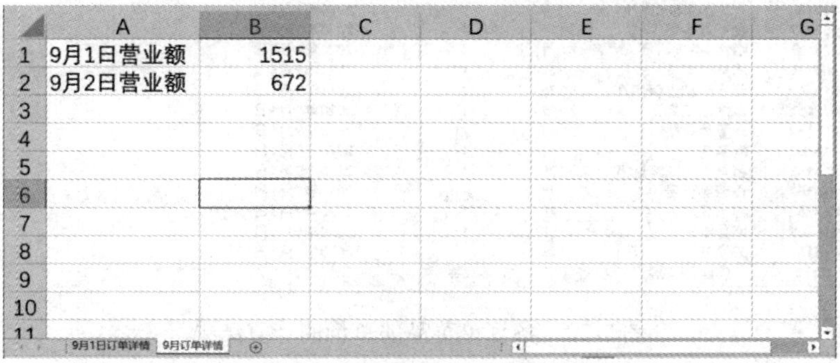

图 7-20　输入 9 月 2 日营业额

二、使用数组公式

若希望使用公式进行多重计算并返回一个或多个计算结果，则需要通过数组公式来实现。在某餐饮店 2020 年的【9 月 1 日订单详情】工作表中使用数组公式计算当日营业额和各订单的菜品总价。

1. 使用单一单元格数组公式

与输入公式不同的是，数组公式可以输入数组常量或数组区域作为数组参数，而且必须按下【Ctrl + Shift + Enter】组合键来输入数组公式，此时 Excel 会自动在花括号 {} 中插入该公式。

在【9 月 1 日订单详情】工作表中使用单一单元格数组公式计算 9 月 1 日的营业额，具体操作步骤如下：

(1) 输入公式。选择单元格 H4，输入“=SUM(C4:C29*D4:D29)”，如图 7-21 所示。

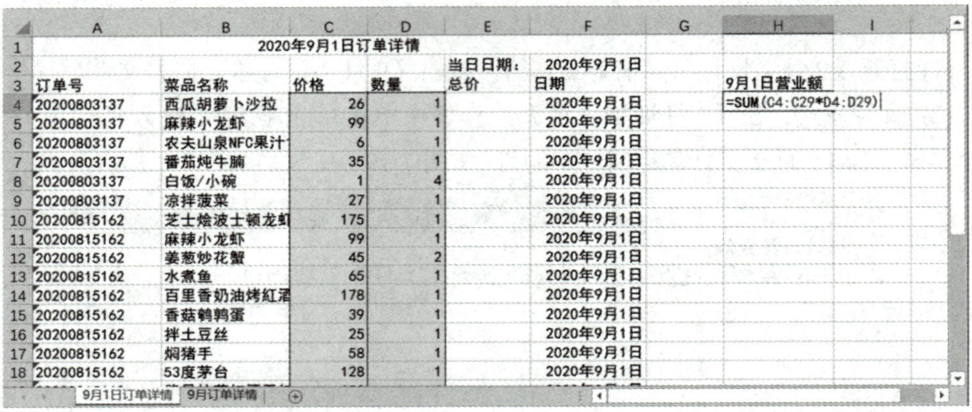

	A	B	C	D	E	F	G	H	I
1			2020年9月1日订单详情						
2					当日日期：	2020年9月1日			
3	订单号	菜品名称	价格	数量	总价	日期		9月1日营业额	
4	20200803137	西瓜胡萝卜沙拉	26	1		2020年9月1日		=SUM(C4:C29*D4:D29)	
5	20200803137	麻辣小龙虾	99	1		2020年9月1日			
6	20200803137	农夫山泉NFC果汁	6	1		2020年9月1日			
7	20200803137	番茄炖牛腩	35	1		2020年9月1日			
8	20200803137	白饭/小碗	1	4		2020年9月1日			
9	20200803137	凉拌菠菜	27	1		2020年9月1日			
10	20200815162	芝士焗波士顿龙虾	175	1		2020年9月1日			
11	20200815162	麻辣小龙虾	99	1		2020年9月1日			
12	20200815162	姜葱炒花蟹	45	2		2020年9月1日			
13	20200815162	水煮鱼	65	1		2020年9月1日			
14	20200815162	百里香奶油烤紅酒	178	1		2020年9月1日			
15	20200815162	香菇鹌鹑蛋	39	1		2020年9月1日			
16	20200815162	拌土豆丝	25	1		2020年9月1日			
17	20200815162	焖猪手	58	1		2020年9月1日			
18	20200815162	53度茅台	128	1		2020年9月1日			

图 7-21　输入“=SUM(C4:C29*D4:D29)”

(2) 确定公式。按下【Ctrl + Shift + Enter】组合键即可使用单一单元格数组公式计算 9 月 1 日的营业额，计算结果如图 7-22 所示。

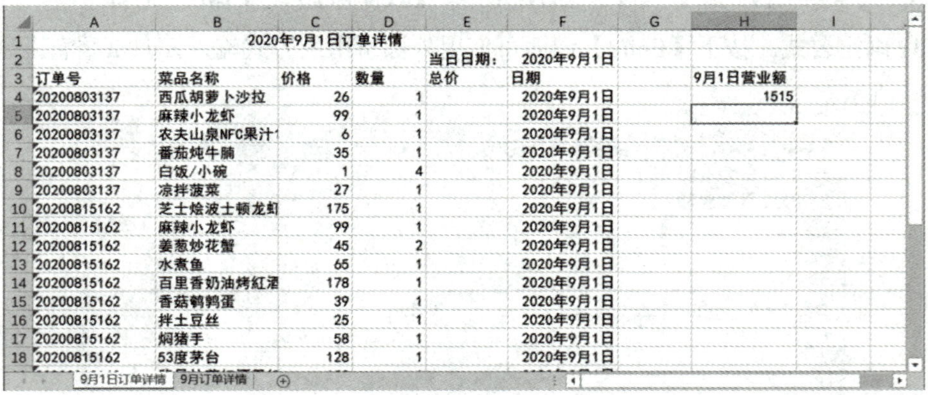

	A	B	C	D	E	F	G	H	I
1			2020年9月1日订单详情						
2					当日日期：	2020年9月1日			
3	订单号	菜品名称	价格	数量	总价	日期		9月1日营业额	
4	20200803137	西瓜胡萝卜沙拉	26	1		2020年9月1日		1515	
5	20200803137	麻辣小龙虾	99	1		2020年9月1日			
6	20200803137	农夫山泉NFC果汁	6	1		2020年9月1日			
7	20200803137	番茄炖牛腩	35	1		2020年9月1日			
8	20200803137	白饭/小碗	1	4		2020年9月1日			
9	20200803137	凉拌菠菜	27	1		2020年9月1日			
10	20200815162	芝士焗波士顿龙虾	175	1		2020年9月1日			
11	20200815162	麻辣小龙虾	99	1		2020年9月1日			
12	20200815162	姜葱炒花蟹	45	2		2020年9月1日			
13	20200815162	水煮鱼	65	1		2020年9月1日			
14	20200815162	百里香奶油烤紅酒	178	1		2020年9月1日			
15	20200815162	香菇鹌鹑蛋	39	1		2020年9月1日			
16	20200815162	拌土豆丝	25	1		2020年9月1日			
17	20200815162	焖猪手	58	1		2020年9月1日			
18	20200815162	53度茅台	128	1		2020年9月1日			

图 7-22　各订单菜品的总价的计算结果

使用单一单元格数组公式无需计算出各订单菜品的总价，就可直接计算出该餐饮店 2020 年 9 月 1 日的营业额，这是数组功能的主要作用。

2. 使用多单元格数组公式

在【9 月 1 日订单详情】工作表中使用多单元格数组公式计算各订单菜品的总价，具体操作步骤如下：

(1) 输入公式。选择单元格区域 E4:E29，输入“=C4:C29*D4:D29”，如图 7-23 所示。

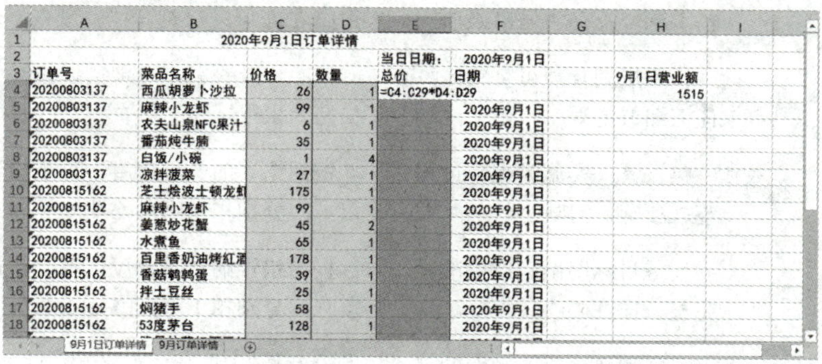

图 7-23　输入“=C4:C29*D4:D29”

(2) 确定公式。按下【Ctrl + Shift + Enter】组合键即可使用多单元格数组公式计算各订单菜品的总价，计算结果如图 7-24 所示。

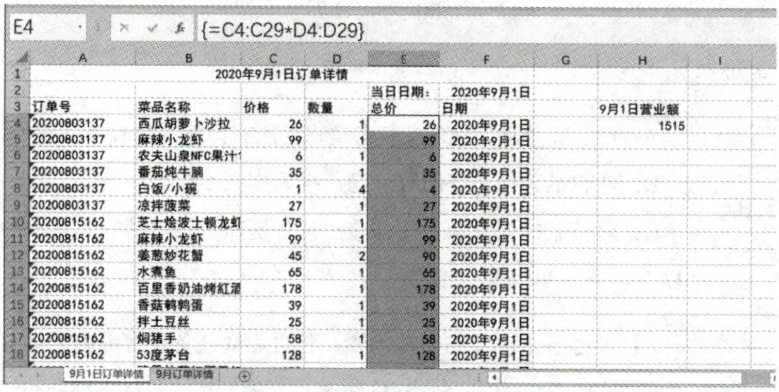

图 7-24　各订单菜品的总价的计算结果

与使用多个单独的公式相比，使用多单元格数组公式有以下几个特点：

① 保证区域内所有的公式完全相同。

② 若要向区域的底部添加新数据，则必须对数组公式进行修改以容纳新数据。

③ 不能对数组区域中的某个单元格单独进行编辑，减少意外修改公式的可能性。若要对数组区域进行编辑，则必须将整个区域视为一个单元格进行编辑，否则 Excel 会弹出显示错误信息的对话框。

若要编辑数组公式，可以选择数组区域中的所有单元格，单击编辑栏或按 F2 激活编辑栏，编辑新的数组公式，完成后按下【Ctrl + Shift + Enter】组合键即可输入更改内容。若要删除数组公式，则在编辑新的数组公式时按下退格键把公式删除，再按下【Ctrl + Shift + Enter】组合键即可。

质量监控（教师完成）				
任务实施栏目评分表				
评分项	分值	作答要求	评审规定	得分
任务资讯	10	问题回答清晰准确，能够紧扣主题，没有明显错误项	对照标准答案，一项错误扣 5 分，扣完为止	
任务规划	20	任务规划合理可实施，没有任何细节错误	参照标准答案，一项错误扣 5 分，扣完为止	
任务实施	40	包含具体实施过程，过程完整、准确、清晰	根据错误的严重程度，每个错误点一次分别扣 10 分、5 分、2 分	
任务扩展	20	任务目标明确，结果准确、完整、详细	根据错误的严重程度，每个错误点一次分别扣 10 分、5 分、2 分	
其他	10	日志和问题项目填写详细、能够反映实际工作过程	没有填写或者太过简单，每项扣 5 分	
合计得分				

职业能力评分表			
评分项	等级	作答要求	等级
知识评价	A|B|C	A：能够完整准确地作答任务资讯的所有问题，准确率在 90% 以上 B：能较准确地作答所有问题，准确率在 60% ～ 80% C：对基础知识掌握得非常差，任务资讯和答辩的准确率在 50% 以下	
能力评价	A|B|C	A：熟悉各个环节的实施步骤，独立完成任务，有能力辅助其他学生完成规定的工作任务，实施快速，准确率高，即任务规划和任务实施正确率在 85% 以上 B：基本完成各个环节的任务，准确率在 60% ～ 80% C：未完成任务或只完成了部分任务，有问题没有积极向其他同学请教，工作实施拖拉，不积极，各个部分的准确率在 50% 以下	
态度素养评价	A|B|C	A：不迟到、不早退，对待其他人有礼貌，善于帮助他人，积极主动完成规定的工作任务，工作台整洁，积极回答老师提问 B：基本完成各个环节的任务，准确率在 60% ～ 80% C：未完成任务或只完成了部分任务，有问题没有积极向其他同学请教，工作实施拖拉，不积极，不能准确回答老师提出的问题，各个部分的准确率在 50% 以下	

任务八　日期和时间函数

任务设计

<table>
<tr><td colspan="8">实施人员信息（学生填写）</td></tr>
<tr><td>姓名</td><td></td><td>班级</td><td></td><td>学号</td><td></td><td>电话</td><td></td></tr>
<tr><td colspan="7">任务目标</td><td>笔记栏</td></tr>
<tr><td colspan="7">(1) 认识日期和时间数据。
(2) 掌握日期和时间数据的创建和提取方法。
(3) 掌握日期和时间函数的计算方法。</td><td></td></tr>
<tr><td colspan="7">任务介绍</td><td>笔记栏</td></tr>
<tr><td colspan="7">1. 任务描述
日期和时间函数是 Excel 2016 中常用的函数。某餐饮企业为了统计最多用餐顾客的时间，在【订单信息】工作表中创建和提取日期和时间数据，并完善企业【员工信息表】工作表中的信息。
2. 任务要求
掌握日期和时间数据的创建和提取方法，能根据实际需要对日期和时间进行计算并以适当的形式显示。</td><td></td></tr>
</table>

任务资讯	笔记栏
(1) 如何创建特定的日期和时间？(2 分) (2) 如何获取当前系统的日期和时间？(2 分) (3) Excel 2016 采用的日期系统是哪两种？(2 分) (4) 在进行日期间隔计算时，有几种不同的函数计算方法？(2 分) (5) YEARFRAC 函数的重要作用是什么？(2 分)	

任务规划	笔记栏
(1) 创建日期和时间操作的规划。(5 分) (2) 提取日期和时间操作的规划。(5 分) (3) 计算日期和时间操作的规划。(10 分) ① 使用单一单元格数组公式。 ② 使用多个单元格数组公式。	

任务实施	笔记栏
(1) 在【订单信息】工作表中创建日期和时间。(5 分) (2) 在【订单信息】工作表中提取日期和时间数据。(5 分) (3) 在【员工信息表】工作表中计算员工的周岁数、不满一年的月数、不满一全月的天数。(5 分) (4) 在【员工信息表】工作表中计算员工的工作天数。(5 分) (5) 在【员工信息表】工作表中计算员工的试用期结束日期。(5 分) (6) 在【员工信息表】工作表中计算员工的培训日期。(5 分) (7) 在【员工信息表】工作表中计算员工的第一笔奖金发放日期。(5 分) (8) 在【员工信息表】工作表中计算员工的入职时间占一年的比率。(5 分)	

任务扩展	笔记栏
(1) 如何利用条件格式与日期函数实现到期提醒功能？(5 分) (2) 利用分列功能在身份证号码中提取出的出生年月日是否是日期型数据？如果不是，怎样将其转换为规范的日期型数据？(10 分) (3) 怎样根据一个人的出生年月日计算其周岁？(5 分)	

工 作 日 志		笔 记 栏
在实施任务的过程中，填写以下工作日志表。(5 分)		
工 作 日 志 表		
工作内容	问题及解决方式	
工 作 总 结		
完成本任务的工作总结。(5 分)		

学习资源——日期和时间函数

日期和时间函数是 Excel 2016 中常用的函数。

【学习目标】

(1) 认识日期和时间数据。
(2) 掌握日期和时间数据的创建和提取方法。
(3) 掌握日期和时间函数的计算方法。

创建日期和时间

一、创建日期和时间函数

某餐饮企业在为了统计最多用餐顾客的时间，需要在【订单信息】工作表中创建和提取日期和时间数据，并完善【员工信息表】中的信息。

1. DATE 函数

DATE 函数可以通过年、月、日来指定日期，其使用格式如下：

DATE(year, month, day)

DATE 函数的常用参数及其解释如表 8-1 所示。

表 8-1　DATE 函数的常用参数及其解释

参 数	参数解释
year	此参数必需输入(后文在参数解释时统一简写为“必需”)。表示指定日期的“年”部分的数值。可以是 1 ～ 4 位的整数，也可以是单元格引用，Excel 2016 会根据所使用的日期系统作为参照。Excel 2016 有两套日期系统，在 1900 年日期系统 (Excel 2016 默认日期系统) 中，1900 年 1 月 1 日是第一天，序列号为 1；在 1904 年日期系统中，1904 年 1 月 1 日是第一天，序列号为 0。两个系统的最后一天都是 9999 年 12 月 31 日
month	必需。表示指定日期的“月”部分的数值。可以是整数或者是指定的单元格引用。若指定数大于 12，则被视为下一年的 1 月之后的数值；若指定的数值小于 0，则被视为指定了前一个月份
day	必需。表示指定日期的“日”部分的数值。可以是整数或者指定的单元格引用。若指定数大于月份的最后一天，则被视为下一月份的 1 日之后的数值；若指定的数值小于 0，则被视为指定了前一个月份

在【订单信息】工作表中使用 DATE 函数创建新的统计日期，具体操作步骤如下：

(1) 输入公式。选择单元格 H1，输入“=DATE(2020, 12, 31)”，如图 8-1 所示。

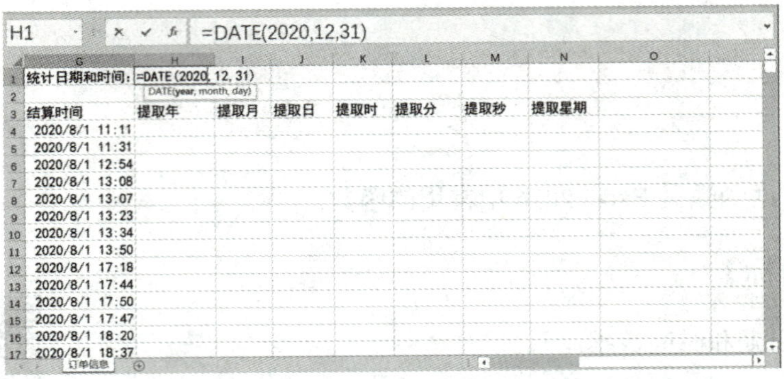

图 8-1　输入“=DATE(2020, 12, 31)”

(2) 确定公式。按下【Enter】键即可用 DATE 函数创建新的统计日期，设置效果如图 8-2 所示。

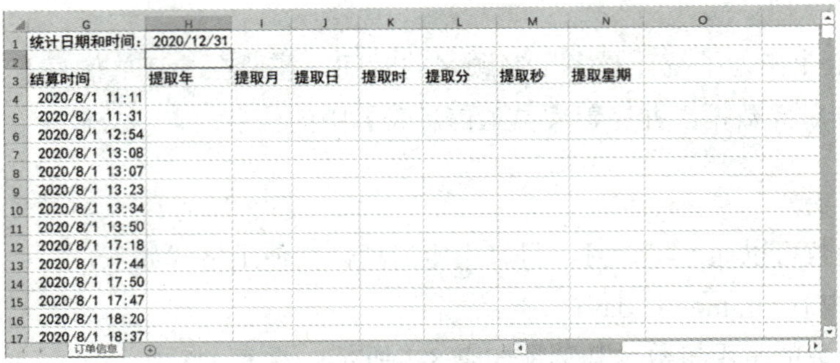

图 8-2　用 DATE 函数创建新的统计日期

2. TODAY 函数

TODAY 函数可以返回计算机系统的当前日期，该函数没有参数，但必须要有括号，而且在括号中输入任何参数，都会返回错误值。TODAY 函数的使用格式如下：

TODAY( )

设定当前时间为 2020 年 12 月 31 日，在【订单信息】工作表中使用 TODAY 函数创建统计日期，具体操作步骤如下：

(1) 输入公式。选择单元格 H1，输入“TODAY()”，如图 8-3 所示。

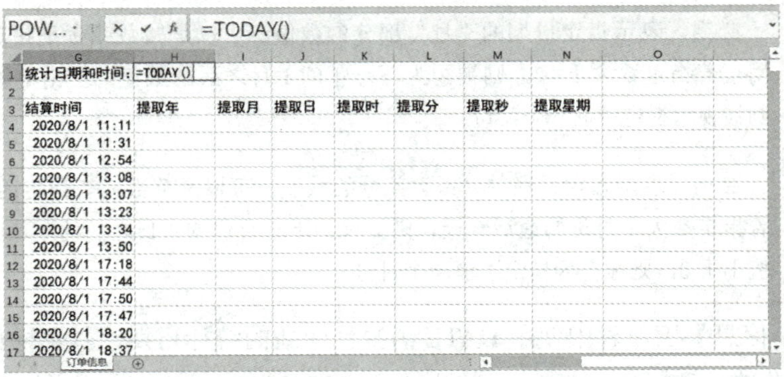

图 8-3　输入“= TODAY( )”

(2) 确定公式。按下【Enter】键即可使用 TODAY 函数创建统计时间，显示结果如图 8-4 所示。

图 8-4　使用 DATE 函数创建统计日期

3. TIME 函数

TIME 函数通过时、分、秒来指定时间，其使用格式如下：

TIME(hour, minute, second)

TIME 函数的常用参数及其解释如表 8-2 所示。

表 8-2　TIME 函数的常用参数及其解释

参 数	参 数 解 释
hour	必需。表示指定为时间的“时”参数的数值。可以是 0 ～ 23 的整数，或者是指定单元格引用。当指定数值大于 24 时，指定的数值为该数值除以 24 之后的余数
minute	必需。表示指定为时间的“分”参数的数值。可以是整数或者指定的单元格引用。当指定数值大于 60 时，则被视为指定下一个“时”；当指定数值小于 0 时，则被视为指定了上一个“时”
second	必需。表示指定为时间的“秒”参数的数值。可以是整数或者指定的单元格引用。当指定数值大于 60 时，则被视为指定下一个“分”；当指定数值小于 0 时，则被视为指定了上一个“分”

在【订单信息】工作表中使用 TIME 函数创建统计时间，具体操作步骤如下：

(1) 输入公式。选择单元格 I1，输入“=TIME(11, 41, 29)”，如图 8-5 所示。

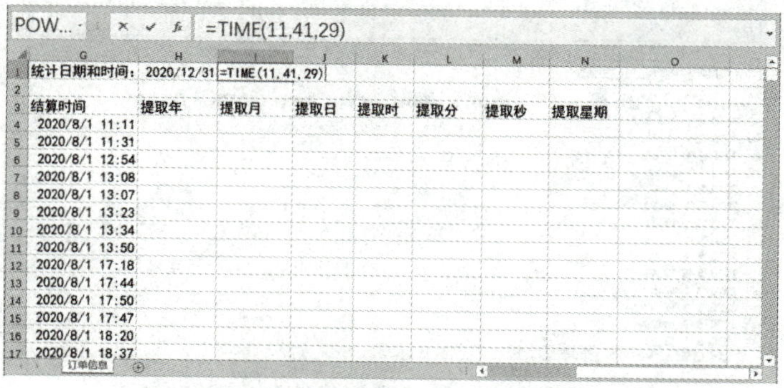

图 8-5　输入“=TIME(11, 41, 29)”

(2) 确定公式。按下【Enter】键即可使用 TIME 函数创建统计时间，显示结果如图 8-6 所示。

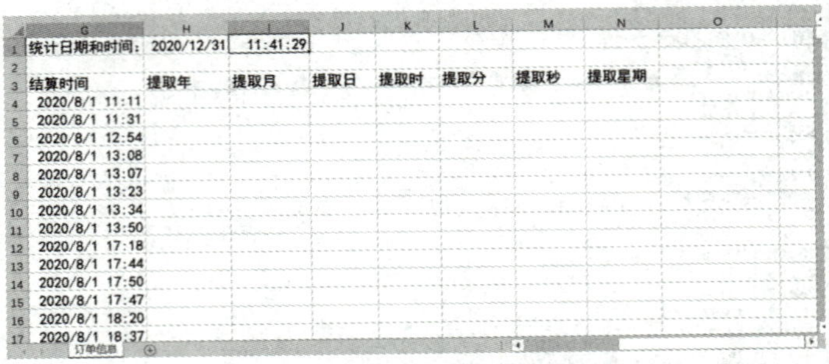

图 8-6　使用 DATE 函数创建统计日期

4. NOW 函数

NOW 函数可以返回计算机系统的当前日期和时间，该函数没有参数，但必须要有括号，而且在括号中输入任何参数，都会返回错误值。NOW 函数的使用格式如下：

NOW( )

设定当前时间为 2020 年 12 月 31 日，在【订单信息】工作表中使用 NOW 函数创建统计日期，具体操作步骤如下：

(1) 输入公式。选择单元格 H1，输入“=NOW()”，如图 8-7 所示。

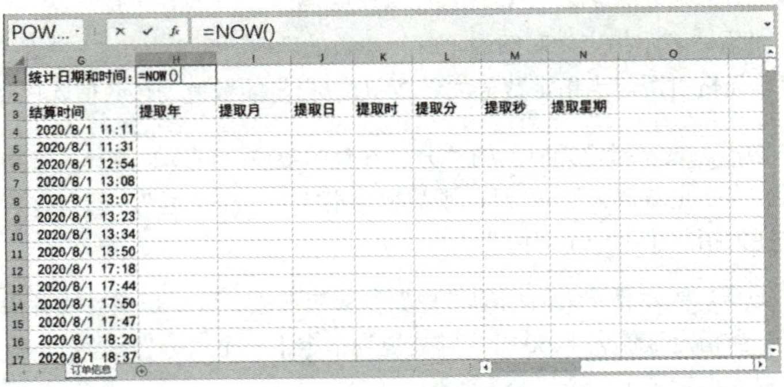

图 8-7　输入“=NOW()”

(2) 确定公式。按下【Enter】键即可使用 NOW 函数创建统计日期和时间，显示结果如图 8-8 所示。

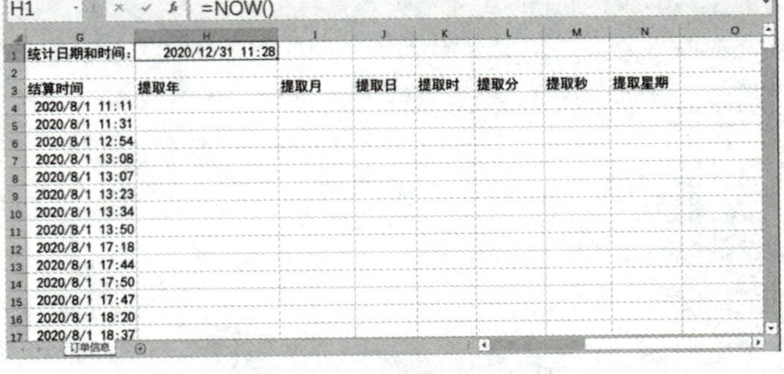

图 8-8　使用 NOW 函数创建统计日期和时间

二、提取日期和时间数据

在【订单信息】工作表中创建和提取日期和时间数据。

1. YEAR 函数

YEAR 函数可以返回对应某个日期的年份，即一个 1900 ～ 9999 的整数。YEAR 函数的使用格式如下：

YEAR(serial_number)

YEAR 函数的常用参数及其解释如表 8-3 所示。

表 8-3　YEAR 函数的常用参数及其解释

参　数	参 数 解 释
serial_number	必需。表示要查找年份的日期值。日期有多种输入方式，包括带引号的文本串、系列数或其他公式或函数的结果

在【订单信息】工作表中使用 YEAR 函数提取订单号的年，具体操作步骤如下：

(1) 输入公式。选择单元格 H4，输入“=YEAR(G4)”，如图 8-9 所示。

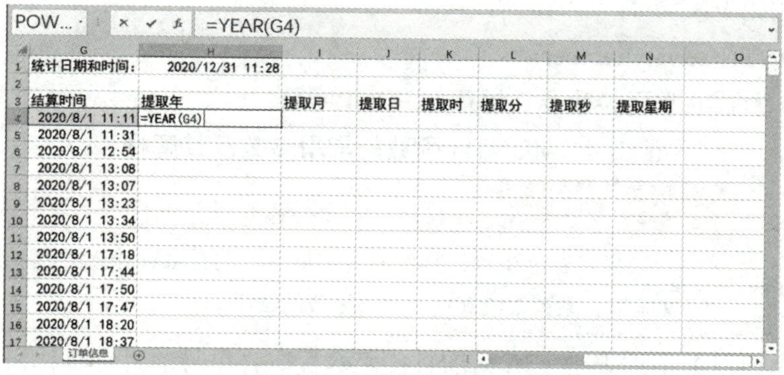

图 8-9　输入“=YEAR(G4)”

(2) 确定公式。按下【Enter】键即可使用 YEAR 函数提取订单号的年，显示结果如图 8-10 所示。

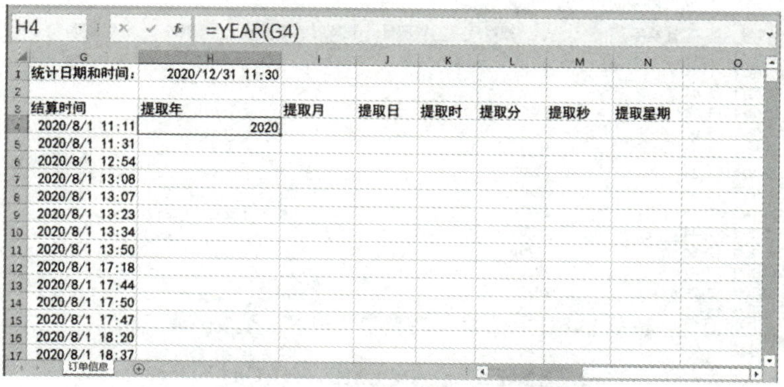

图 8-10　使用 YEAR 函数提取订单号的年

(3) 填充公式。选择单元格 H4，移动鼠标指针到单元格 H4 的右下角，当指针变为黑色且加粗的“＋”指针时，双击左键即可使用 YEAR 函数提取剩余订单号的年（即使用填充公式的方式提取剩余订单号的年），提取数据结果如图 8-11 所示。

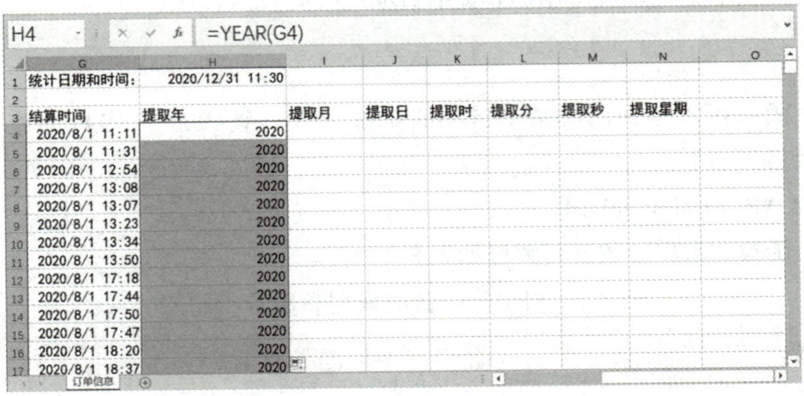

图 8-11　使用 YEAR 函数提取剩余订单号的年

2. MONTH 函数

MONTH 函数可以返回对应某个日期的月份，即一个 1 ～ 12 的整数。MONTH 函数的使用格式如下：

MONTH(serial_number)

MONTH 函数的常用参数及其解释如表 8-4 所示。

表 8-4　MONTH 函数的常用参数及其解释

参数	参数解释
serial_number	必需。表示要查找月份的日期值。日期有多种输入方式，包括带引号的文本串、系列数或其他公式或函数的结果

在【订单信息】工作表中使用 MONTH 函数提取订单号的月，具体操作步骤如下：

(1) 输入公式。选择单元格 I4，输入“=MONTH(G4)”，如图 8-12 所示。

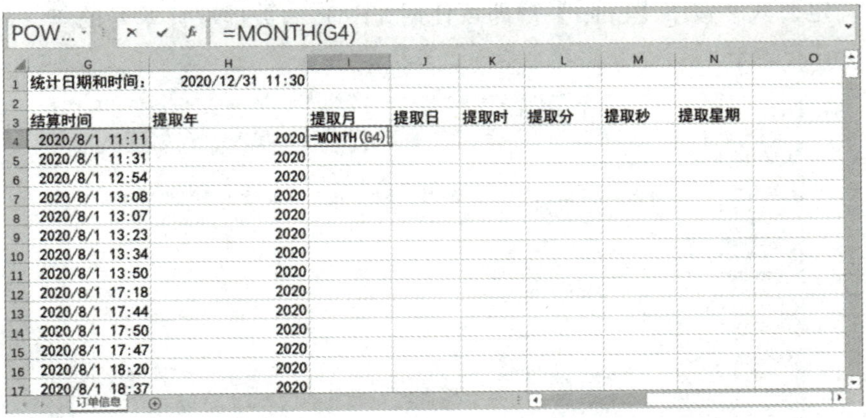

图 8-12　输入“=MONTH(G4)”

(2) 确定公式。按下【Enter】键，并用填充公式的方式提取剩余订单号的月，提取数据结果如图 8-13 所示。

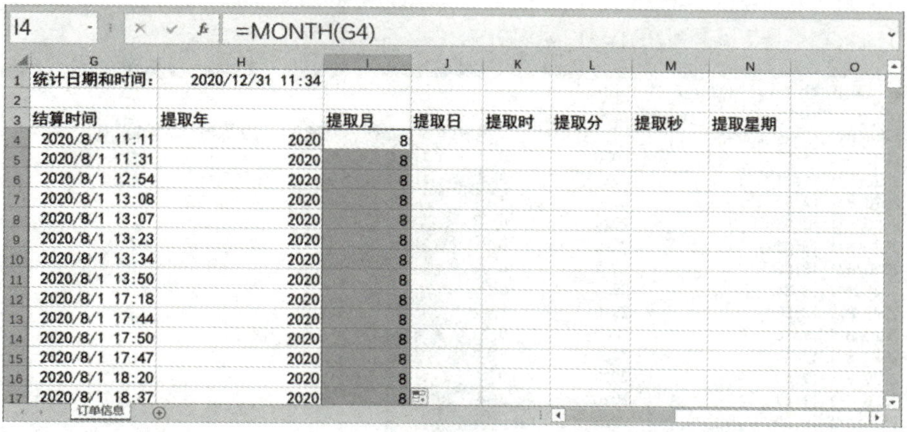

图 8-13　使用 MONTH 函数提取订单号的月

3. DAY 函数

DAY 函数可以返回对应某个日期的天数，即一个 1 ～ 31 的整数。DAY 函数的使用格式如下：

DAY(serial_number)

DAY 函数的常用参数及其解释如表 8-5 所示。

表 8-5　DAY 函数的常用参数及其解释

参　数	参 数 解 释
serial_number	必需。表示要查找天数的日期值。日期有多种输入方式，包括带引号的文本串、系列数或其他公式或函数的结果

在【订单信息】工作表中使用 DAY 函数提取订单号的日，具体操作步骤如下：

(1) 输入公式。选择单元格 J4，输入“=DAY(G4)”，如图 8-14 所示。

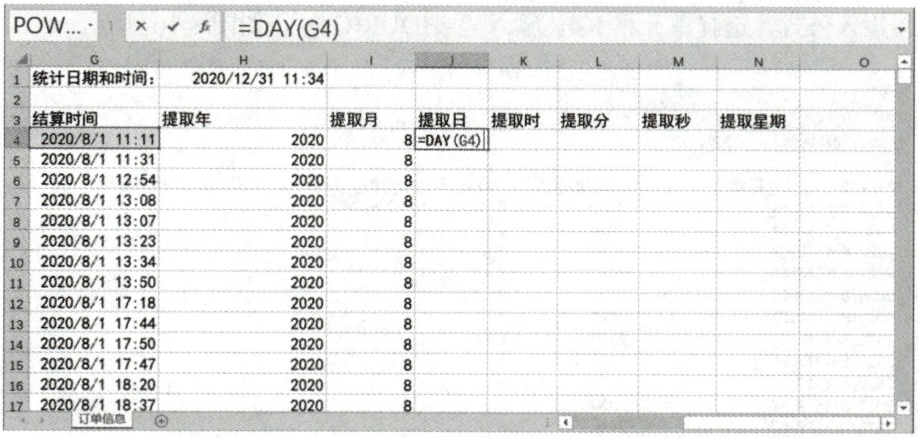

图 8-14　输入“=DAY(G4)”

(2) 确定公式。按下【Enter】键，并用填充公式的方式提取剩余订单号的日，提取数据结果如图 8-15 所示。

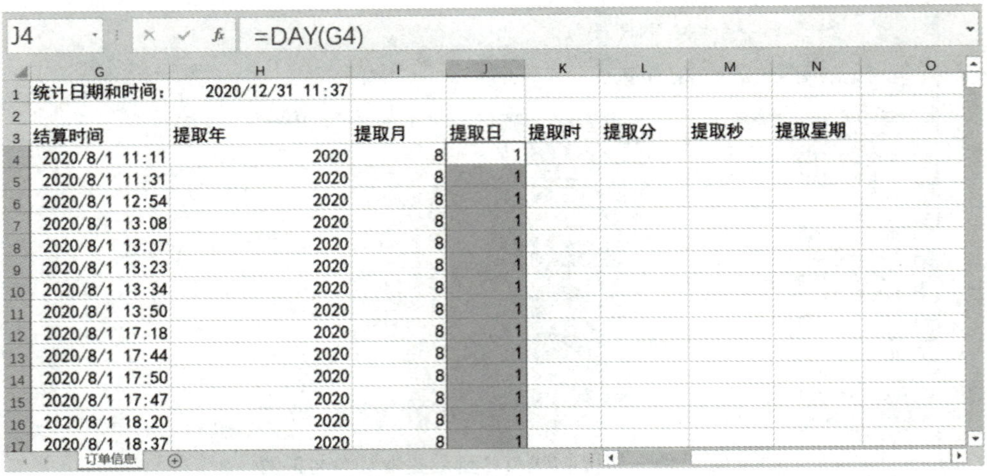

图 8-15　使用 DAY 函数提取订单号的日

4. HOUR 函数

HOUR 函数可以返回时间值的小时数，即一个 0 ～ 23 的整数。HOUR 函数的使用格式如下：

HOUR(serial_number)

HOUR 函数的常用参数及其解释如表 8-6 所示。

表 8-6　HOUR 函数的常用参数及其解释

参 数	参 数 解 释
serial_number	必需。表示要查找小时的时间值。时间有多种输入方式，包括带引号的文本字符串、十进制数或其他公式或函数的结果

在【订单信息】工作表中使用 HOUR 函数提取订单号的时，具体操作步骤如下：

(1) 输入公式。选择单元格 K4，输入“=HOUR(G4)”，如图 8-16 所示。

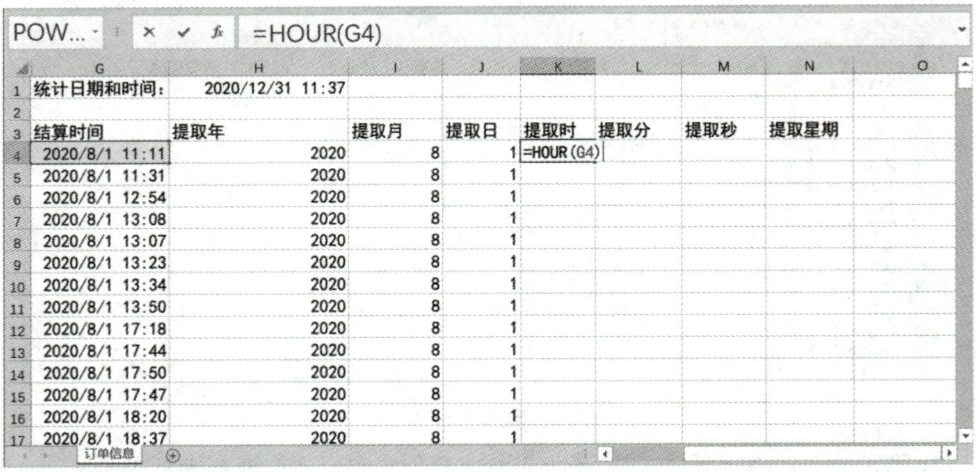

图 8-16　输入“=HOUR(G4)”

(2) 确定公式。按下【Enter】键，并用填充公式的方式提取剩余订单号的时，提取数据结果如图 8-17 所示。

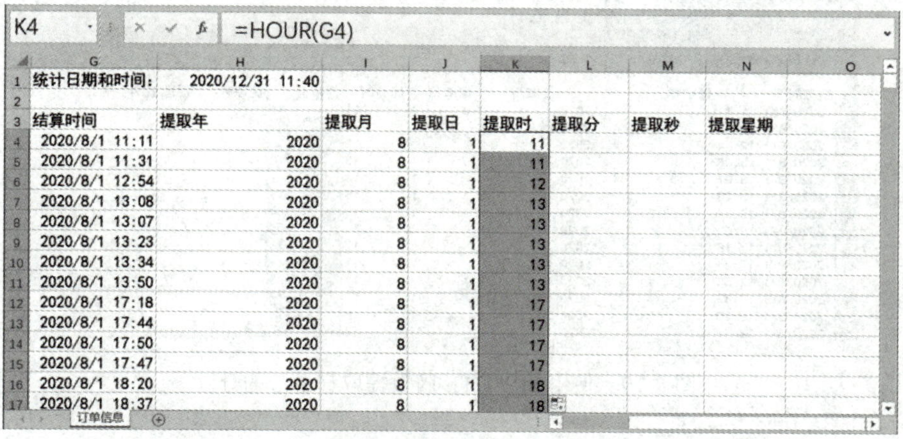

图 8-17 使用 HOUR 函数提取订单号的时

5. MINUTE 函数

MINUTE 函数可以返回时间值的分钟数，即一个 0 ～ 59 的整数。MINUTE 函数的使用格式如下：

MINUTE(serial_number)

MINUTE 函数的常用参数及其解释如表 8-7 所示。

表 8-7 MINUTE 函数的常用参数及其解释

参 数	参 数 解 释
serial_number	必需。表示要查找分钟的时间值。时间有多种输入方式，包括带引号的文本字符串、十进制数或其他公式或函数的结果

在【订单信息】工作表中使用 MINUTE 函数提取订单号的分，具体操作步骤如下：

(1) 输入公式。选择单元格 L4，输入“=MINUTE(G4)”，如图 8-18 所示。

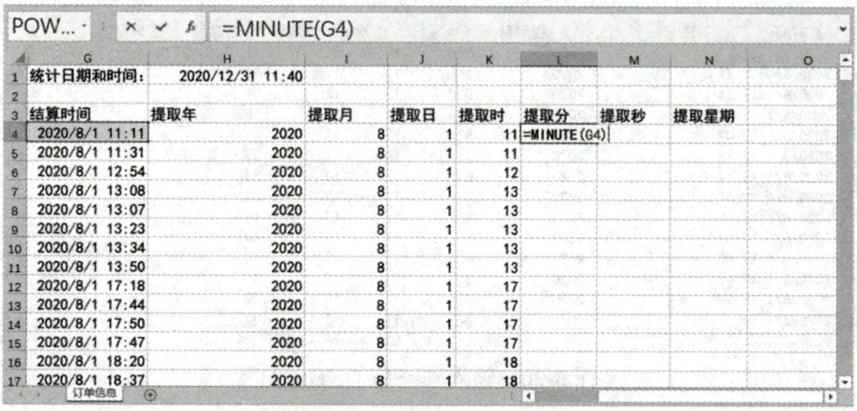

图 8-18 输入“=MINUTE(G4)”

(2) 确定公式。按下【Enter】键，并用填充公式的方式提取剩余订单号的分，提取数据结果如图 8-19 所示。

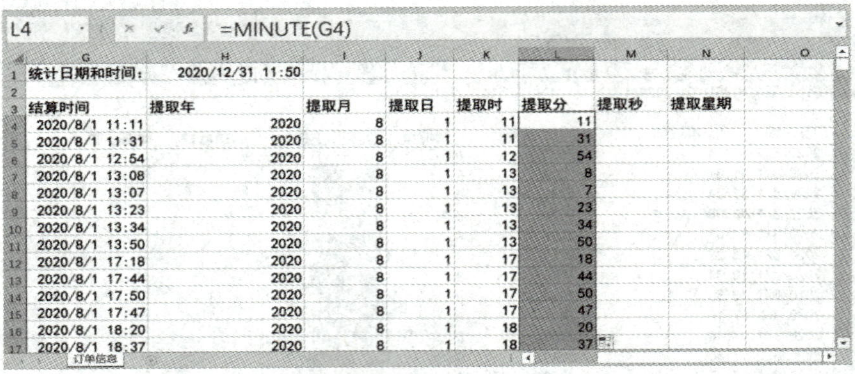

图 8-19　使用 MINUTE 函数提取订单号的分

6. SECOND 函数

SECOND 函数可以返回时间值的秒钟数，即一个 0 ～ 59 的整数。SECOND 函数的使用格式如下：

SECOND(serial_number)

SECOND 函数的常用参数及其解释如表 8-8 所示。

表 8-8　SECOND 函数的常用参数及其解释

参 数	参 数 解 释
serial_number	必需。表示要查找的秒钟的时间值。时间有多种输入方式，包括带引号的文本字符串、十进制数或其他公式或函数的结果

在【订单信息】工作表中使用 SECOND 函数提取订单号的秒，具体操作步骤如下：

(1) 输入公式。选择单元格 M4，输入"=SECOND(G4)"，如图 8-20 所示。

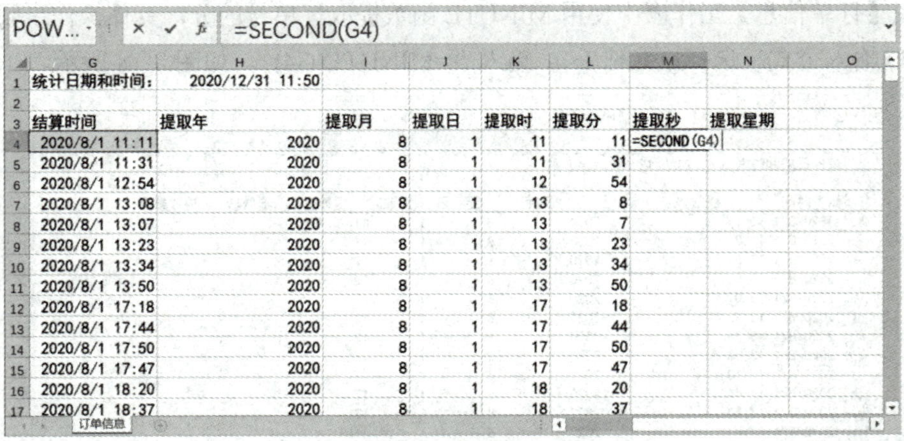

图 8-20　输入"=SECOND(G4)"

(2) 确定公式。按下【Enter】键，并用填充公式的方式提取剩余订单号的秒，提取数据结果如图 8-21 所示。

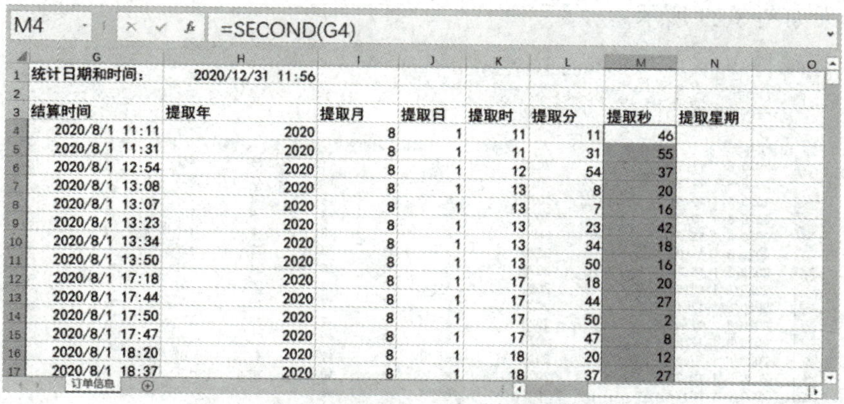

图 8-21　使用 SECOND 函数提取订单号的秒

7. WEEKDAY 函数

WEEKDAY 函数可以返回某日期的星期数，在默认情况下，它的值为 1(星期天) 到 7(星期六) 之间的一个整数。WEEKDAY 函数的使用格式如下：

WEEKDAY(serial_number, return_type)

WEEKDAY 函数的常用参数及其解释如表 8-9 所示。

表 8-9　WEEKDAY 函数的常用参数及其解释

参　数	参 数 解 释
serial_number	必需。表示要查找的日期。可以是指定的日期或引用含有日期的单元格。日期有多种输入方式，包括带引号的文本串、系列数或其他公式或函数的结果
return_type	此参数可以选择输入或者省略 (后文在参数解释统一简写为“可选”)。表示星期的开始日和计算方式。return_type 代表星期的表示方式分 3 种：① 当 Sunday(星期日) 为 1、Saturday(星期六) 为 7 时，该参数为 1 或省略；② 当 Monday(星期一) 为 1、Sunday(星期日) 为 7 时，该参数为 2(这种情况符合中国人的习惯)；③ 当 Monday(星期一) 为 0、Sunday(星期日) 为 6 时，该参数为 3

在【订单信息】工作表中使用 WEEKDAY 函数提取订单号的星期，具体操作步骤如下：

(1) 输入公式。选择单元格 N4，输入“=WEEKDAY(G4)”，如图 8-22 所示。

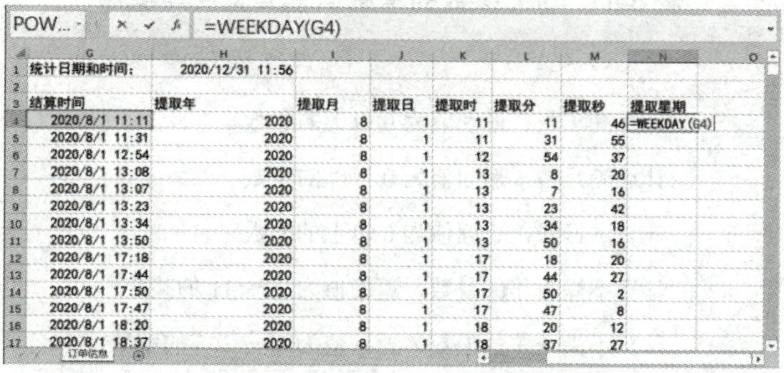

图 8-22　输入“=WEEKDAY(G4)”

(2) 确定公式。按下【Enter】键，并用填充公式的方式提取剩余订单号的星期，提取数据结果如图 8-23 所示。

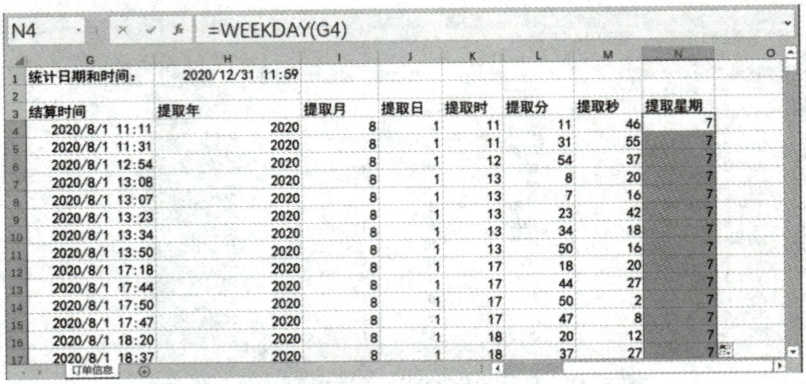

N4 =WEEKDAY(G4)

	G	H	I	J	K	L	M	N
1	统计日期和时间:	2020/12/31 11:59						
2								
3	结算时间	提取年	提取月	提取日	提取时	提取分	提取秒	提取星期
4	2020/8/1 11:11	2020	8	1	11	11	46	7
5	2020/8/1 11:31	2020	8	1	11	31	55	7
6	2020/8/1 12:54	2020	8	1	12	54	37	7
7	2020/8/1 13:08	2020	8	1	13	8	20	7
8	2020/8/1 13:07	2020	8	1	13	7	16	7
9	2020/8/1 13:23	2020	8	1	13	23	42	7
10	2020/8/1 13:34	2020	8	1	13	34	18	7
11	2020/8/1 13:50	2020	8	1	13	50	16	7
12	2020/8/1 17:18	2020	8	1	17	18	20	7
13	2020/8/1 17:44	2020	8	1	17	44	27	7
14	2020/8/1 17:50	2020	8	1	17	50	2	7
15	2020/8/1 17:47	2020	8	1	17	47	8	7
16	2020/8/1 18:20	2020	8	1	18	20	12	7
17	2020/8/1 18:37	2020	8	1	18	37	27	7

订单信息

图 8-23　使用 WEEKDAY 函数提取订单号的星期

三、计算日期和时间函数

完善企业的【员工信息表】工作表中的信息。

1. DATEDIF 函数

计算日期和时间

DATEDIF 函数可以计算两个日期期间内的年数、月数、天数，其使用格式如下。

DATEDIF (start_date, end_date, unit)

DATEDIF 函数的常用参数及其解释如表 8-10 所示。

表 8-10　DATEDIF 函数的常用参数及其解释

参 数	参 数 解 释
start_date	必需。表示起始日期。可以是指定日期的数值（序列号值）或单元格引用。start_date 的月份被视为 0 进行计算
end_date	必需。表示终止日期
unit	必需。表示要返回的信息类型

unit 参数的常用信息类型及其解释如表 8-11 所示。

表 8-11　unit 参数的常用信息类型及其解释

信 息 类 型	类 型 解 释
y	计算满年数，返回值为 0 以上的整数
m	计算满月数，返回值为 0 以上的整数
d	计算满日数，返回值为 0 以上的整数
ym	计算不满一年的月数，返回值为 1 ～ 11 的整数
yd	计算不满一年的天数，返回值为 0 ～ 365 的整数
md	计算不满意一个月的天数，返回值为 0 ～ 30 的整数

在【员工信息表】工作表中计算员工的周岁数、不满一年的月数、不满一全月的

天数，具体操作步骤如下：

(1) 输入公式。选择单元格 C4，输入“=DATEDIF(B4, $K$2, "Y")”，如图 8-24 所示。

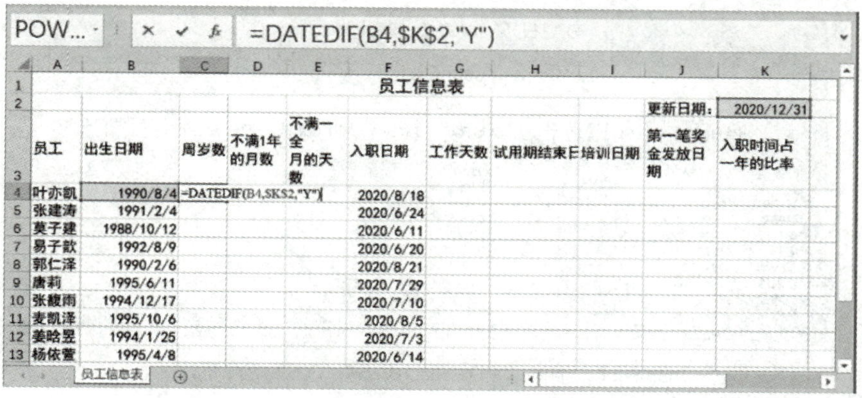

图 8-24　输入“=DATEDIF(B4, $K$2, "Y")”

(2) 确定公式。按下【Enter】键即可计算员工的周岁数，如图 8-25 所示。

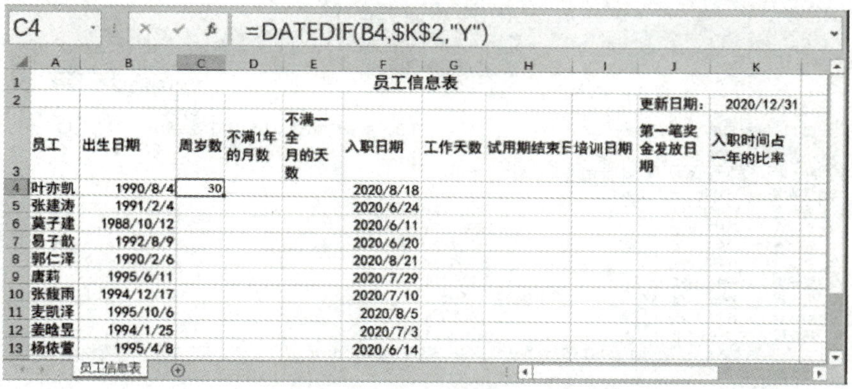

图 8-25　计算员工的周岁数

(3) 填充公式。单击单元格 C4，移动鼠标指针到单元格 C4 的右下角，当指针变为黑色且加粗的“ + ”指针时，双击左键即可计算剩余员工的周岁数，计算结果如图 8-26 所示。

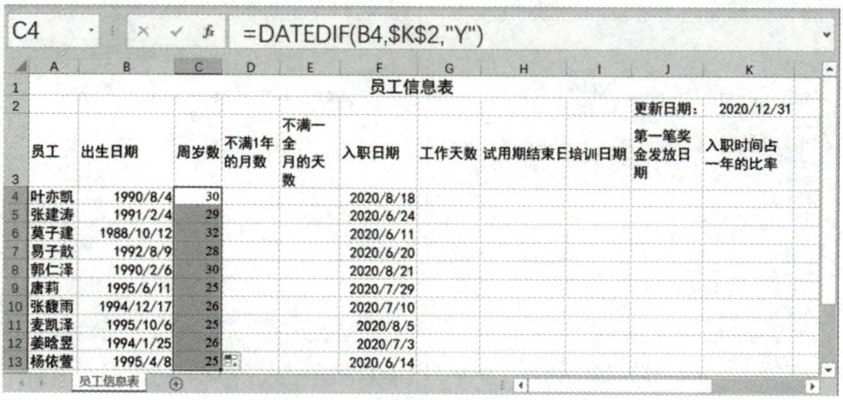

图 8-26　计算员工的周岁数的计算结果

(4) 输入公式。选择单元格 D4，输入“=DATEDIF(B4, $K$2, "YM")”，如图 8-27 所示。

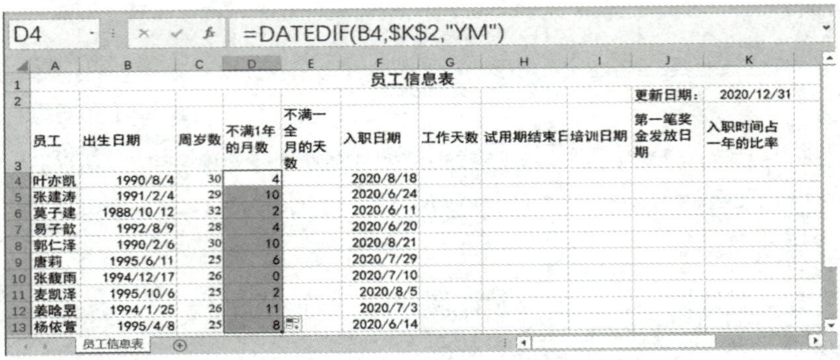

图 8-27　输入“=DATEDIF(B4, $K$2, "YM")”

(5) 确定并填充公式。按下【Enter】键，并用填充公式的方式计算剩余员工的不满 1 年的月数，计算结果如图 8-28 所示。

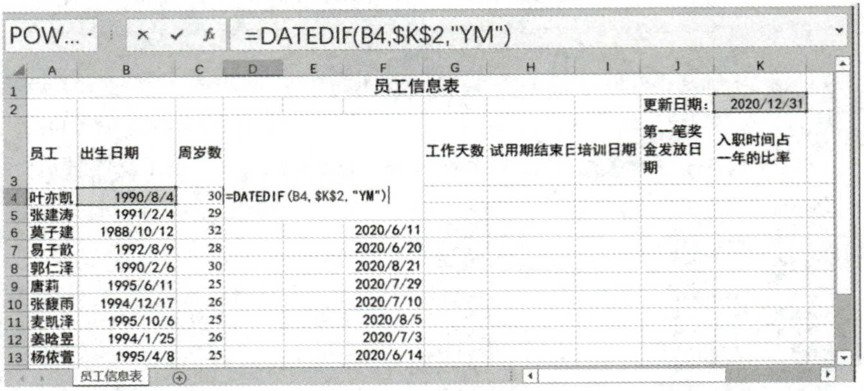

图 8-28　计算员工的不满 1 年的月数的计算结果

(6) 输入公式。选择单元格 E4，输入“=DATEDIF(B4, $K$2, "MD")”，如图 8-29 所示。

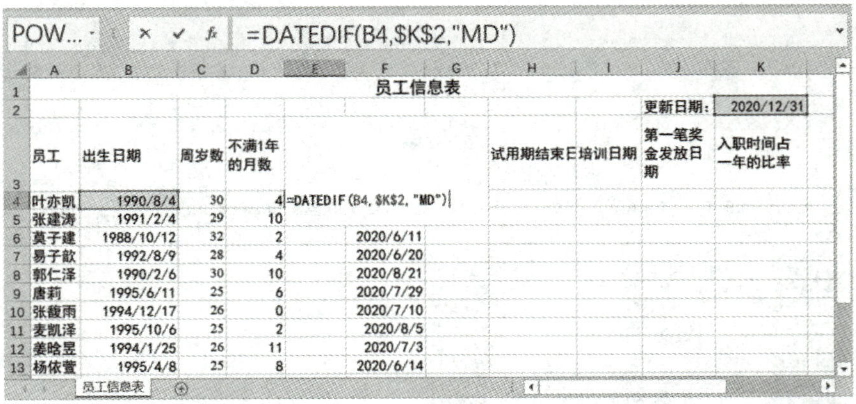

图 8-29　输入“=DATEDIF(B4, $K$2, "MD")”

(7) 确定并填充公式。按下【Enter】键，并用填充公式的方式计算剩余的员工不满一全月的天数，计算结果如图 8-30 所示。

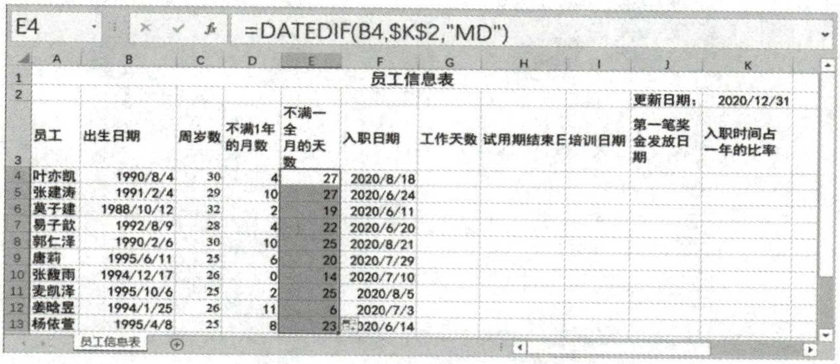

E4　=DATEDIF(B4,$K$2,"MD")

员工信息表										
									更新日期：	2020/12/31
员工	出生日期	周岁数	不满1年的月数	不满一全月的天数	入职日期	工作天数	试用期结束日	培训日期	第一笔奖金发放日期	入职时间占一年的比率
叶亦凯	1990/8/4	30	4	27	2020/8/18					
张建涛	1991/2/4	29	10	27	2020/6/24					
莫子建	1988/10/12	32	2	19	2020/6/11					
易子歆	1992/8/9	28	4	22	2020/6/20					
郭仁泽	1990/2/6	30	10	25	2020/8/21					
唐莉	1995/6/11	25	6	20	2020/7/29					
张馥雨	1994/12/17	26	0	14	2020/7/10					
麦凯泽	1995/10/6	25	2	25	2020/8/5					
姜晗昱	1994/1/25	26	11	6	2020/7/3					
杨依萱	1995/4/8	25	8	23	2020/6/14					

员工信息表

图 8-30　计算剩余的员工不满一全月的天数的计算结果

2. NETWORKDAYS 函数

在 Excel 中计算两个日期之间的天数有 3 种日期和时间函数，即 NETWORKDAYS 、DATEVALUE 和 DAYS 函数，如表 8-12 所示。

表 8-12　NETWORKDAYS、DATEVALUE 和 DAYS 函数

函　数	日期数据的形式	计 算 结 果
NETWORKDAYS	数值(序列号)、日期、文本形式	计算除周六、周日和休息日之外的工作天数，计算结果比其余两个函数小
DATEVALUE	文本形式	从表示日期的文本中计算出表示日期的数值，计算结果大于 NETWORKDAYS 函数、等于 DAYS 函数
DAYS	数值(序列号)、日期、文本形式	计算两日期间相差的天数，计算结果大于 NETWORKDAYS 函数、等于 DATEVALUE 函数

NETWORKDAYS 函数可以计算除了周六、周日和休息日之外的工作天数。NETWORKDAYS 函数的使用格式如下：

NETWORKDAYS(start_date, end_date, holidays)

NETWORKDAYS 函数的常用参数及其解释如表 8-13 所示。

表 8-13　NETWORKDAYS 函数的常用参数解释

参　数	参 数 解 释
start_date	必需。表示起始日期。可以是指定日期的数值(序列号值)或单元格引用。start_date 的月份被视为 0 进行计算
end_date	必需。表示终止日期。可以是指定序列号值或单元格引用
holidays	可选。表示节假日与其他休息日。可以是指定序列号值、单元格引用和数组常量。当省略了此参数时，返回除周六、周日之外的指定期间内的天数

在【员工信息表】工作表中使用 NETWORKDAYS 函数计算员工的工作天数，具体操作步骤如下：

(1) 输入法定节假日。在【员工信息表】工作表中输入 2020 年下半年的法定节假日，如图 8-31 所示。

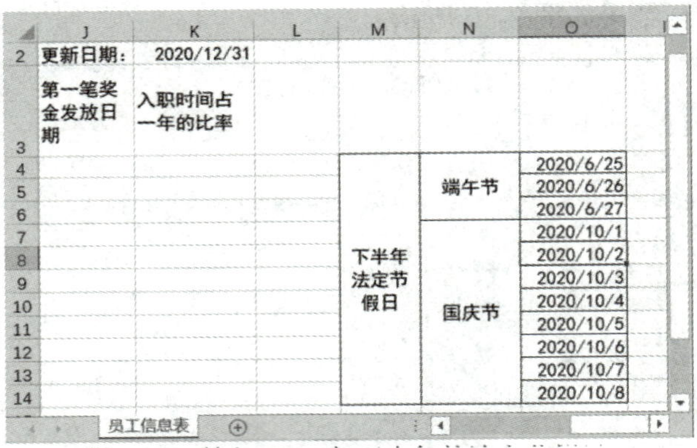

图 8-31　输入 2020 年下半年的法定节假日

(2) 输入公式。选择单元格 G4，输入“=NETWORKDAYS(F4, $K$2, $O$4:$O$14)”，如图 8-32 所示。

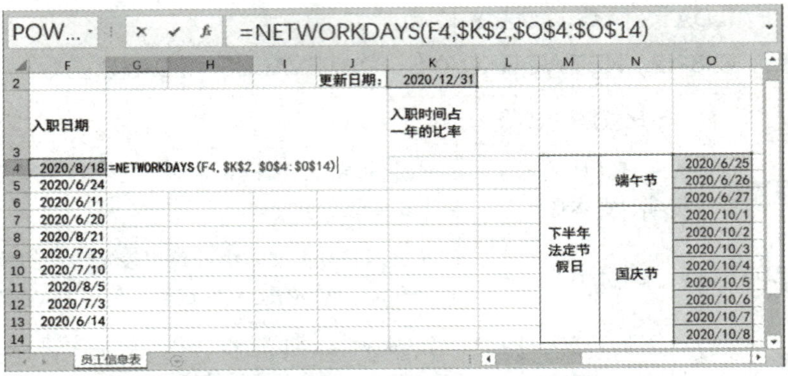

图 8-32　输入“=NETWORKDAYS(F4, $K$2, $O$4:$O$14)”

(3) 确定公式。按下【Enter】键即可使用 NETWORKDAYS 函数计算员工的工作天数，显示结果如图 8-33 所示。

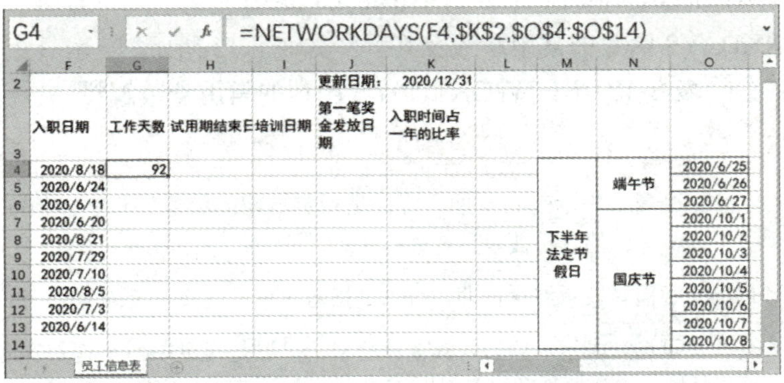

图 8-33　使用 NETWORKDAYS 函数计算员工的工作天数

(4) 填充公式。选择单元格 G4，移动鼠标指针到单元格 G4 的右下角，当指针变为黑色且加粗的“＋”指针时，双击左键即可使用 NETWORKDAYS 函数计算剩余的员工的工作天数，设置效果如图 8-34 所示。

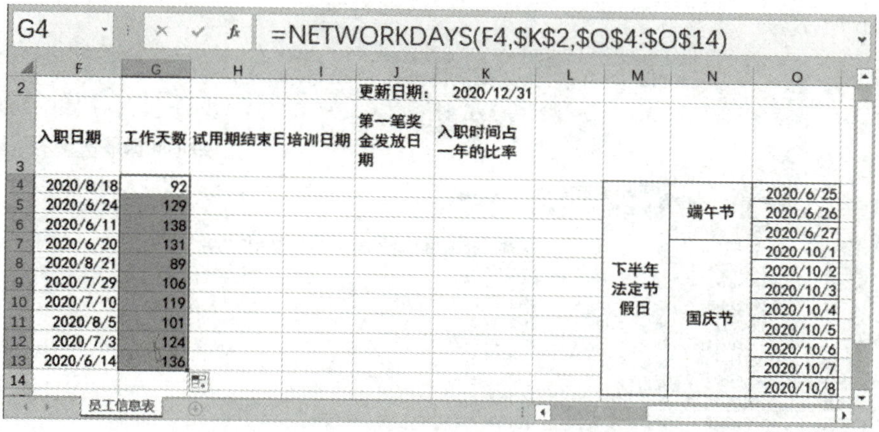

图 8-34　计算剩余的员工的工作天数

3. DATEVALUE 函数

DATEVALUE 函数可以从表示日期的文本中计算出表示日期的数值(序列号值)，即将存储为文本格式的日期转化为 Excel 日期的序列号。DATEVALUE 函数的使用格式如下：

DATEVALUE(date_text)

DATEVALUE 函数的常用参数及其解释如表 8-14 所示。

表 8-14　DATEVALUE 函数的常用参数及其解释

参 数	参 数 解 释
date_text	必需。表示要计算的日期。可以是文本形式的日期或单元格的引用

在【员工信息表】工作表中使用 DATEVALUE 函数计算员工的工作天数，具体操作步骤如下：

(1) 更改日期的形式。在【员工信息表】工作表中更改入职日期和更新日期为文本的形式，即在入职日期和更新日期的日期数据前加入英文状态下的单引号“ ' ”，如图 8-35 所示。

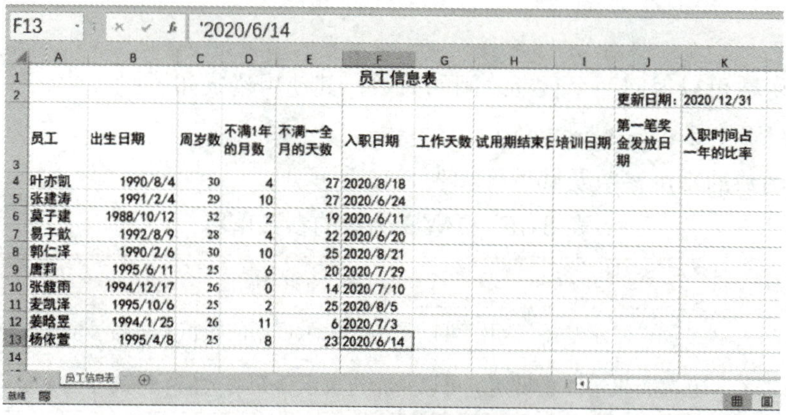

图 8-35　更改日期数据为文本的形式

(2) 输入公式。选择单元格 G4，输入“=DATEVALUE($K$2)-DATEVALUE(F4)”，如图 8-36 所示。

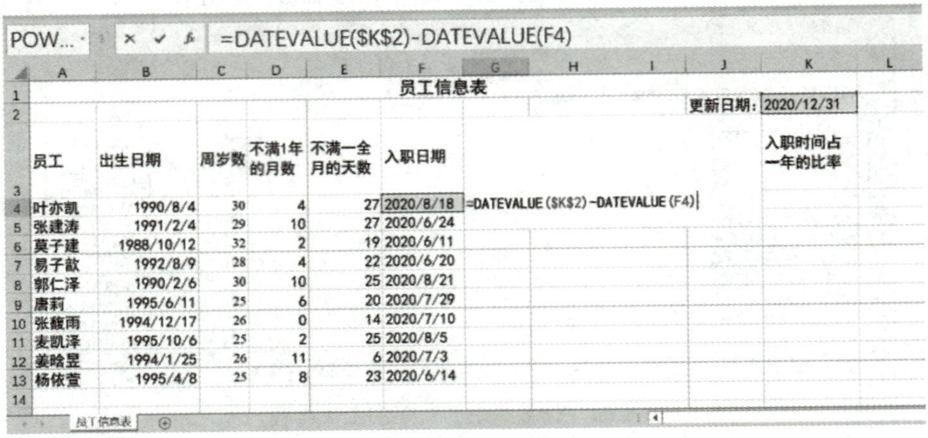
POW... =DATEVALUE($K$2)-DATEVALUE(F4)

员工信息表　更新日期：2020/12/31

员工	出生日期	周岁数	不满1年的月数	不满一全月的天数	入职日期		入职时间占一年的比率
叶亦凯	1990/8/4	30	4	27	2020/8/18	=DATEVALUE($K$2)-DATEVALUE(F4)	
张建涛	1991/2/4	29	10	27	2020/6/24		
莫子建	1988/10/12	32	2	19	2020/6/11		
易子歆	1992/8/9	28	4	22	2020/6/20		
郭仁泽	1990/2/6	30	10	25	2020/8/21		
唐莉	1995/6/11	25	6	20	2020/7/29		
张馥雨	1994/12/17	26	0	14	2020/7/10		
麦凯泽	1995/10/6	25	2	25	2020/8/5		
姜晗昱	1994/1/25	26	11	6	2020/7/3		
杨依萱	1995/4/8	25	8	23	2020/6/14		

员工信息表

图 8-36　输入“=DATEVALUE($K$2)-DATEVALUE(F4)”

(3) 确定公式。按下【Enter】键，并用填充公式的方式计算剩余的员工的工作天数，计算结果如图 8-37 所示。

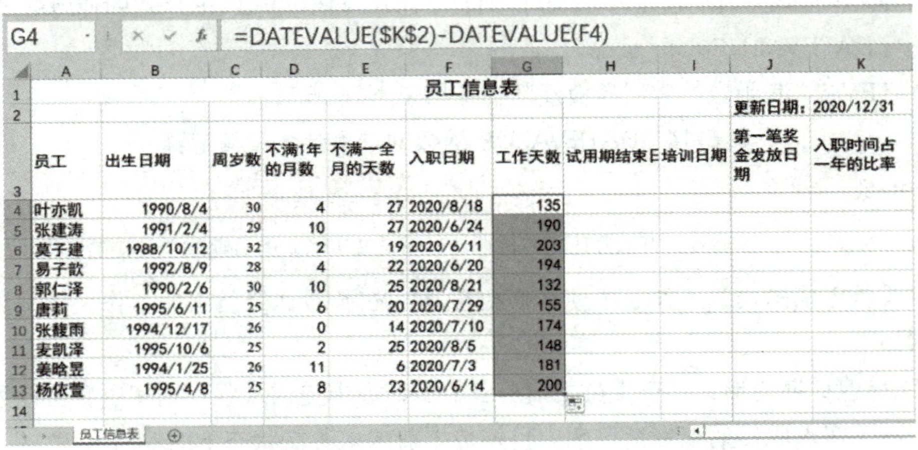
G4 =DATEVALUE($K$2)-DATEVALUE(F4)

员工信息表　更新日期：2020/12/31

员工	出生日期	周岁数	不满1年的月数	不满一全月的天数	入职日期	工作天数	试用期结束日	培训日期	第一笔奖金发放日期	入职时间占一年的比率
叶亦凯	1990/8/4	30	4	27	2020/8/18	135				
张建涛	1991/2/4	29	10	27	2020/6/24	190				
莫子建	1988/10/12	32	2	19	2020/6/11	203				
易子歆	1992/8/9	28	4	22	2020/6/20	194				
郭仁泽	1990/2/6	30	10	25	2020/8/21	132				
唐莉	1995/6/11	25	6	20	2020/7/29	155				
张馥雨	1994/12/17	26	0	14	2020/7/10	174				
麦凯泽	1995/10/6	25	2	25	2020/8/5	148				
姜晗昱	1994/1/25	26	11	6	2020/7/3	181				
杨依萱	1995/4/8	25	8	23	2020/6/14	200				

员工信息表

图 8-37　使用 DATEVALUE 函数计算员工工作天数的计算结果

4. DAYS 函数

DAYS 函数可以返回两个日期之间的天数，其使用格式如下：

DAYS(end_date, start_date)

DAYS 函数的常用参数及其解释如表 8-15 所示。

表 8-15　DAYS 函数的参数解释

参　数	参数解释
start_date	必需。表示起始日期。可以是指定表示日期的数值（序列号值）或单元格引用
end_date	必需。表示终止日期。可以是指定表示日期的数值（序列号值）或单元格引用

在【员工信息表】工作表中使用 DAYS 函数计算员工的工作天数，具体操作步骤如下：

(1) 输入公式。选择单元格 G4，输入“=DAYS($K$2, F4)”，如图 8-38 所示。

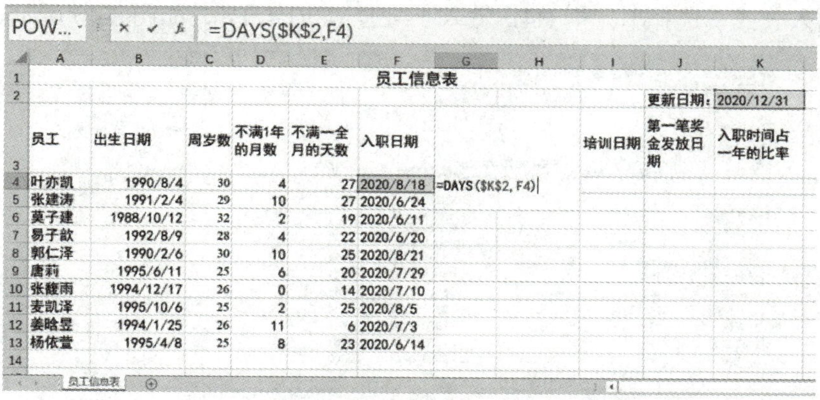

POW...　=DAYS($K$2,F4)

	A	B	C	D	E	F	G	H	I	J	K
1						员工信息表					
2										更新日期:	2020/12/31
3	员工	出生日期	周岁数	不满1年的月数	不满一全月的天数	入职日期			培训日期	第一笔奖金发放日期	入职时间占一年的比率
4	叶亦凯	1990/8/4	30	4	27	2020/8/18	=DAYS($K$2, F4)				
5	张建涛	1991/2/4	29	10	27	2020/6/24					
6	莫子建	1988/10/12	32	2	19	2020/6/11					
7	易子歆	1992/8/9	28	4	22	2020/6/20					
8	郭仁泽	1990/2/6	30	10	25	2020/8/21					
9	唐莉	1995/6/11	25	6	20	2020/7/29					
10	张馥雨	1994/12/17	26	0	14	2020/7/10					
11	麦凯泽	1995/10/6	25	2	25	2020/8/5					
12	姜晗昱	1994/1/25	26	11	6	2020/7/3					
13	杨依萱	1995/4/8	25	8	23	2020/6/14					
14											

员工信息表

图 8-38　输入“=DAYS($K$2, F4)”

(2) 确定公式。按下【Enter】键，并用填充公式的方式计算剩余员工的工作天数，计算结果如图 8-39 所示。

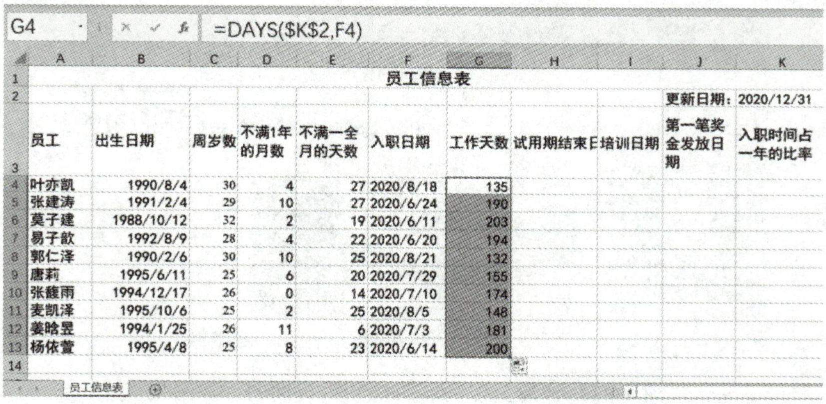

G4　=DAYS($K$2,F4)

	A	B	C	D	E	F	G	H	I	J	K
1						员工信息表					
2										更新日期:	2020/12/31
3	员工	出生日期	周岁数	不满1年的月数	不满一全月的天数	入职日期	工作天数	试用期结束日	培训日期	第一笔奖金发放日期	入职时间占一年的比率
4	叶亦凯	1990/8/4	30	4	27	2020/8/18	135				
5	张建涛	1991/2/4	29	10	27	2020/6/24	190				
6	莫子建	1988/10/12	32	2	19	2020/6/11	203				
7	易子歆	1992/8/9	28	4	22	2020/6/20	194				
8	郭仁泽	1990/2/6	30	10	25	2020/8/21	132				
9	唐莉	1995/6/11	25	6	20	2020/7/29	155				
10	张馥雨	1994/12/17	26	0	14	2020/7/10	174				
11	麦凯泽	1995/10/6	25	2	25	2020/8/5	148				
12	姜晗昱	1994/1/25	26	11	6	2020/7/3	181				
13	杨依萱	1995/4/8	25	8	23	2020/6/14	200				
14											

员工信息表

图 8-39　使用 DAYS 函数计算员工工作天数的计算结果

5. EDATE 函数

EDATE 函数可以计算从开始日期算起的数个月之前或之后的日期，其使用格式如下：

EDATE(start_date, months)

EDATE 函数的常用参数及其解释如表 8-16 所示。

表 8-16　EDATE 函数的常用参数及其解释

参　数	参 数 解 释
start_date	必需。表示起始日期。可以是指定表示日期的数值 (序列号值) 或单元格引用。start_date 的月份被视为 0 进行计算
months	必需。表示相隔的月份数，可以是数值或单元格引用。小数部分的值会被向下舍入，若指定数值为正数则返 start_date 之后的日期 (指定月份数之后)，若指定数值为负数则返回 start_date 之前的日期 (指定月份数之前)

该餐饮企业的员工试使用期为 1 个月，在【员工信息表】工作表中使用 EDATE 函

数计算员工的试用期结束日期，具体操作步骤如下：

(1) 输入公式。选择单元格 H4，输入“=EDATE(F4, 1)”，如图 8-40 所示。

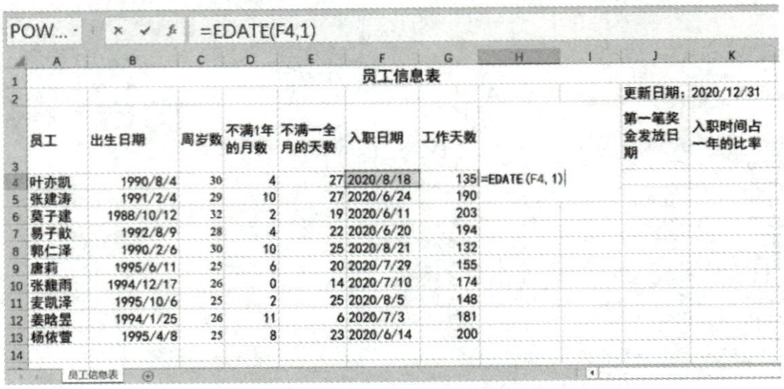

POW... =EDATE(F4,1)

员工信息表 更新日期：2020/12/31

员工	出生日期	周岁数	不满1年的月数	不满一全月的天数	入职日期	工作天数			第一笔奖金发放日期	入职时间占一年的比率
叶亦凯	1990/8/4	30	4	27	2020/8/18	135	=EDATE(F4, 1)			
张建涛	1991/2/4	29	10	27	2020/6/24	190				
莫子建	1988/10/12	32	2	19	2020/6/11	203				
易子歆	1992/8/9	28	4	22	2020/6/20	194				
郭仁泽	1990/2/6	30	10	25	2020/8/21	132				
唐莉	1995/6/11	25	6	20	2020/7/29	155				
张馥雨	1994/12/17	26	0	14	2020/7/10	174				
麦凯泽	1995/10/6	25	2	25	2020/8/5	148				
姜晗昱	1994/1/25	26	11	6	2020/7/3	181				
杨依萱	1995/4/8	25	8	23	2020/6/14	200				

图 8-40 输入“=EDATE(F4, 1)”

(2) 确定公式。按下【Enter】键，并用填充公式的方式计算剩余员工的试用期结束日期，计算结果如图 8-41 所示。

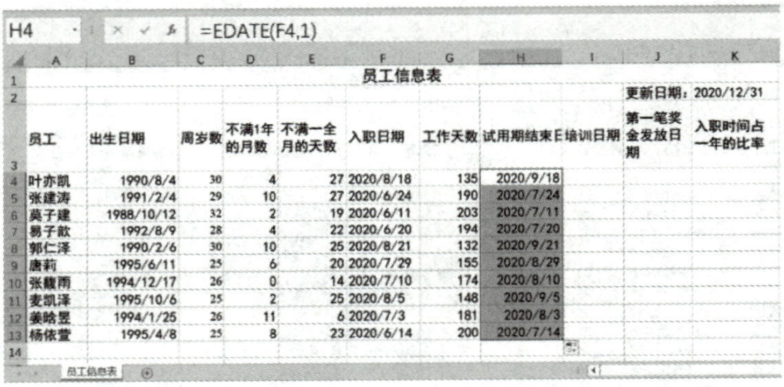

H4 =EDATE(F4,1)

员工信息表 更新日期：2020/12/31

员工	出生日期	周岁数	不满1年的月数	不满一全月的天数	入职日期	工作天数	试用期结束日	培训日期	第一笔奖金发放日期	入职时间占一年的比率
叶亦凯	1990/8/4	30	4	27	2020/8/18	135	2020/9/18			
张建涛	1991/2/4	29	10	27	2020/6/24	190	2020/7/24			
莫子建	1988/10/12	32	2	19	2020/6/11	203	2020/7/11			
易子歆	1992/8/9	28	4	22	2020/6/20	194	2020/7/20			
郭仁泽	1990/2/6	30	10	25	2020/8/21	132	2020/9/21			
唐莉	1995/6/11	25	6	20	2020/7/29	155	2020/8/29			
张馥雨	1994/12/17	26	0	14	2020/7/10	174	2020/8/10			
麦凯泽	1995/10/6	25	2	25	2020/8/5	148	2020/9/5			
姜晗昱	1994/1/25	26	11	6	2020/7/3	181	2020/8/3			
杨依萱	1995/4/8	25	8	23	2020/6/14	200	2020/7/14			

图 8-41 计算员工的试用期结束日期的计算结果

6. EOMONTH 函数

EOMONTH 函数可以计算出给定的月份数之前或之后的月末的日期，其使用格式如下：

EOMONTH(start_date, months)

EOMONTH 函数的常用参数及其解释如表 8-17 所示。

表 8-17 EOMONTH 函数的参数解释

参 数	参 数 解 释
start_date	必需。表示起始日期。可以是表示日期的数值（序列号值）或单元格引用。start_date 的月份被视为 0 进行计算
months	必需。表示相隔的月份数，可以是数值或单元格引用。小数部分的值向下舍入，若指定数值为正数则返 start_date 之后的日期（指定月份数之后的月末），若指定数值为负数则返回 start_date 之前的日期（指定月份数之前的月末）

该餐饮企业试用员工在试用期结束后的当月月末会进行一次培训，在【员工信息表】工作表中使用 EOMONTH 函数计算员工的培训日期，具体操作步骤如下：

(1) 输入公式。选择单元格 I4，输入“=EOMONTH(H4, 0)”，如图 8-42 所示。

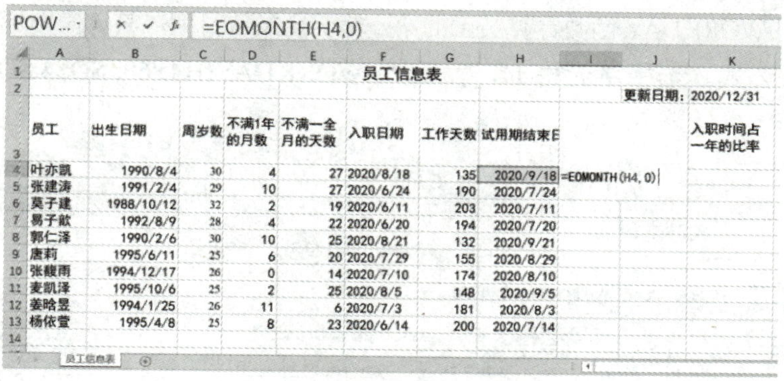

=EOMONTH(H4,0)

员工信息表

更新日期：2020/12/31

员工	出生日期	周岁数	不满1年的月数	不满一全月的天数	入职日期	工作天数	试用期结束日			入职时间占一年的比率
叶亦凯	1990/8/4	30	4	27	2020/8/18	135	2020/9/18	=EOMONTH(H4, 0)		
张建涛	1991/2/4	29	10	27	2020/6/24	190	2020/7/24			
莫子建	1988/10/12	32	2	19	2020/6/11	203	2020/7/11			
易子歆	1992/8/9	28	4	22	2020/6/20	194	2020/7/20			
郭仁泽	1990/2/6	30	10	25	2020/8/21	132	2020/9/21			
唐莉	1995/6/11	25	6	20	2020/7/29	155	2020/8/29			
张馥雨	1994/12/17	26	0	14	2020/7/10	174	2020/8/10			
麦凯泽	1995/10/6	25	2	25	2020/8/5	148	2020/9/5			
姜晗昱	1994/1/25	26	11	6	2020/7/3	181	2020/8/3			
杨依萱	1995/4/8	25	8	23	2020/6/14	200	2020/7/14			

图 8-42　输入“= EOMONTH(H4, 0)”

(2) 确定公式。按下【Enter】键，并用填充公式的方式计算剩余员工的培训日期，计算结果如图 8-43 所示。

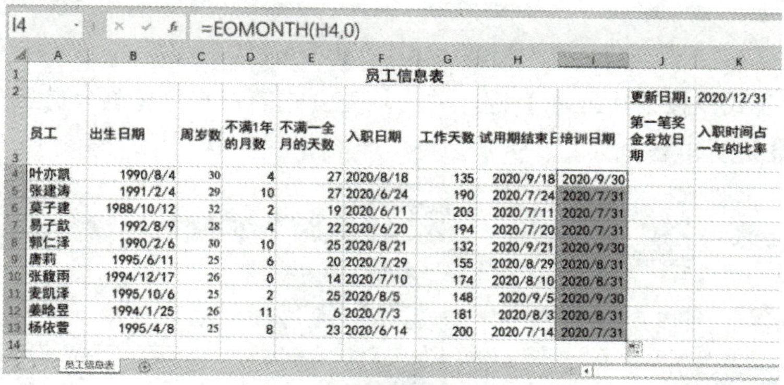

=EOMONTH(H4,0)

员工信息表

更新日期：2020/12/31

员工	出生日期	周岁数	不满1年的月数	不满一全月的天数	入职日期	工作天数	试用期结束日	培训日期	第一笔奖金发放日期	入职时间占一年的比率
叶亦凯	1990/8/4	30	4	27	2020/8/18	135	2020/9/18	2020/9/30		
张建涛	1991/2/4	29	10	27	2020/6/24	190	2020/7/24	2020/7/31		
莫子建	1988/10/12	32	2	19	2020/6/11	203	2020/7/11	2020/7/31		
易子歆	1992/8/9	28	4	22	2020/6/20	194	2020/7/20	2020/7/31		
郭仁泽	1990/2/6	30	10	25	2020/8/21	132	2020/9/21	2020/9/30		
唐莉	1995/6/11	25	6	20	2020/7/29	155	2020/8/29	2020/8/31		
张馥雨	1994/12/17	26	0	14	2020/7/10	174	2020/8/10	2020/8/31		
麦凯泽	1995/10/6	25	2	25	2020/8/5	148	2020/9/5	2020/9/30		
姜晗昱	1994/1/25	26	11	6	2020/7/3	181	2020/8/3	2020/8/31		
杨依萱	1995/4/8	25	8	23	2020/6/14	200	2020/7/14	2020/7/31		

图 8-43　计算员工的培训日期的计算结果

7. WORKDAY 函数

WORKDAY 函数可以计算起始日期之前或之后、与该日期相隔指定工作日的某一日期的日期值，工作日不包括周末和专门指定的假日。WORKDAY 函数的使用格式如下：

WORKDAY(start_date, days, holidays)

WORKDAY 函数的常用参数及其解释如表 8-18 所示。

表 8-18　WORKDAY 函数的常用参数及其解释

参　数	参 数 解 释
start_date	必需。表示起始日期。可以是表示日期的数值 (序列号值) 或单元格引用。start_date 的月份被视为 0 进行计算
days	必需。表示相隔的天数 (不包括周末和节假日)。可以是数值或单元格引用。小数部分的值向下舍入，若指定数值为正数则返回 start_date 之后的日期，若指定数值为负数则返回 start_date 之前的日期
holidays	可选。包含需要从工作日历中排除的所有节假日。该列表可以是包含日期的单元格区域，也可以是由代表日期的序列号所构成的数组常量

该餐饮企业的员工在非试用期实际工作 60 天后发放第一笔奖金，在【员工信息表】工作表中使用 WORKDAY 函数计算员工的第一笔奖金发放日期，具体操作步骤如下：

(1) 输入公式。选择单元格 J4，输入“=WORKDAY(H4, 60, $O$4:$O$14)”，如图 8-44 所示。

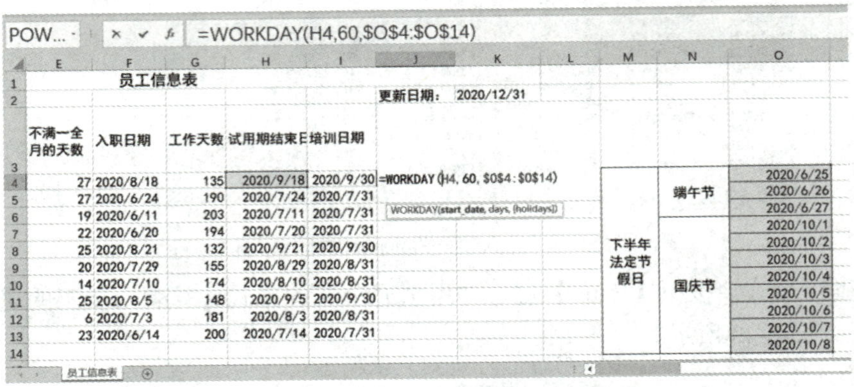

图 8-44　输入“=WORKDAY(H4, 60, $O$4:$O$14)”

(2) 确定公式。按下【Enter】键，并用填充公式的方式计算剩余员工奖金发放的日期，计算结果如图 8-45 所示。

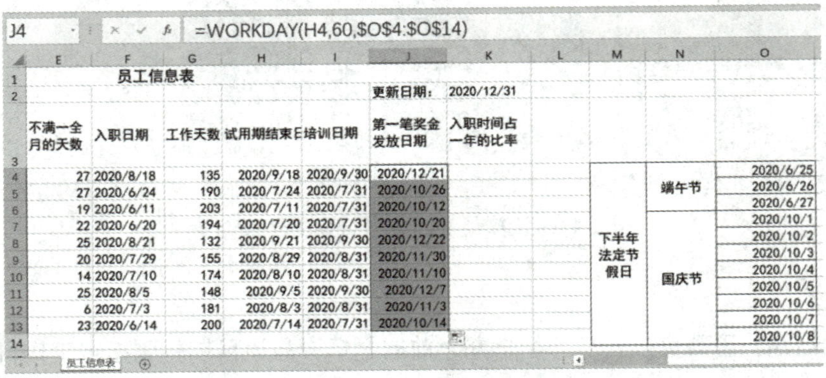

图 8-45　计算员工发放奖金的日期的计算结果

8. YEARFRAC 函数

YEARFRAC 函数可以计算指定时间长度占一年的比率，其使用格式如下：

YEARFRAC(start_date, end_date, basis)

YEARFRAC 函数的常用参数及其解释如表 8-19 所示。

表 8-19　YEARFRAC 函数的参数解释

参　数	参 数 解 释
start_date	必需。表示起始日期。可以是指定序列号值或单元格引用，以 start_date 的次日为 1 进行计算
end_date	必需。表示终止日期。指定序列号值或单元格引用
basis	可选。表示要使用的日基数基准类型

basis 参数的日基数基准类型及其解释如表 8-20 所示。

表 8-20　basis 参数的日基数基准类型及其解释

类 型	类 型 解 释
0 或省略	30 天 /360 天 (NASD 方法)
1	实际天数 / 实际天数
2	实际天数 /360 天
3	实际天数 /365 天
4	30 天 /360 天 (欧洲方法)

在【员工信息表】工作表中使用 YEARFRAC 函数计算员工的入职时间占一年的比率，具体操作步骤如下：

(1) 输入公式。选择单元格 K4，输入“=YEARFRAC(F4, $K$2, 1)”，如图 8-46 所示。

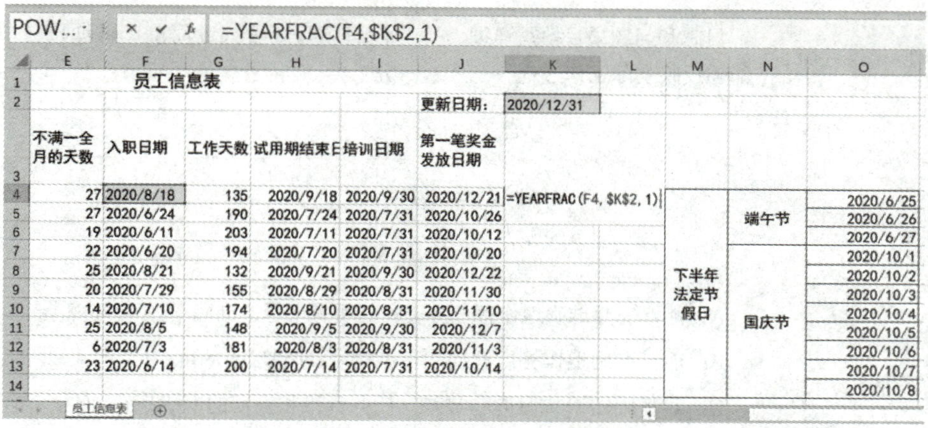

图 8-46　输入“=YEARFRAC(F4, $K$2, 1)”

(2) 确定公式。按下【Enter】键，并用填充公式的方式计算剩余员工的入职时间占一年的比率，计算结果如图 8-47 所示。

图 8-47　员工的入职时间占一年比率的计算结果

质量监控（教师完成）				
任务实施栏目评分表				
评分项	分值	作答要求	评审规定	得分
任务资讯	10	问题回答清晰准确，能够紧扣主题，没有明显错误项	对照标准答案，一项错误扣 5 分，扣完为止	
任务规划	20	任务规划合理可实施，没有任何细节错误	参照标准答案，一项错误扣 5 分，扣完为止	
任务实施	40	包含具体实施过程，过程完整、准确、清晰	根据错误的严重程度，每个错误点一次分别扣 10 分、5 分、2 分	
任务扩展	20	任务目标明确，结果准确、完整、详细	根据错误的严重程度，每个错误点一次分别扣 10 分、5 分、2 分	
其他	10	日志和问题项目填写详细、能够反映实际工作过程	没有填写或者太过简单，每项扣 5 分	
合计得分				
职业能力评分表				
评分项	等级	作答要求		等级
知识评价	A|B|C	A：能够完整准确地作答任务资讯的所有问题，准确率在 90% 以上 B：能较准确地作答所有问题，准确率在 60% ～ 80% C：对基础知识掌握得非常差，任务资讯和答辩的准确率在 50% 以下		
能力评价	A|B|C	A：熟悉各个环节的实施步骤，独立完成任务，有能力辅助其他学生完成规定的工作任务，实施快速，准确率高，即任务规划和任务实施正确率在 85% 以上 B：基本完成各个环节的任务，准确率在 60% ～ 80% C：未完成任务或只完成了部分任务，有问题没有积极向其他同学请教，工作实施拖拉，不积极，各个部分的准确率在 50% 以下		
态度素养评价	A|B|C	A：不迟到、不早退，对待其他人有礼貌，善于帮助他人，积极主动完成规定的工作任务，工作台整洁，积极回答老师提问 B：基本完成各个环节的任务，准确率在 60% ～ 80% C：未完成任务或只完成了部分任务，有问题没有积极向其他同学请教，工作实施拖拉，不积极，不能准确回答老师提出的问题，各个部分的准确率在 50% 以下		

任务九　数学和统计函数

任务设计

实施人员信息（学生填写）							
姓名		班级		学号		电话	

任务目标	笔记栏
(1) 认识数学函数和统计函数。 (2) 能使用数学函数进行计算。 (3) 能使用统计函数进行统计计算。	

任务介绍	笔记栏
1. 任务描述 Excel 2016 提供了几十个数学函数，方便用户进行各种数学计算。本任务使用一些常用的数学函数计算某餐饮企业【8 月营业统计】工作表中的营业数据，查找获得奖品的顾客，并对需要取整的数据进行取整。 对私房小站所有店铺的 8 月订单信息进行统计分析，包括统计个数，计算平均值、最大值、最小值、众数、频率、中数、总体的标准偏差和方差，估算总体的标准偏差和方差。 **2. 任务要求** 灵活掌握数学函数及统计函数的使用方法。	

任务资讯	笔记栏
(1) 常用的数学函数有哪些？(2 分) (2) 常用的统计函数有哪些？(2 分) (3) 如何按照某种条件进行计算？(2 分) (4) 条件性统计函数有哪些？(2 分) (5) 众数和中位数的概念分别是什么？(2 分)	

任务规划	笔记栏
(1) 数学函数操作的规划。(10 分) (2) 统计函数操作的规划。(10 分)	

任务实施	笔记栏
(1) 使用 PRODUCT 函数计算折后金额。(5 分) (2) 使用 SUM 函数计算 8 月营业总额(不含折扣)。(5 分) (3) 使用 SUMIF 函数计算 8 月 1 日营业总额(不含折扣)。(5 分) (4) 使用 QUOTIENT 函数计算 8 月的日均营业额(不含折扣且计算结果只取整数部分)。(5 分) (5) 使用 RAND 函数生成随机数，并固定随机数。(5 分) (6) 分别使用 INT、FLOOR、CEILING 函数对折后金额进行取整。(5 分) (7) 对订单信息进行统计分析，包括统计个数，计算平均值、最大值、最小值、众数、频率、中数、总体的标准偏差和方差，估算总体的标准偏差和方差。(10 分)	

任务扩展	笔记栏
(1) SUMIF 函数与 SUMIFS 函数的区别是什么？(5 分) (2) 对数据进行统计时，如果一组数据的众数不止一个，怎样才能将所有众数都统计出来？(10 分) (3) 标准差与标准方差的概念分别是什么？(5 分)	

工 作 日 志	笔 记 栏
在实施任务的过程中，填写以下工作日志表。(5 分)	

工 作 日 志 表

工作内容	问题及解决方式

工 作 总 结

完成本任务的工作总结。(5 分)

学习资源——数学和统计函数

Excel 2016 提供了几十个数学函数，方便用户进行各种数学计算。

【学习目标】

(1) 认识数学函数和统计函数。
(2) 能使用数学函数进行计算。
(3) 能使用统计函数进行统计计算。

数学函数

一、数学函数

下面使用一些常用的数学函数计算某餐饮企业【8 月营业统计】工作簿中的营业数据。

1. PRODUCT 函数

PRODUCT 函数可以求出所有以参数形式给出的数字的乘积，其使用格式如下：

PRODUCT(number1, number2, …)

PRODUCT 函数的常用参数及其解释如表 9-1 所示。

表 9-1　PRODUCT 函数的常用参数及其解释

参 数	参 数 解 释
number1	必需。表示要相乘的第 1 个数字或区域。可以是数字、单元格引用和单元格区域引用
number2, …	可选。表示要相乘的第 2 ～ 255 个数字或区域，即可以像 number1 那样最多指定 255 个参数

在【8 月营业数据】工作表中使用 PRODUCT 函数计算折后金额，具体操作步骤如下：

(1) 输入公式。选择单元格 E2，输入“=PRODUCT(C2, D2)”，如图 9-1 所示。

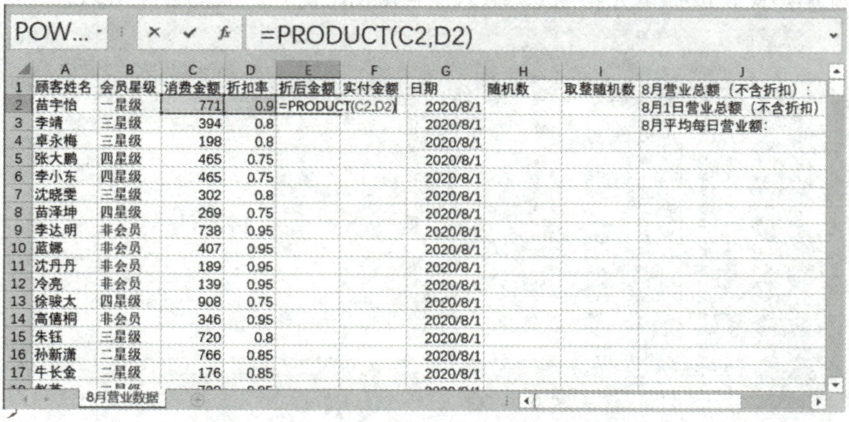

图 9-1　输入“=PRODUCT(C2, D2)”

(2) 确定公式。按下【Enter】键，用填充公式的方式使用 PRODUCT 函数计算剩余的折后金额，如图 9-2 所示。

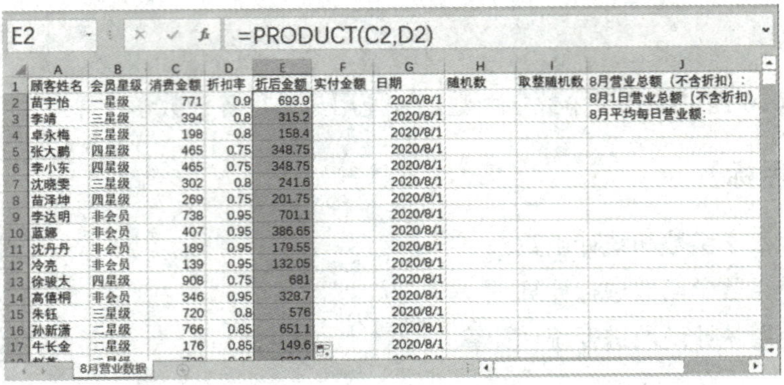

图 9-2　使用 PRODUCT 函数计算剩余的折后金额

2. SUM 函数

SUM 函数是求和函数，可以返回某一单元格区域中数字、逻辑值和数字的文本表达式、直接键入的数字之和。SUM 函数的使用格式如下：

SUM(number1, number2, ...)

SUM 函数的常用参数及其解释如表 9-2 所示。

表 9-2　SUM 函数的常用参数及其解释

参 数	参 数 解 释
number1	必需。表示要相加的第 1 个数字或区域。可以是数字、单元格引用和单元格区域引用，如 4、A6 和 A1:B3
number2, …	可选。表示要相加的第 2 ～ 255 个数字或区域，即可以像 number1 那样最多指定 255 个参数

在【8 月营业数据】工作表中使用 SUM 函数计算 8 月营业总额（不含折扣），具体操作步骤如下：

(1) 输入公式。选择单元格 K1，输入“=SUM(C:C)”，如图 9-3 所示。

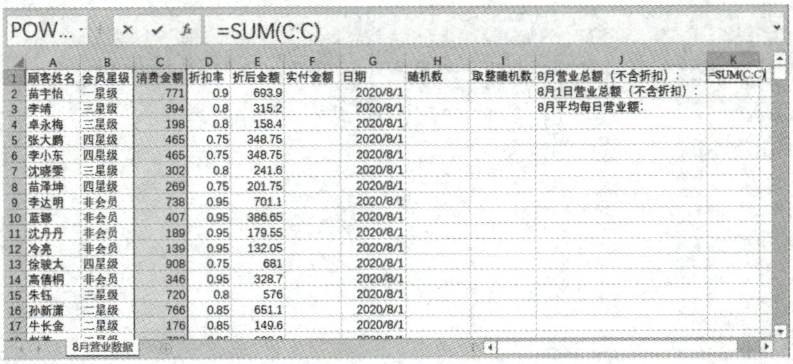

图 9-3　输入“=SUM(C:C)”

(2) 确定公式。按下【Enter】键即可使用 SUM 函数计算 8 月营业总额（不含折扣），计算结果如图 9-4 所示。

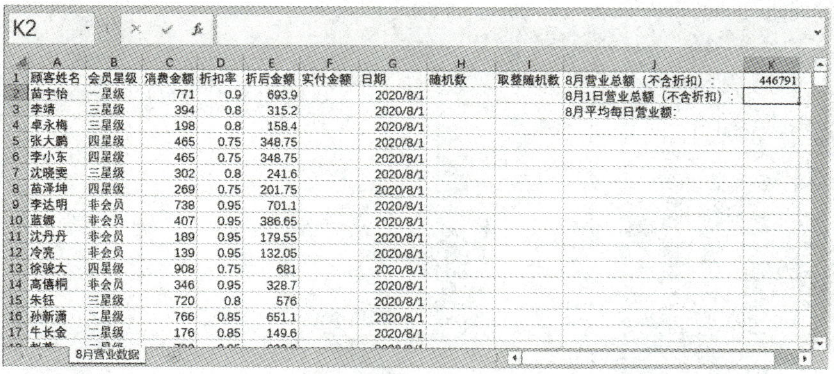

K2

	A	B	C	D	E	F	G	H	I	J	K
1	顾客姓名	会员星级	消费金额	折扣率	折后金额	实付金额	日期	随机数	取整随机数	8月营业总额（不含折扣）：	446791
2	苗宇怡	一星级	771	0.9	693.9		2020/8/1			8月1日营业总额（不含折扣）：	
3	李靖	三星级	394	0.8	315.2		2020/8/1			8月平均每日营业额：	
4	卓永梅	三星级	198	0.8	158.4		2020/8/1				
5	张大鹏	四星级	465	0.75	348.75		2020/8/1				
6	李小东	四星级	465	0.75	348.75		2020/8/1				
7	沈晓雯	三星级	302	0.8	241.6		2020/8/1				
8	苗泽坤	四星级	269	0.75	201.75		2020/8/1				
9	李达明	非会员	738	0.95	701.1		2020/8/1				
10	蓝娜	非会员	407	0.95	386.65		2020/8/1				
11	沈丹丹	非会员	189	0.95	179.55		2020/8/1				
12	冷亮	非会员	139	0.95	132.05		2020/8/1				
13	徐骏太	四星级	908	0.75	681		2020/8/1				
14	高僖桐	非会员	346	0.95	328.7		2020/8/1				
15	朱钰	三星级	720	0.8	576		2020/8/1				
16	孙新潇	二星级	766	0.85	651.1		2020/8/1				
17	牛长金	二星级	176	0.85	149.6		2020/8/1				

8月营业数据

图 9-4　月营业总额（不含折扣）

3. SUMIF 函数

SUMIF 函数是条件求和函数，即根据给定的条件对指定单元格的数值求和。SUMIF 函数的使用格式如下：

SUMIF(range, criteria, [sum_range])

SUMIF 函数的常用参数及其解释如表 9-3 所示。

表 9-3　SUMIF 函数的常用参数及其解释

参　数	参 数 解 释
range	必需。表示根据条件进行计算的单元格区域，即设置条件的单元格区域。区域内的单元格必须是数字、名称、数组或包含数字的引用，空值和文本值将会被忽略
criteria	必需。表示求和的条件。其形式可以是数字、表达式、单元格引用、文本或函数。指定的条件（引用单元格和数字除外）必须用双引号“”括起来
sum_range	可选。表示实际求和的单元格区域。如果省略此参数，则 Excel 会把 range 参数中指定的单元格区域设为实际求和区域

在 criteria 参数中还可以使用通配符（星号“*”、问号“?”和波浪号“~”），通配符及其作用、示例、示例说明如表 9-4 所示。

表 9-4　通 配 符 示 例

参　数	作　用	示　例	示 例 说 明
星号“*”	匹配任意一串字节	李 * 或 * 星级	任意以“李”开头的文本或任意以“星级”结尾的文本
问号“?”	匹配任意单个字符	李 ?? 或 ? 星级	“李”后面一定是两个字符的文本或“星级”前面一定是一个字符的文本
波浪号“~”	指定不将 * 和 ? 视为通配符看待	李 ~*	* 代表字符，不再有通配符的作用

在【8 月营业统计】工作表中使用 SUMIF 函数计算 8 月 1 日营业总额（不含折扣），具体操作步骤如下：

(1) 输入公式。选择单元格 K2，输入“=SUMIF(G:G, "2020/8/1", C:C)”，如图 9-5 所示。

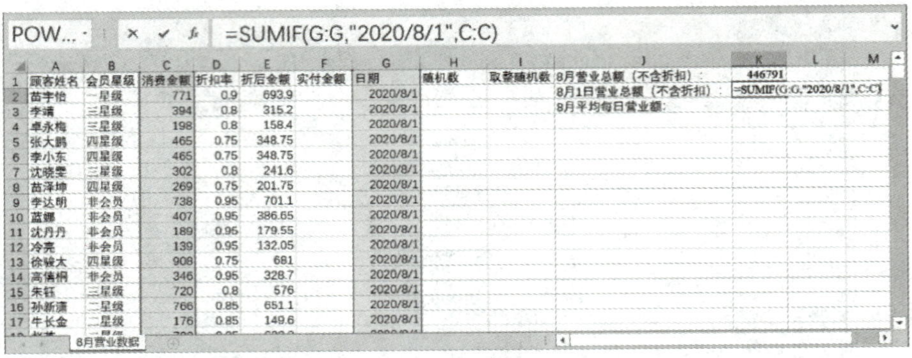

图 9-5　输入“=SUMIF(G:G, "2020/8/1", C:C)”

(2) 确定公式。按下【Enter】键即可使用 SUMIF 函数计算 8 月 1 日营业总额（不含折扣），计算结果如图 9-6 所示。

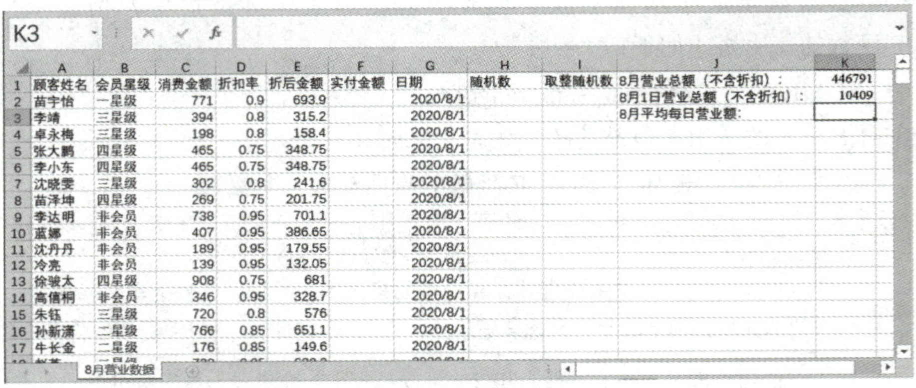

图 9-6　8 月 1 日营业总额（不含折扣）

4. QUOTIENT 函数

QUOTIENT 函数的作用是计算并返回除法的整数部分。QUOTIENT 函数的使用格式如下：

QUOTIENT(numerator, denominator)

QUOTIENT 函数的常用参数及其解释如表 9-5 所示。

表 9-5　QUOTIENT 函数的常用参数及其解释

参 数	参 数 解 释
numerator	必需。表示被除数。可以是数字、单元格引 用或单元格区域引用
denominator	必需。表示除数。可以是数字、单元格引用或单元格区域引用

在【8 月营业数据】工作表中使用 QUOTIENT 函数计算 8 月的日均营业额（不含折扣且计算结果只取整数部分），具体操作步骤如下：

(1) 输入公式。选择单元格 K3，输入“=QUOTIENT(K1, 31)”，如图 9-7 所示。

(2) 确定公式。按下【Enter】键即可使用 QUOTIENT 函数计算 8 月平均每日营业额，计算结果如图 9-8 所示。

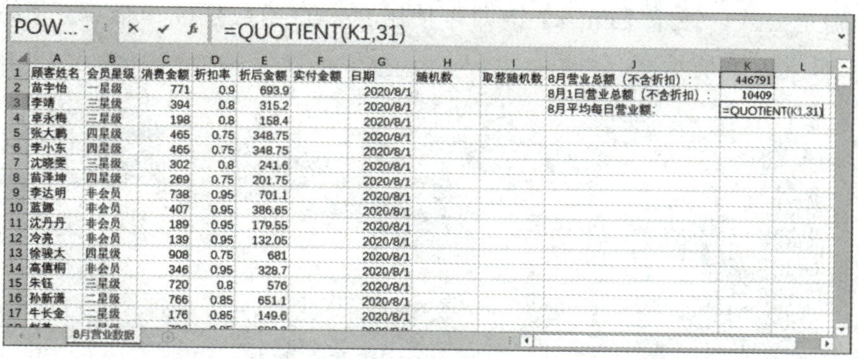

图 9-7　输入“=QUOTIENT(K1, 31)”

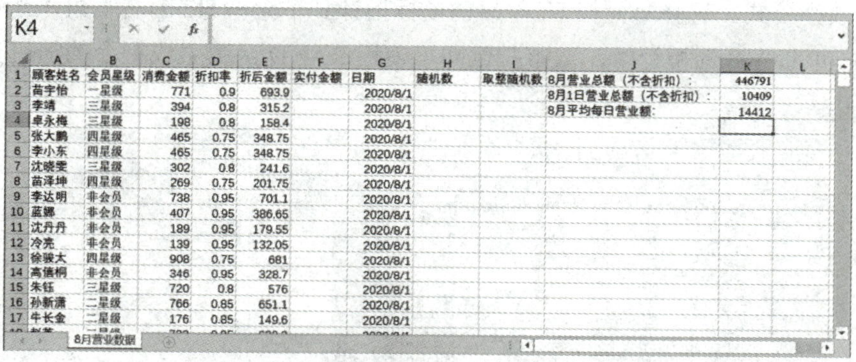

图 9-8　8 月平均每日营业额

二、生成和固定随机数

8 月，某餐饮企业举行活动，每位顾客消费后，Excel 会生成一个 0 ～ 1 的随机数，若随机数为 0.88，则获得奖品一份，送完即止。在【8 月营业数据】工作表中使用 RAND 函数生成一列 0 ～ 1 的随机数，具体步骤如下：

RAND 函数的作用是返回一个 0 ～ 1 的随机实数。RAND 函数的使用格式如下：

RAND( )

该函数没有参数，但必须有括号。该函数每次计算时都会返回新的随机数，如果只想要一个固定的随机数，可以在编辑栏输入“RAND()”，再按下【F9】键。

(1) 输入公式。选择单元格 H2，输入“=RAND()”，如图 9-9 所示。

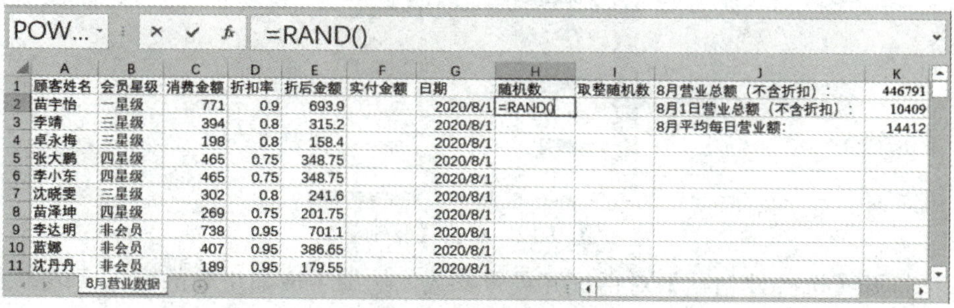

图 9-9　输入“=RAND()”

(2) 确定公式。按下【Enter】键即可使用 RAND 函数生成一个 0 ～ 1 的随机数，计算结果如图 9-10 所示。

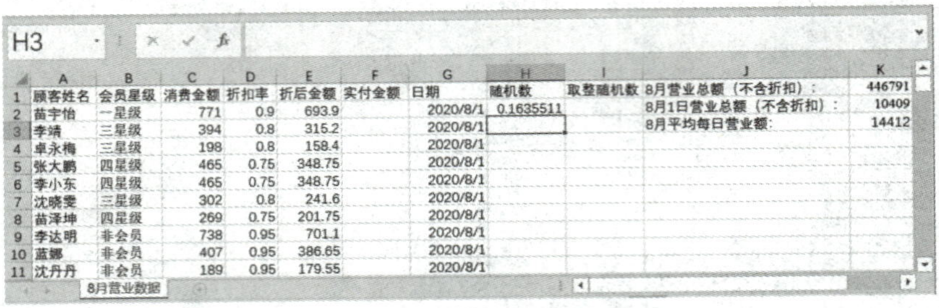

图 9-10　生成一个随机数

(3) 填充公式。选择单元格 H2，移动鼠标指针到单元格 H2 的右下角，当指针变为黑色且加粗的“ + ”指针时，双击左键即可使用 RAND 函数生成剩余的随机数，如图 9-11 所示。

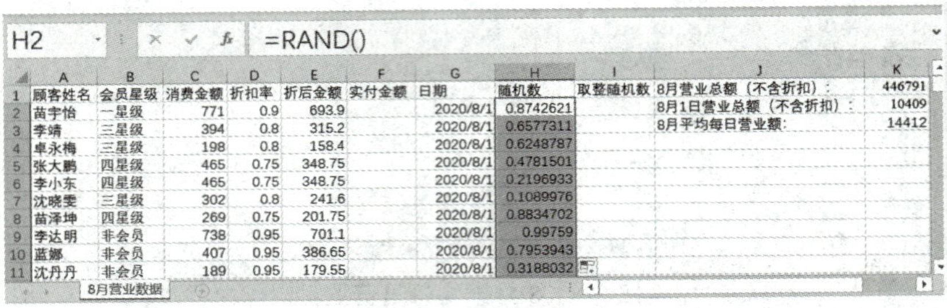

图 9-11　生成剩余的随机数

可以看出图 9-11 的单元格 H2 与图 9-11 的单元格 H2 的数值是不同的，这是因为函数每次计算时都会返回新的随机数。如果在编辑栏中输入公式再按【F9】键可以获得固定的随机数，当数据为非单一数据时，则每个单元格都要重复一次。此时可以使用选择性粘贴的方法获得固定随机数，具体操作步骤如下：

(1) 复制生成随机数的数据区域。选择生成随机数的数据区域，右键单击该数据区域。选择【复制】，如图 9-12 所示。

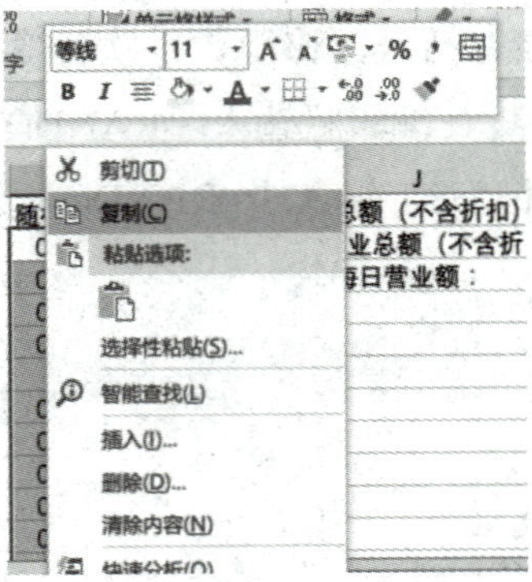

图 9-12　选择【复制】

(2) 打开【选择性粘贴】对话框并设置参数。选择生成随机数的数据区域，右键单击该数据区域，选择【选择性粘贴】，弹出【选择性粘贴】对话框，在【粘贴】组中选择【数值】单选框，如图 9-13 所示。

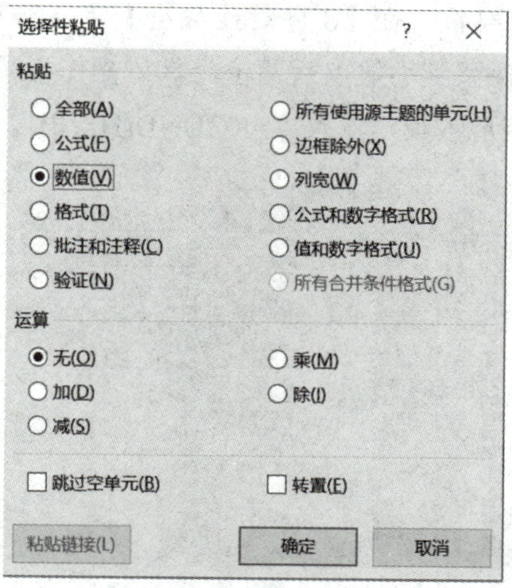

图 9-13　【选择性粘贴】对话框

(3) 确定设置。单击图 9-13 所示的【确定】按钮即可获得固定随机数，显示结果如图 9-14 所示。

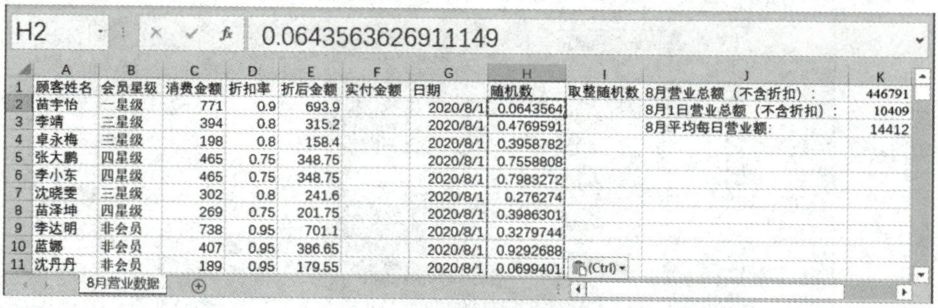

	A	B	C	D	E	F	G	H	I	J	K
1	顾客姓名	会员星级	消费金额	折扣率	折后金额	实付金额	日期	随机数	取整随机数	8月营业总额（不含折扣）：	446791
2	苗宇怡	一星级	771	0.9	693.9		2020/8/1	0.0643564		8月1日营业总额（不含折扣）：	10409
3	李靖	三星级	394	0.8	315.2		2020/8/1	0.4769591		8月平均每日营业额:	14412
4	卓永梅	三星级	198	0.8	158.4		2020/8/1	0.3958782			
5	张大鹏	四星级	465	0.75	348.75		2020/8/1	0.7558808			
6	李小东	四星级	465	0.75	348.75		2020/8/1	0.7983272			
7	沈晓雯	三星级	302	0.8	241.6		2020/8/1	0.276274			
8	苗泽坤	四星级	269	0.75	201.75		2020/8/1	0.3986301			
9	李达明	非会员	738	0.95	701.1		2020/8/1	0.3279744			
10	蓝娜	非会员	407	0.95	386.65		2020/8/1	0.9292688			
11	沈丹丹	非会员	189	0.95	179.55		2020/8/1	0.0699401			

图 9-14　获得固定随机数的显示结果

三、取整函数

对某餐饮企业【8 月营业统计】工作簿中的营业数据进行取整。

取整函数

1. ROUND 函数

ROUND 函数可以将数字四舍五入到指定的位数。ROUND 函数的使用格式如下：

ROUND(number, num_digits)

ROUND 函数的常用参数及其解释如表 9-6 所示。

表 9-6　ROUND 函数的常用参数及其解释

参　数	参 数 解 释
number	必需。表示要四舍五入的数字
num_digits	必需。表示要进行四舍五入运算的位数

使用 RAND 函数生成的随机数的小数有 15 位，而所需随机数的小数位数为两位，所以需要对生成的随机数取整。在【8 月营业数据】工作表中使用 ROUND 函数对随机数进行四舍五入处理，保留到小数点后两位，具体操作步骤如下：

(1) 输入公式。选择单元格 I2，输入“=ROUND(H2, 2)”，如图 9-15 所示。

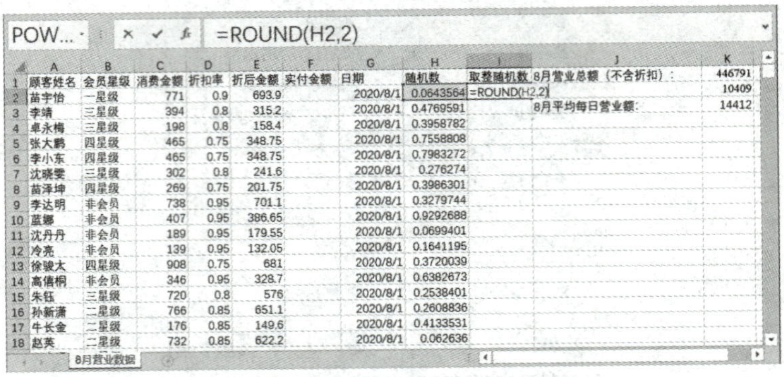

	A	B	C	D	E	F	G	H	I	J	K
1	顾客姓名	会员星级	消费金额	折扣率	折后金额	实付金额	日期	随机数	取整随机数	8月营业总额（不含折扣）:	446791
2	苗宇怡	一星级	771	0.9	693.9		2020/8/1	0.0643564	=ROUND(H2,2)		10409
3	李靖	三星级	394	0.8	315.2		2020/8/1	0.4769591		8月平均每日营业额:	14412
4	卓永梅	三星级	198	0.8	158.4		2020/8/1	0.3958782			
5	张大鹏	四星级	465	0.75	348.75		2020/8/1	0.7558808			
6	李小东	四星级	465	0.75	348.75		2020/8/1	0.7983272			
7	沈晓雯	三星级	302	0.8	241.6		2020/8/1	0.276274			
8	苗泽坤	四星级	269	0.75	201.75		2020/8/1	0.3986301			
9	李达明	非会员	738	0.95	701.1		2020/8/1	0.3279744			
10	蓝娜	非会员	407	0.95	386.65		2020/8/1	0.9292688			
11	沈丹丹	非会员	189	0.95	179.55		2020/8/1	0.0699401			
12	冷亮	非会员	139	0.95	132.05		2020/8/1	0.1641195			
13	徐骏太	四星级	908	0.75	681		2020/8/1	0.3720039			
14	高倩桐	非会员	346	0.95	328.7		2020/8/1	0.6382673			
15	朱钰	三星级	720	0.8	576		2020/8/1	0.2538401			
16	孙新潇	二星级	766	0.85	651.1		2020/8/1	0.2608836			
17	牛长金	二星级	176	0.85	149.6		2020/8/1	0.4133531			
18	赵英	二星级	732	0.85	622.2		2020/8/1	0.062636			

图 9-15　输入“=ROUND(H2, 2)”

(2) 确定公式。按下【Enter】键，并用填充公式的方式使用 ROUND 函数对剩余的随机数进行四舍五入处理，保留到小数点后两位，显示结果如图 9-16 所示。

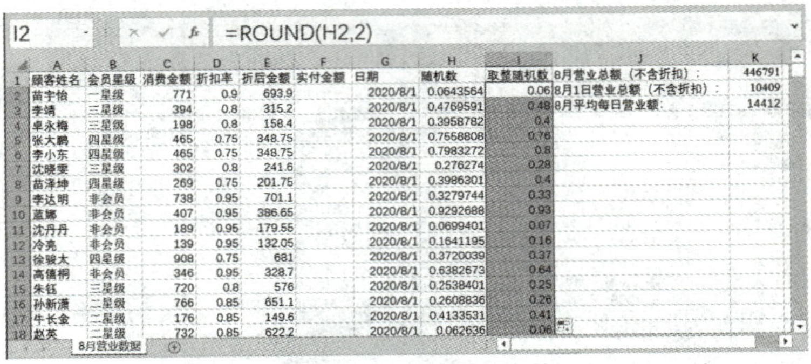

	A	B	C	D	E	F	G	H	I	J	K
1	顾客姓名	会员星级	消费金额	折扣率	折后金额	实付金额	日期	随机数	取整随机数	8月营业总额（不含折扣）:	446791
2	苗宇怡	一星级	771	0.9	693.9		2020/8/1	0.0643564	0.06	8月1日营业总额（不含折扣）:	10409
3	李靖	三星级	394	0.8	315.2		2020/8/1	0.4769591	0.48	8月平均每日营业额:	14412
4	卓永梅	三星级	198	0.8	158.4		2020/8/1	0.3958782	0.4		
5	张大鹏	四星级	465	0.75	348.75		2020/8/1	0.7558808	0.76		
6	李小东	四星级	465	0.75	348.75		2020/8/1	0.7983272	0.8		
7	沈晓雯	三星级	302	0.8	241.6		2020/8/1	0.276274	0.28		
8	苗泽坤	四星级	269	0.75	201.75		2020/8/1	0.3986301	0.4		
9	李达明	非会员	738	0.95	701.1		2020/8/1	0.3279744	0.33		
10	蓝娜	非会员	407	0.95	386.65		2020/8/1	0.9292688	0.93		
11	沈丹丹	非会员	189	0.95	179.55		2020/8/1	0.0699401	0.07		
12	冷亮	非会员	139	0.95	132.05		2020/8/1	0.1641195	0.16		
13	徐骏太	四星级	908	0.75	681		2020/8/1	0.3720039	0.37		
14	高倩桐	非会员	346	0.95	328.7		2020/8/1	0.6382673	0.64		
15	朱钰	三星级	720	0.8	576		2020/8/1	0.2538401	0.25		
16	孙新潇	二星级	766	0.85	651.1		2020/8/1	0.2608836	0.26		
17	牛长金	二星级	176	0.85	149.6		2020/8/1	0.4133531	0.41		
18	赵英	二星级	732	0.85	622.2		2020/8/1	0.062636	0.06		

图 9-16　对剩余的随机数进行四舍五入处理

2. INT 函数

INT 函数的作用是将数字向下舍入（沿绝对值减小的方向）到最接近的整数。INT 函数的使用格式如下：

INT(number)

INT 函数的常用参数及其解释如表 9-7 所示。

表 9-7　INT 函数的常用参数及其解释

参数	参数解释
number	必需。表示向下舍入取整的实数。可以是数字、单元格引用或单元格区域引用

使用 PRODUCT 函数计算的折后金额可能包含小数点的后两位数，这与实际支付金额不一致，需要对折后金额进行取整。在【8 月营业数据】工作表中使用 INT 函数对折后金额向下舍入到最接近的整数，具体操作步骤如下：

(1) 输入公式。选择单元格 F2，输入“=INT(E2)”，如图 9-17 所示。

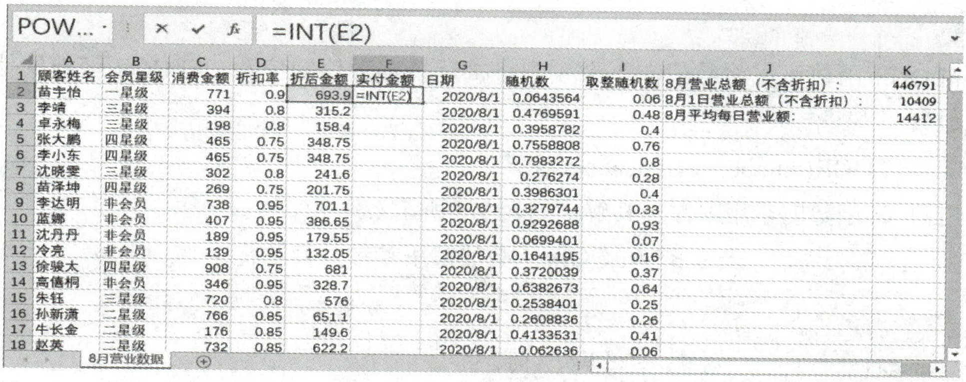

图 9-17　输入“=INT(E2)”

(2) 确定公式。按下【Enter】键即可使用 INT 函数对折后金额向下舍入到最接近的整数，计算结果如图 9-18 所示。

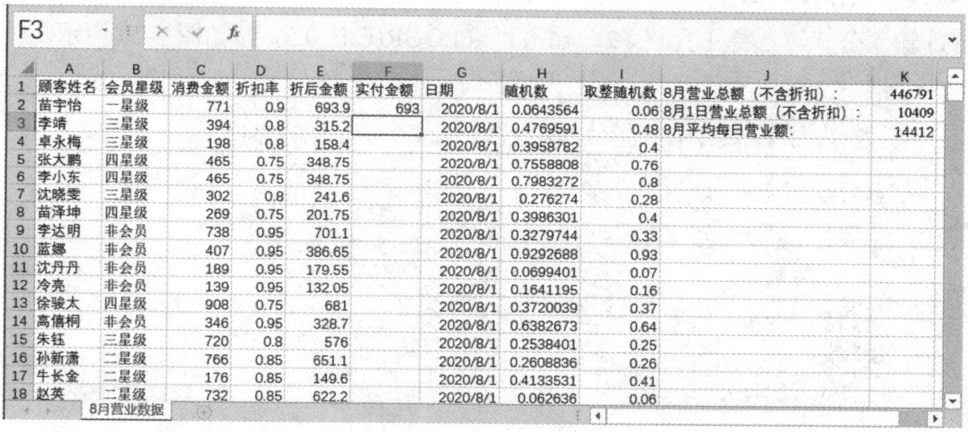

图 9-18　对折后金额向下舍入到最接近的整数

(3) 填充公式。选择单元格 F2，移动鼠标指针到单元格 F2 的右下角，当指针变为黑色且加粗的“ + ”指针时，双击左键即可使用 INT 函数对剩余的折后金额向下舍入到最接近的整数，如图 9-19 所示。

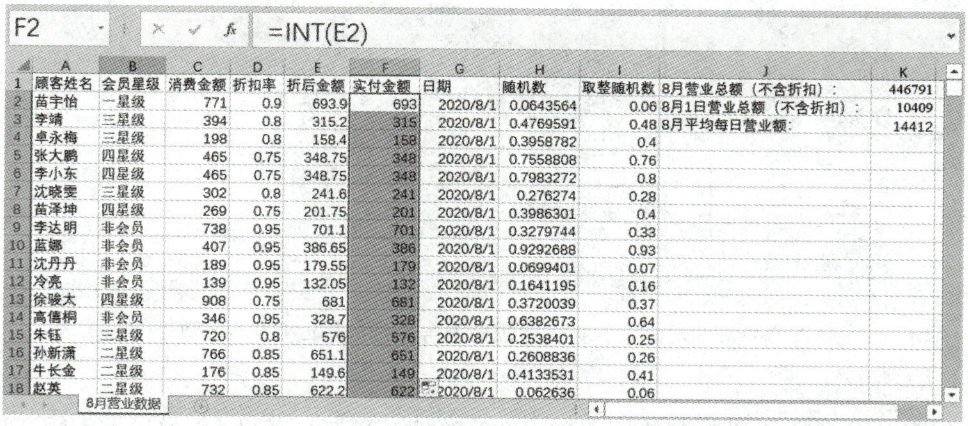

图 9-19　对剩余的折后金额向下舍入到最接近的整数

3. FLOOR 函数

FLOOR 函数可以将数值向下舍入到最接近指定数值的倍数。FLOOR 函数的使用格式如下：

FLOOR(number, significance)

FLOOR 函数的常用参数及其解释如表 9-8 所示。

表 9-8　FLOOR 函数的常用参数及其解释

参 数	参 数 解 释
number	必需。表示要舍入的数值
significance	必需。表示要舍入到的倍数

在【8 月营业统计】工作表中使用 FLOOR 函数对折后金额向下舍入到最接近 0.5 倍数，具体操作步骤如下：

(1) 输入公式。选择单元格 F2，输入“=FLOOR(E:E, 0.5)”，如图 9-20 所示。

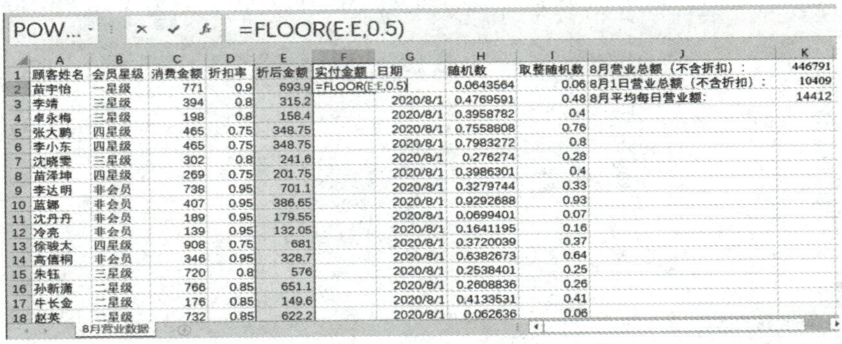

POW... =FLOOR(E:E,0.5)

	A	B	C	D	E	F	G	H	I	J	K
1	顾客姓名	会员星级	消费金额	折扣率	折后金额	实付金额	日期	随机数	取整随机数	8月营业总额（不含折扣）：	446791
2	苗宇怡	一星级	771	0.9	693.9	=FLOOR(E:E,0.5)		0.0643564	0.06	8月1日营业总额（不含折扣）：	10409
3	李靖	三星级	394	0.8	315.2		2020/8/1	0.4769591	0.48	8月平均每日营业额:	14412
4	卓永梅	三星级	198	0.8	158.4		2020/8/1	0.3958782	0.4		
5	张大鹏	四星级	465	0.75	348.75		2020/8/1	0.7558808	0.76		
6	李小东	四星级	465	0.75	348.75		2020/8/1	0.7983272	0.8		
7	沈晓雯	三星级	302	0.8	241.6		2020/8/1	0.276274	0.28		
8	苗泽坤	四星级	269	0.75	201.75		2020/8/1	0.3986301	0.4		
9	李达明	非会员	738	0.95	701.1		2020/8/1	0.3279744	0.33		
10	蓝娜	非会员	407	0.95	386.65		2020/8/1	0.9292688	0.93		
11	沈丹丹	非会员	189	0.95	179.55		2020/8/1	0.0699401	0.07		
12	冷亮	非会员	139	0.95	132.05		2020/8/1	0.1641195	0.16		
13	徐骏太	四星级	908	0.75	681		2020/8/1	0.3720039	0.37		
14	高僖桐	非会员	346	0.95	328.7		2020/8/1	0.6382673	0.64		
15	朱钰	三星级	720	0.8	576		2020/8/1	0.2538401	0.25		
16	孙新潇	二星级	766	0.85	651.1		2020/8/1	0.2608836	0.26		
17	牛长金	二星级	176	0.85	149.6		2020/8/1	0.4133531	0.41		
18	赵英	二星级	732	0.85	622.2		2020/8/1	0.062636	0.06		

8月营业数据

图 9-20　输入“=FLOOR(E:E, 0.5)”

(2) 确定公式。按下【Enter】键，并用填充公式的方式对剩余的折后金额向下舍入到最接近 0.5 的倍数，计算结果如图 9-21 所示。

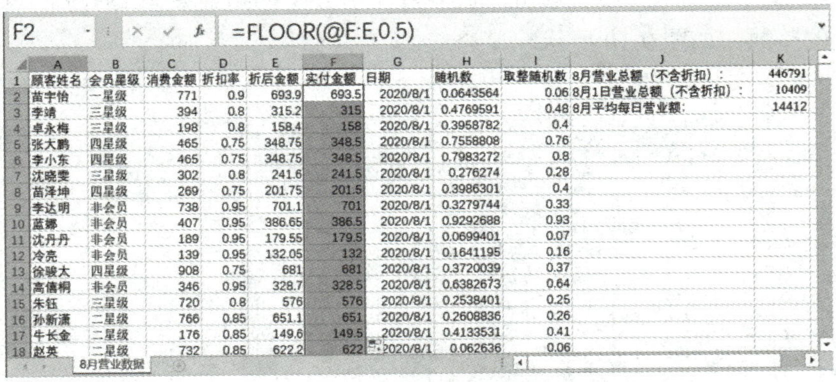

F2 =FLOOR(@E:E,0.5)

	A	B	C	D	E	F	G	H	I	J	K
1	顾客姓名	会员星级	消费金额	折扣率	折后金额	实付金额	日期	随机数	取整随机数	8月营业总额（不含折扣）：	446791
2	苗宇怡	一星级	771	0.9	693.9	693.5	2020/8/1	0.0643564	0.06	8月1日营业总额（不含折扣）：	10409
3	李靖	三星级	394	0.8	315.2	315	2020/8/1	0.4769591	0.48	8月平均每日营业额:	14412
4	卓永梅	三星级	198	0.8	158.4	158	2020/8/1	0.3958782	0.4		
5	张大鹏	四星级	465	0.75	348.75	348.5	2020/8/1	0.7558808	0.76		
6	李小东	四星级	465	0.75	348.75	348.5	2020/8/1	0.7983272	0.8		
7	沈晓雯	三星级	302	0.8	241.6	241.5	2020/8/1	0.276274	0.28		
8	苗泽坤	四星级	269	0.75	201.75	201.5	2020/8/1	0.3986301	0.4		
9	李达明	非会员	738	0.95	701.1	701	2020/8/1	0.3279744	0.33		
10	蓝娜	非会员	407	0.95	386.65	386.5	2020/8/1	0.9292688	0.93		
11	沈丹丹	非会员	189	0.95	179.55	179.5	2020/8/1	0.0699401	0.07		
12	冷亮	非会员	139	0.95	132.05	132	2020/8/1	0.1641195	0.16		
13	徐骏太	四星级	908	0.75	681	681	2020/8/1	0.3720039	0.37		
14	高僖桐	非会员	346	0.95	328.7	328.5	2020/8/1	0.6382673	0.64		
15	朱钰	三星级	720	0.8	576	576	2020/8/1	0.2538401	0.25		
16	孙新潇	二星级	766	0.85	651.1	651	2020/8/1	0.2608836	0.26		
17	牛长金	二星级	176	0.85	149.6	149.5	2020/8/1	0.4133531	0.41		
18	赵英	二星级	732	0.85	622.2	622	2020/8/1	0.062636	0.06		

8月营业数据

图 9-21　对剩余的折后金额向下舍入到最接近 0.5 的倍数

4. CEILING 函数

CEILING 函数可以将数值向上舍入（沿绝对值增大的方向）到最接近指定数值倍的值。CEILING 函数的使用格式如下：

CEILING(number, significance)

CEILING 函数的常用参数及其解释如表 9-9 所示。

表 9-9　CEILING 函数的常用参数及其解释

参 数	参 数 解 释
number	必需。表示要舍入的值
significance	必需。表示要舍入到的倍数

在【8 月营业统计】工作表中使用 CEILING 函数对折后金额向上舍入到最接近 0.5 的倍数值，具体操作步骤如下：

(1) 输入公式。选择单元格 F2，输入“=CEILING(E:E, 0.5)”，如图 9-22 所示。

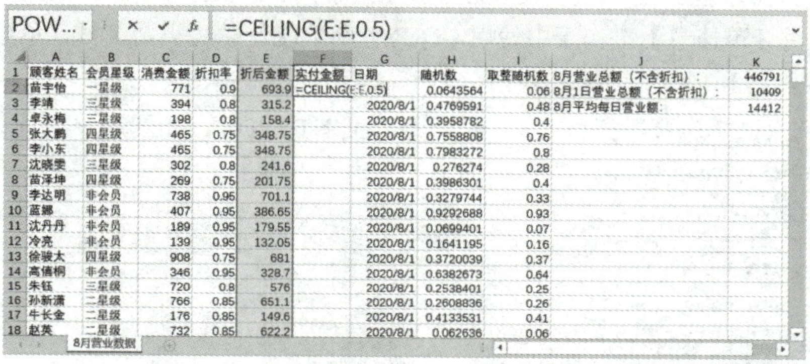

图 9-22　输入“=CEILING(E:E, 0.5)”

(2) 确定公式。按下【Enter】键，并用填充公式的方式对剩余的折后金额向上舍入到最接近 0.5 的倍数，计算结果如图 9-23 所示。

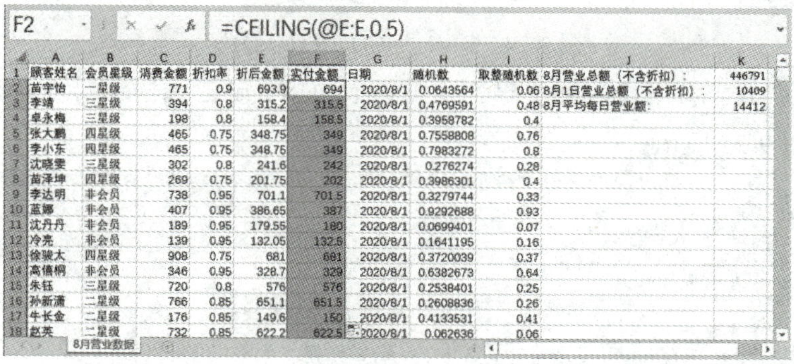

图 9-23　对剩余的折后金额向上舍入到最接近 0.5 的倍数

四、统计函数

根据某餐饮企业【8 月营业统计】工作簿中的营业数据对订单信息进行统计分析。

统计函数

1. COUNT 函数

COUNT 函数可以统计包含数字的单元格个数以及参数列表中数字的个数，其使用格式如下：

COUNT(value1, value2, ...)

COUNT 函数的常用参数及其解释如表 9-10 所示。

表 9-10　COUNT 函数的常用参数及其解释

参 数	参 数 解 释
value1	必需。表示要计算其中数字的个数的第 1 项。可以是数组、单元格引用或区域。只有数字类型的数据才会被计算，如数字、日期或者代表数字的文本（如“1”）
value2, ...	可选。表示要计算其中数字的个数的第 2 ～ 255 项，即可以像参数 value1 那样最多指定 255 个参数

在【8 月订单信息】工作表中使用 COUNT 函数统计私房小站 8 月订单数，具体操作步骤如下：

(1) 输入公式。选择单元格 H1，输入“=COUNT(D:D)”，如图 9-24 所示。

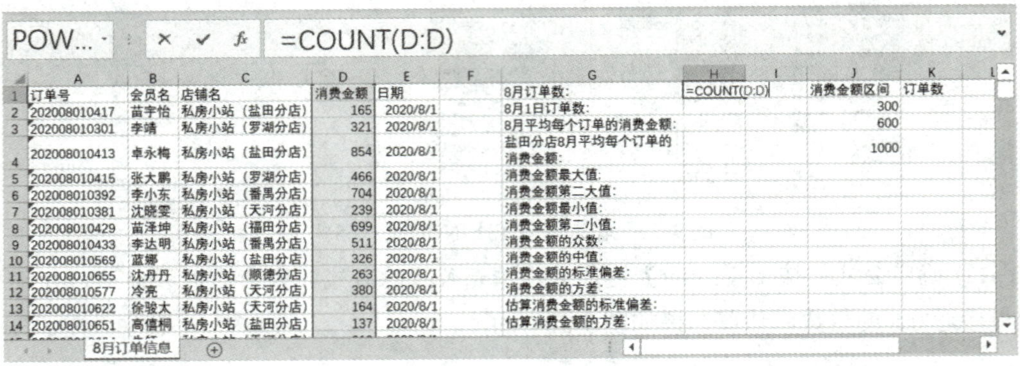

图 9-24　输入“=COUNT(D:D)”

(2) 确定公式。按下【Enter】键即可使用 COUNT 函数统计私房小站 8 月订单数，统计结果如图 9-25 所示。

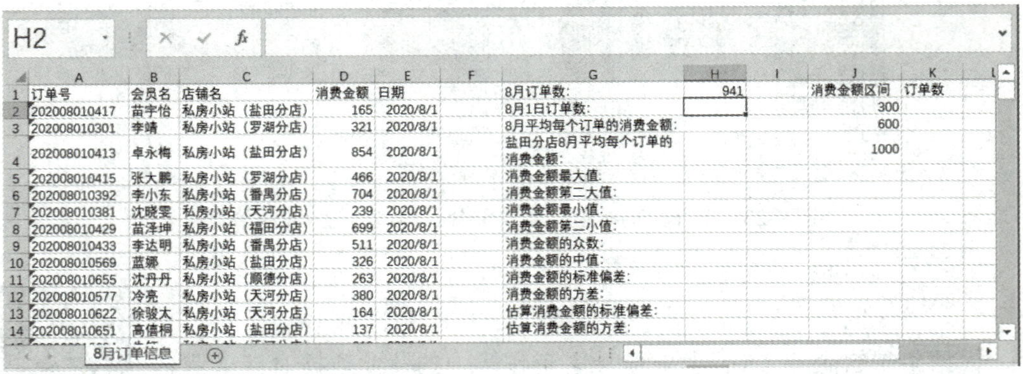

图 9-25　私房小站 8 月订单数

2. COUNTIF 函数

COUNTIF 函数可以统计满足某个条件的单元格数量，其使用格式如下：

COUNTIF(range, criteria)

COUNTIF 函数的常用参数及其解释如表 9-11 所示。

表 9-11　COUNTIF 函数的常用参数及其解释

参　数	参 数 解 释
range	必需。表示要查找的单元格区域
criteria	必需。表示查找的条件。可以是数字、表达式或者文本

在【8 月订单信息】工作表中使用 COUNTIF 函数统计私房小站 8 月 1 日订单数，具体操作步骤如下：

(1) 输入公式。选择单元格 H1，输入“=COUNTIF(E:E, "2020/8/1")”，如图 9-26 所示。

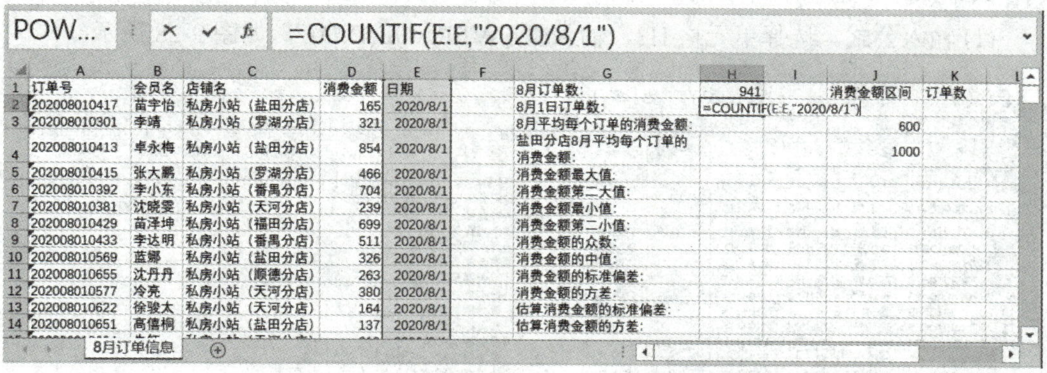

图 9-26　输入“=COUNTIF(E:E, "2020/8/1")”

(2) 确定公式。按下【Enter】键即可使用 COUNTIF 函数统计私房小站 8 月 1 日订单数，统计结果如图 9-27 所示。

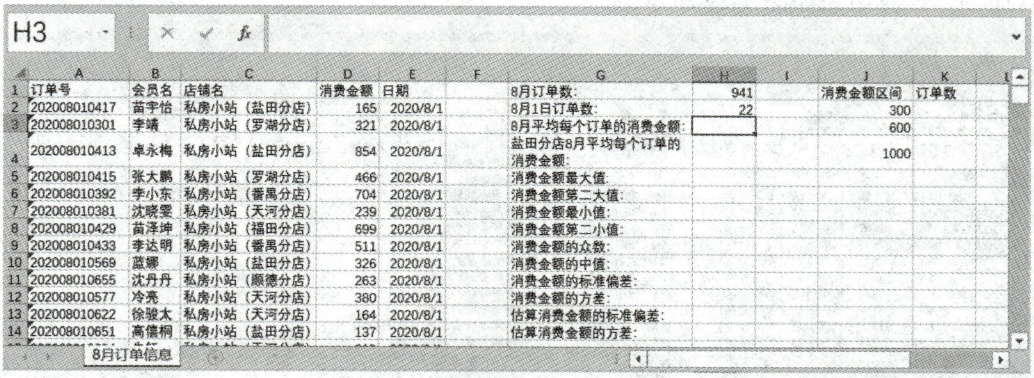

图 9-27　私房小站 8 月 1 日订单数

五、计算平均值

在【8 月订单信息】工作表中计算私房小站 8 月的日均营业额。

1. AVERAGE 函数

AVERAGE 函数可以计算参数的平均值 (算术平均值)，其使用格式如下：

AVERAGE(number1, number2, ...)

AVERAGE 函数的常用参数及其解释如表 9-12 所示。

表 9-12　AVERAGE 函数的常用参数及其解释

参 数	参 数 解 释
number1	必需。要计算平均值的第 1 个数字、单元格引用或单元格区域
number2, ...	必需。要计算平均值的第 1 个数字、单元格引用或单元格区域，最多可包含 255 个

在【8 月订单信息】工作表中使用 AVERAGE 函数计算私房小站 8 月的日均营业额，具体操作步骤如下：

(1) 输入公式。选择单元格 H3，输入“=AVERAGE(D:D)”，如图 9-28 所示。

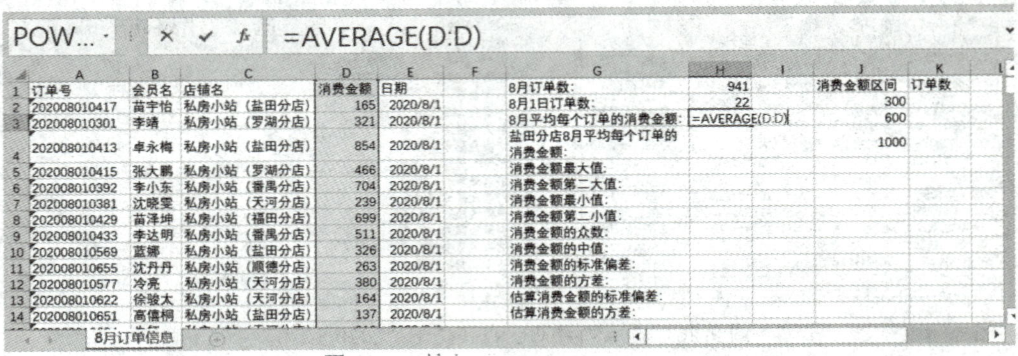

图 9-28　输入“=AVERAGE(D:D)”

(2) 确定公式。按下【Enter】键即可使用 AVERAGE 函数计算私房小站 8 月的日均营业额，计算结果如图 9-29 所示。

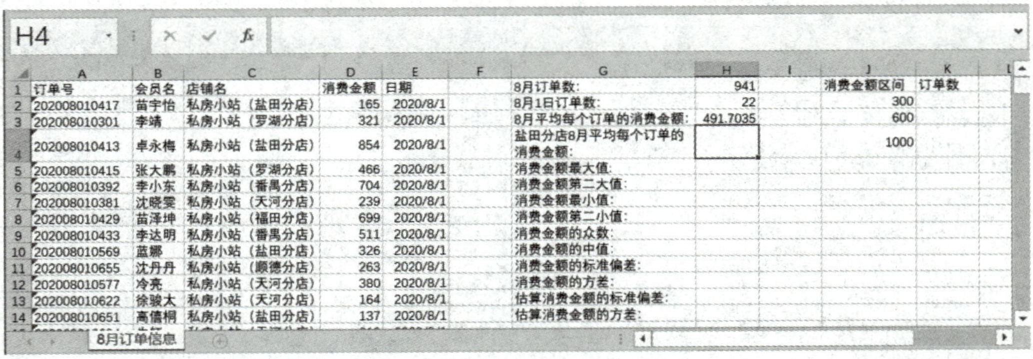

图 9-29　私房小站 8 月的日均营业额

2. AVERAGEIF 函数

AVERAGEIF 函数可以计算某个区域内满足给定条件的所有单元格的平均值（算术平均值）。AVERAGEIF 函数的使用格式如下：

AVERAGEIF(range, criteria, average_range)

AVERAGEIF 函数的常用参数及其解释如表 9-13 所示。

表 9-13　AVERAGEIF 函数的常用参数及其解释

参　数	参 数 解 释
range	必需。表示要计算平均值的一个或多个单元格（即要判断条件的区域），其中包含数字或包含数字的名称、数组或引用
criteria	必需。表示给定的条件。可以是数字、表达式、单元格引用或文本形式的条件
average_range	可选。表示要计算平均值的实际单元格区域。若省略此参数，则使用 range 参数指定的单元格区域

在【8 月订单信息】工作表中使用 AVERAGEIF 函数计算私房小站盐田分店的 8 月的日均营业额，具体操作步骤如下：

(1) 输入公式。选择单元格 H4，输入“=AVERAGEIF(C:C, " 私房小站 (盐田分店)", D:D)”，如图 9-30 所示。

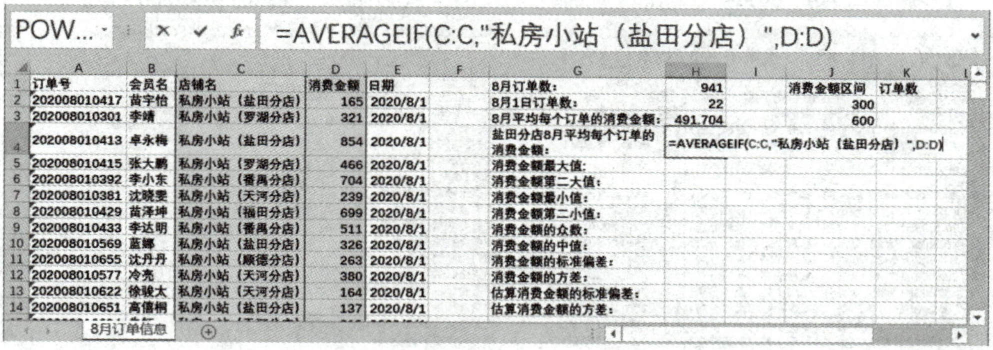
POW...　=AVERAGEIF(C:C,"私房小站（盐田分店）",D:D)

	A	B	C	D	E	F	G	H	I	J	K
1	订单号	会员名	店铺名	消费金额	日期		8月订单数:	941		消费金额区间	订单数
2	202008010417	苗宇怡	私房小站（盐田分店）	165	2020/8/1		8月1日订单数:	22		300	
3	202008010301	李靖	私房小站（罗湖分店）	321	2020/8/1		8月平均每个订单的消费金额:	491.704		600	
4	202008010413	卓永梅	私房小站（盐田分店）	854	2020/8/1		盐田分店8月平均每个订单的消费金额:	=AVERAGEIF(C:C,"私房小站（盐田分店）",D:D)			
5	202008010415	张大鹏	私房小站（罗湖分店）	466	2020/8/1		消费金额最大值:				
6	202008010392	李小东	私房小站（番禺分店）	704	2020/8/1		消费金额第二大值:				
7	202008010381	沈晓雯	私房小站（天河分店）	239	2020/8/1		消费金额最小值:				
8	202008010429	苗泽坤	私房小站（福田分店）	699	2020/8/1		消费金额第二小值:				
9	202008010433	李达明	私房小站（番禺分店）	511	2020/8/1		消费金额的众数:				
10	202008010569	蓝娜	私房小站（盐田分店）	326	2020/8/1		消费金额的中值:				
11	202008010655	沈丹丹	私房小站（顺德分店）	263	2020/8/1		消费金额的标准偏差:				
12	202008010577	冷亮	私房小站（天河分店）	380	2020/8/1		消费金额的方差:				
13	202008010622	徐骏太	私房小站（天河分店）	164	2020/8/1		估算消费金额的标准偏差:				
14	202008010651	高信桐	私房小站（盐田分店）	137	2020/8/1		估算消费金额的方差:				

8月订单信息

图 9-30　输入“=AVERAGEIF(C:C, " 私房小站 (盐田分店)", D:D)”

(2) 确定公式。按下【Enter】键即可使用 AVERAGEIF 函数计算私房小站 8 月的日均营业额，计算结果如图 9-31 所示。

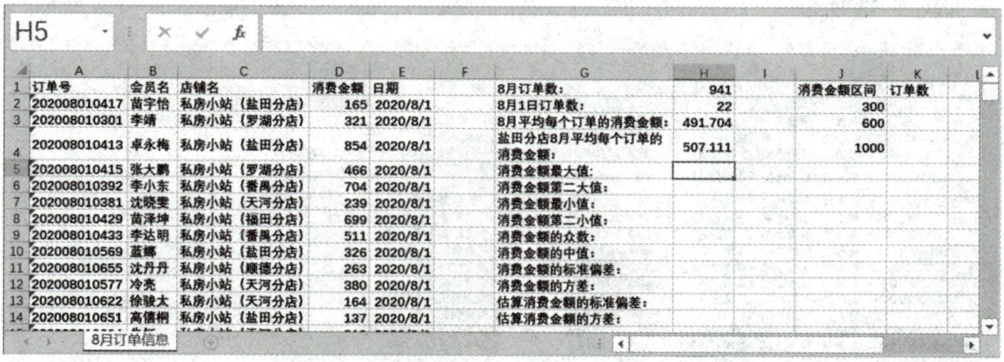
H5

	A	B	C	D	E	F	G	H	I	J	K
1	订单号	会员名	店铺名	消费金额	日期		8月订单数:	941		消费金额区间	订单数
2	202008010417	苗宇怡	私房小站（盐田分店）	165	2020/8/1		8月1日订单数:	22		300	
3	202008010301	李靖	私房小站（罗湖分店）	321	2020/8/1		8月平均每个订单的消费金额:	491.704		600	
4	202008010413	卓永梅	私房小站（盐田分店）	854	2020/8/1		盐田分店8月平均每个订单的消费金额:	507.111		1000	
5	202008010415	张大鹏	私房小站（罗湖分店）	466	2020/8/1		消费金额最大值:				
6	202008010392	李小东	私房小站（番禺分店）	704	2020/8/1		消费金额第二大值:				
7	202008010381	沈晓雯	私房小站（天河分店）	239	2020/8/1		消费金额最小值:				
8	202008010429	苗泽坤	私房小站（福田分店）	699	2020/8/1		消费金额第二小值:				
9	202008010433	李达明	私房小站（番禺分店）	511	2020/8/1		消费金额的众数:				
10	202008010569	蓝娜	私房小站（盐田分店）	326	2020/8/1		消费金额的中值:				
11	202008010655	沈丹丹	私房小站（顺德分店）	263	2020/8/1		消费金额的标准偏差:				
12	202008010577	冷亮	私房小站（天河分店）	380	2020/8/1		消费金额的方差:				
13	202008010622	徐骏太	私房小站（天河分店）	164	2020/8/1		估算消费金额的标准偏差:				
14	202008010651	高信桐	私房小站（盐田分店）	137	2020/8/1		估算消费金额的方差:				

8月订单信息

图 9-31　私房小站 8 月的日均营业额

六、计算最大值和最小值

在【8 月订单信息】工作表中计算消费金额的最大值、最小值、k 个最大值和 k 个最小值。

1. MAX 函数

MAX 函数可以返回一组值中的最大值，其使用格式如下：

MAX(number1, number2, ...)

MAX 函数的常用参数及其解释如表 9-14 所示。

表 9-14 MAX 函数的常用参数及其解释

参 数	参 数 解 释
number1	必需。表示要查找最大值的第 1 个数字参数，可以是数字、数组或单元格引用
number2, ...	可选。表示要查找最大值的第 2 ～ 255 个数字参数，即可以像参数 number1 那样最多指定 255 个参数

在【8 月订单信息】工作表中使用 MAX 函数计算消费金额的最大值，具体操作步骤如下：

(1) 输入公式。选择单元格 H5，输入“=MAX(D:D)”，如图 9-32 所示。

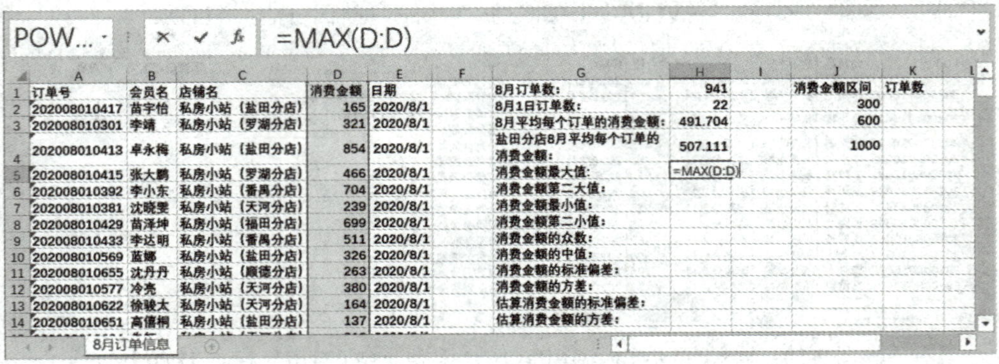

图 9-32 输入“=MAX(D:D)”

(2) 确定公式。按下【Enter】键即可使用 MAX 函数计算消费金额的最大值，计算结果如图 9-33 所示。

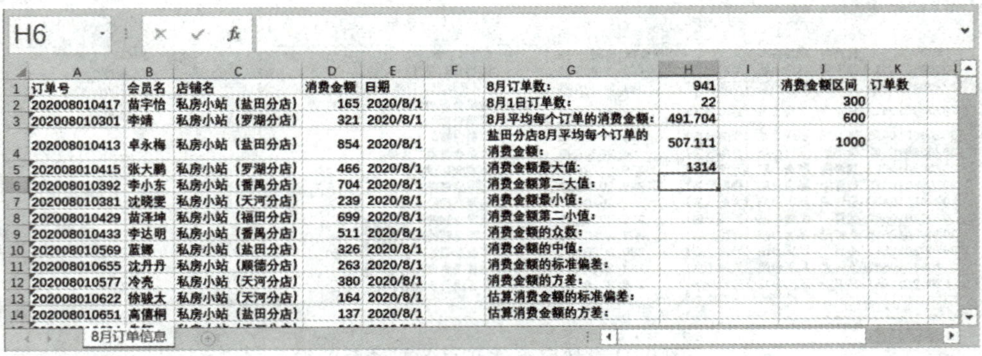

图 9-33 消费金额的最大值

2. LARGE 函数

LARGE 函数可以返回数据集中第 k 个最大值，其使用格式如下：

LARGE(array, k)

LARGE 函数的常用参数及其解释如表 9-15 所示。

表 9-15　LARGE 函数的常用参数及其解释

参 数	参 数 解 释
array	必需。表示需要查找的第 k 个最大值的数组或数据区域
k	必需。表示返回值在数组或数据单元格区域中的位置（从大到小排列）

在【8 月订单信息】工作表中使用 LARGE 函数计算消费金额的第二大值，具体操作步骤如下：

(1) 输入公式。选择单元格 H6，输入“=LARGE(D:D, 2)”，如图 9-34 所示。

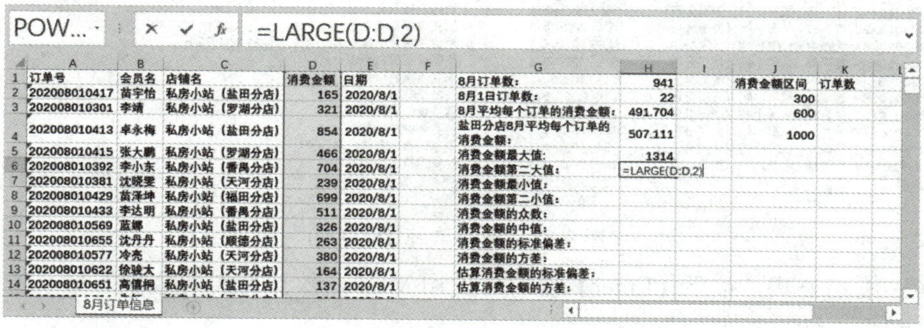

图 9-34　输入“=LARGE(D:D, 2)”

(2) 确定公式。按下【Enter】键即可使用 LARGE 函数计算消费金额的第二大值，计算结果如图 9-35 所示。

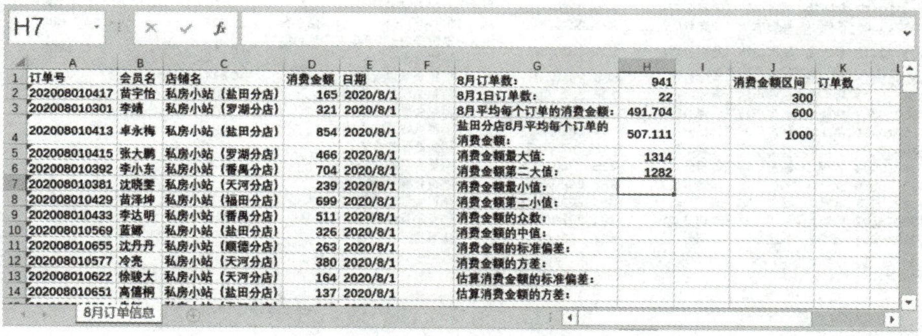

图 9-35　消费金额的第二大值

3. MIN 函数

MIN 函数可以返回一组值中的最小值，其使用格式如下：

MIN(number1, number2, ...)

MIN 函数的常用参数及其解释如表 9-16 所示。

表 9-16　LARGE 函数的常用参数及其解释

参 数	参 数 解 释
number1	必需。表示要查找最小值的第 1 个数字参数，可以是数字、数组或单元格引用
number2, ...	可选。表示要查找最小值的第 2 ～ 255 个数字参数，即可以像参数 number1 那样最多指定 255 个参数

在【8 月订单信息】工作表中使用 MIN 函数计算消费金额的最小值，具体操作步骤如下：

(1) 输入公式。选择单元格 H7，输入“=MIN(D:D)”，如图 9-36 所示。

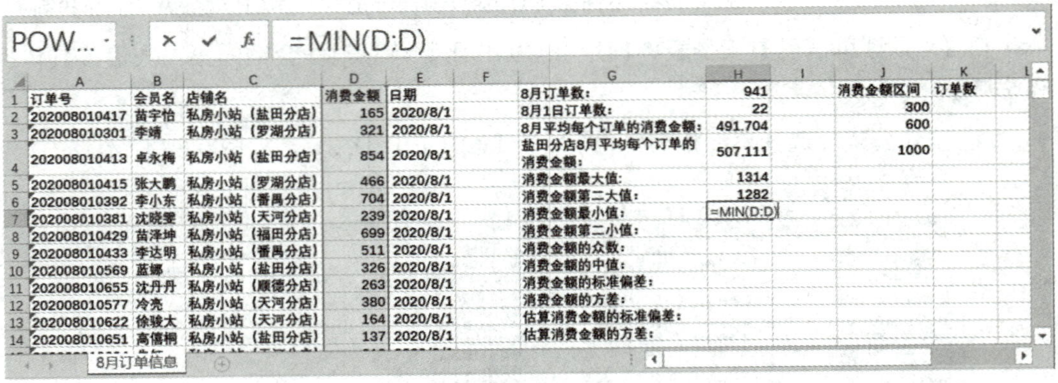

图 9-36　输入“=MIN(D:D)”

(2) 确定公式。按下【Enter】键即可使用 MIN 函数计算消费金额的最小值，计算结果如图 9-37 所示。

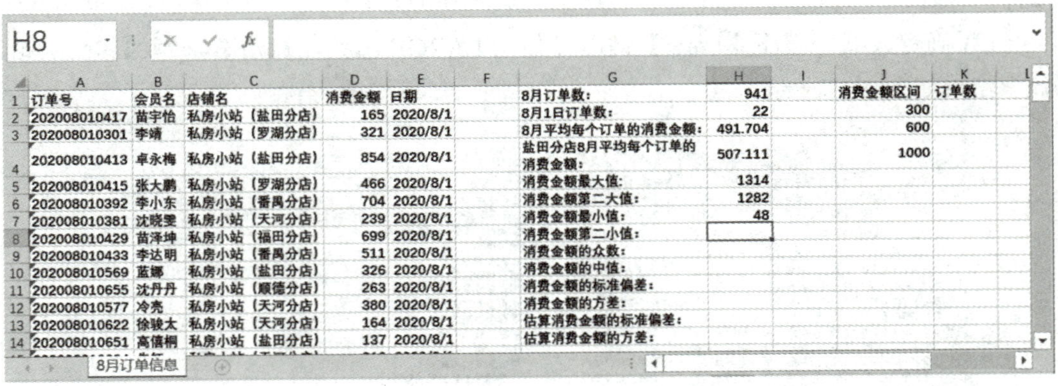

图 9-37　消费金额的最小值

4．SMALL 函数

SMALL 函数可以返回数据集中的第 k 个最小值，其使用格式如下：

SMALL(array, k)

SMALL 函数的常用参数及其解释如表 9-17 所示。

表 9-17　LARGE 函数的常用参数及其解释

参数	参数解释
array	必需。表示需要查找的第 k 个最小值的数组或数据区域
k	必需。表示返回值在数组或数据单元格区域中的位置（从小到大排列）

在【8 月订单信息】工作表中使用 SMALL 函数计算消费金额的第二小值，具体操作步骤如下：

(1) 输入公式。选择单元格 H8，输入“=SMALL(D:D, 2)”，如图 9-38 所示。

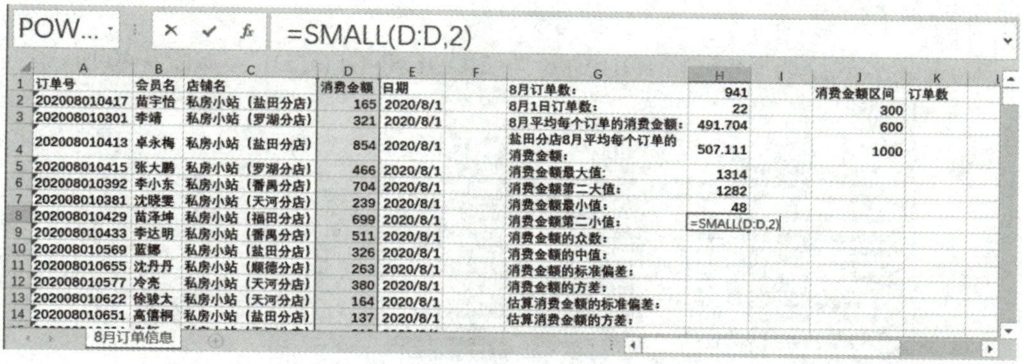

图 9-38　输入“=LARGE(D:D, 2)”

(2) 确定公式。按下【Enter】键即可使用 SMALL 函数计算消费金额的第二小值，计算结果如图 9-39 所示。

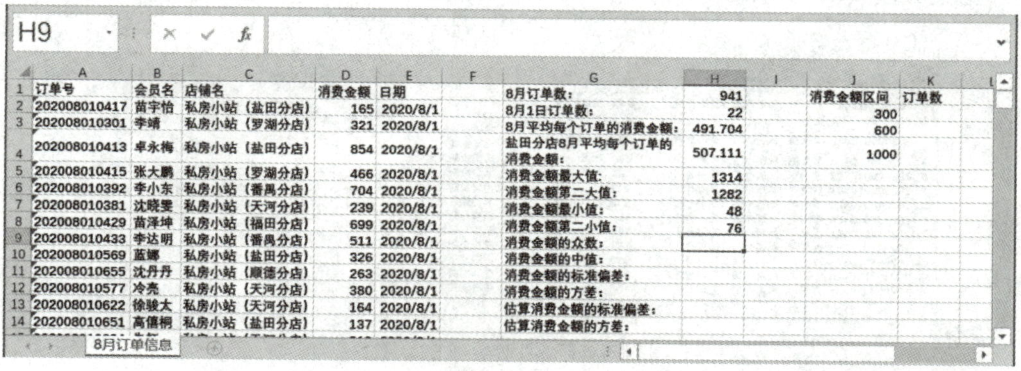

图 9-39　消费金额的第二小值

七、计算众数、频率和中值

根据某餐饮企业【8 月营业统计】工作簿中的营业数据对订单信息进行统计分析，内容包括众数、频率和中值。

1. MODE.SNGL 函数

MODE.SNGL 函数可以返回在某一数组或数据区域中的众数，其使用格式如下：

MODE.SNGL(number1, number2, …)

MODE.SNGL 函数的常用参数及其解释如表 9-18 所示。

表 9-18　MODE.SNGL 函数的常用参数及其解释

参　数	参 数 解 释
number1	必需。表示要计算其众数的第 1 个参数。可以是数字、包含数字的名称、数组和单元格引用
number2, …	可选。表示要计算其众数的第 2 ～ 255 个参数，即可以像参数 number1 那样最多指定 255 个参数

在【8 月订单信息】工作表中使用 MODE.SNGL 函数计算消费金额的众数，具体操作步骤如下：

(1) 输入公式。选择单元格 H9，输入“=MODE.SNGL(D:D)”，如图 9-40 所示。

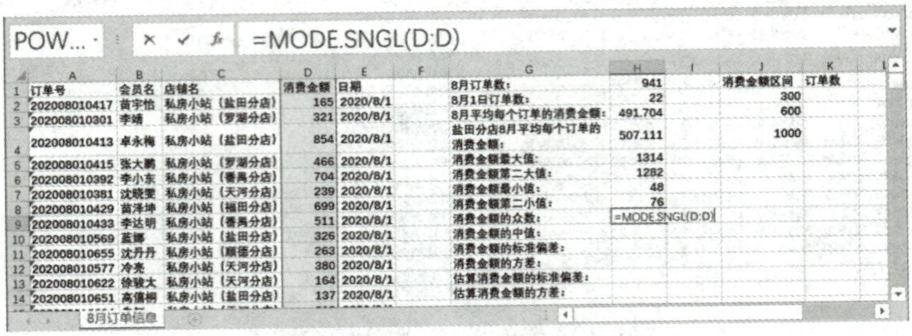

图 9-40　输入“=MODE.SNGL(D:D)”

(2) 确定公式。按下【Enter】键即可使用 MODE.SNGL 函数计算消费金额的众数，计算结果如图 9-41 所示。

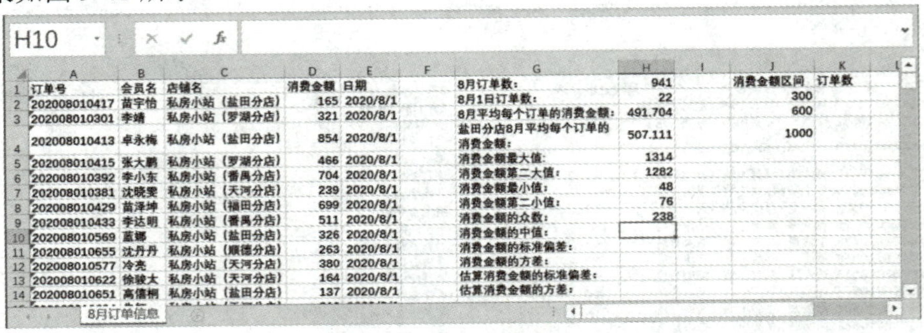

图 9-41　消费金额的众数

2. FREQUENCY 函数

FREQUENCY 函数可以计算数值在某个区域内的出现频率，然后返回一个垂直数组。因为 FREQUENCY 返回一个数组，所以它必须以数组公式的形式输入。FREQUENCY 函数的使用格式如下：

FREQUENCY(data_array, bins_array)

FREQUENCY 函数的常用参数及其解释如表 9-19 所示。

表 9-19　FREQUENCY 函数的常用参数及其解释

参　数	参 数 解 释
data_array	必需。表示要对其频率进行计数的一组数值或对这组数值的引用。若参数 data_array 中不包含任何数值，则函数 FREQUENCY 返回一个零数组
bins_array	必需。表示要将参数 data_array 中的值插入到的目的间隔数组或对间隔的引用。若参数 bins_array 中不包含任何数值，则函数 FREQUENCY 返回 data_array 中的元素个数

在【8 月订单信息】工作表中使用 FREQUENCY 函数计算消费金额在给定区域（单元格区域 J2:J4）出现的频率，具体操作步骤如下：

(1) 选择单元格区域。选择单元格区域 K2:K5，按下【F2】键，使单元格进入编辑状态。

(2) 输入公式。输入"=FREQUENCY(D:D, J2:J4)"，如图 9-42 所示。

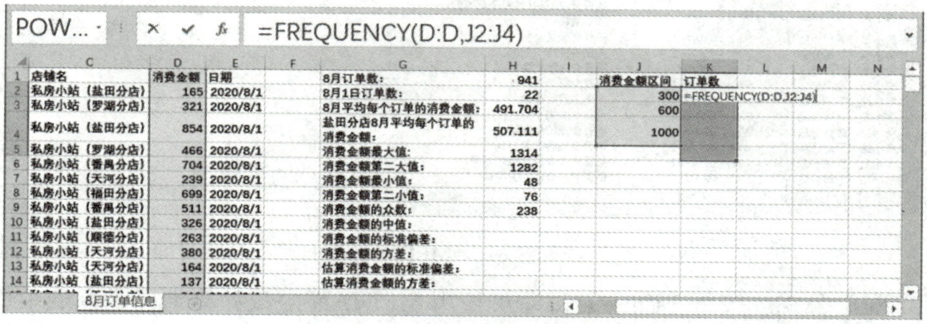

图 9-42　输入"=FREQUENCY(D:D, J2:J4)"

(3) 确定公式。按下【Ctrl + Shift + Enter】键即可使用 MODE.SNGL 函数计算消费金额在给定区域出现的频率，计算结果如图 9-43 所示。

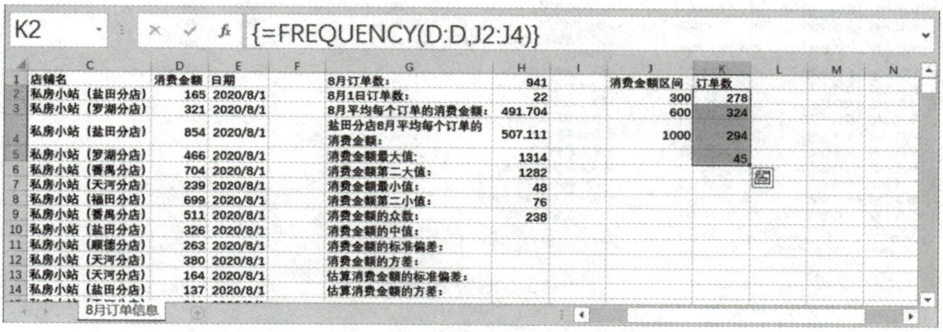

图 9-43　消费金额在给定区域出现的频率

3. MEDIAN 函数

MEDIAN 函数可以返回一组已知数字的中值 (如果参数集合中包含偶数个数字，则 MEDIAN 函数将返回位于中间的两个数的平均值)。MEDIAN 函数的使用格式如下：

MEDIAN(number1, number2, ...)

MEDIAN 函数的常用参数及其解释如表 9-20 所示。

表 9-20　MEDIAN 函数的常用参数及其解释

参 数	参 数 解 释
number1	必需。表示要计算中值的第 1 个数值集合。可以是数字、包含数字的名称、数组或引用
number2, ...	可选。表示要计算中值的第 2 ～ 255 个数值集合，即可以像参数 number1 那样指定 255 个参数

在【8 月订单信息】工作表中使用 MEDIAN 函数计算消费金额的中值，具体操作步骤如下：

(1) 输入公式。选择单元格 H10，输入"=MEDIAN(D:D)"，如图 9-44 所示。

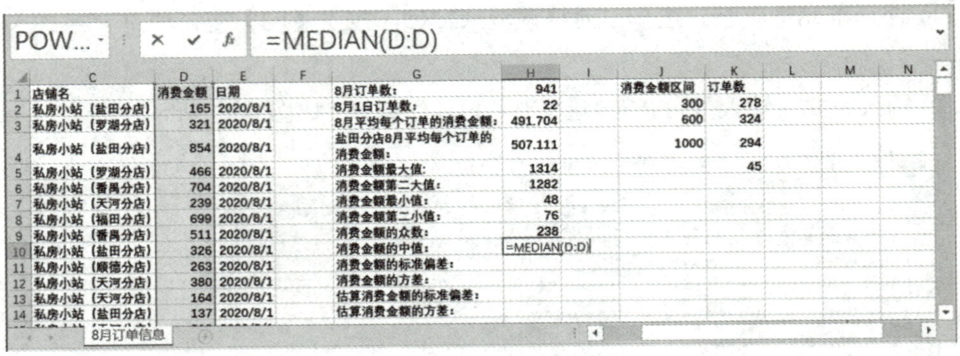

图 9-44　输入“=MEDIAN(D:D)”

(2) 确定公式。按下【Enter】键即可使用 MEDIAN 函数计算消费金额的中值，计算结果如图 9-45 所示。

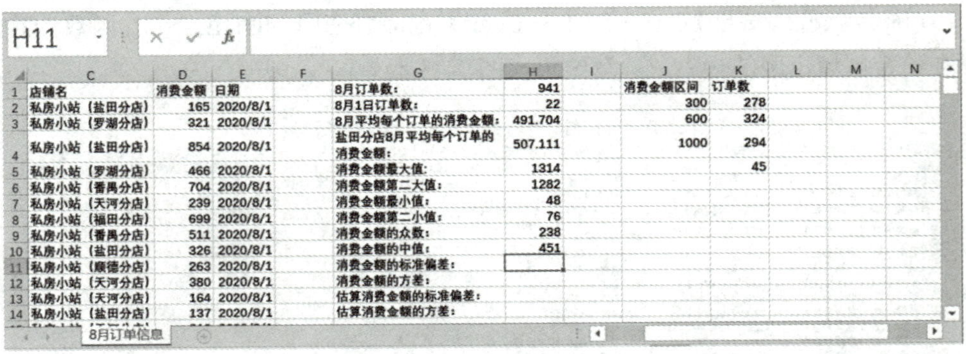

图 9-45　消费金额的中值

八、计算总体的标准差和方差

根据某餐饮企业【8 月营业统计】工作簿中的营业数据对订单信息进行统计分析，分析内容包括得出总体的标准差和方差。

标准差与方差

1. STDEV.P 函数

STDEV.P 函数可以计算基于以参数形式给出的整个样本总体的标准差，其使用格式如下：

STDEV.P(number1, number2, ...)

STDEV.P 函数的常用参数及其解释如表 9-21 所示。

表 9-21　STDEV.P 函数的常用参数及其解释

参 数	参数解释
number1	必需。表示对应总体样本的第 1 个数值参数。可以是数字、包含数字的名称、数组和单元格引用
number2, ...	可选。表示对应总体样本的第 2 ～ 255 个数值参数，即可以像参数 number1 那样最多指定 255 个参数

在【8 月订单信息】工作表中使用 STDEV.P 函数计算基于样本总体的消费金额的标准差，具体操作步骤如下：

(1) 输入公式。选择单元格 H12，输入“=STDEV.P(D:D)”，如图 9-46 所示。

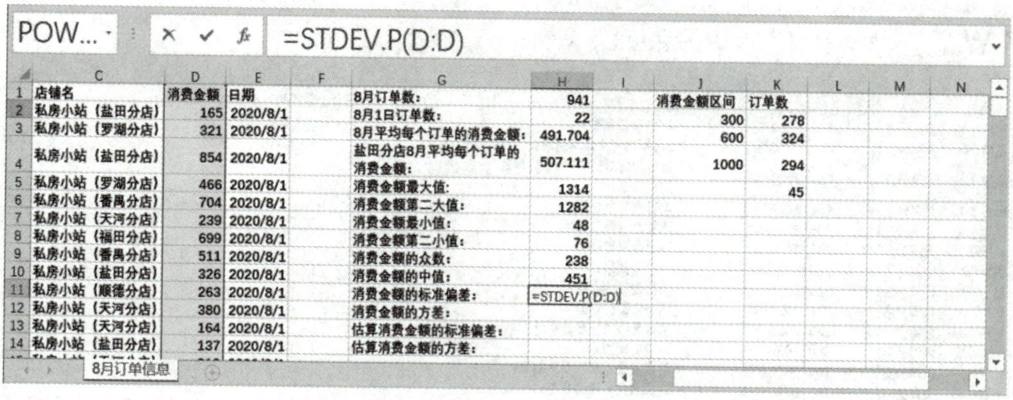

图 9-46　输入“=STDEV.P(D:D)”

(2) 确定公式。按下【Enter】键即可使用 STDEV.P 函数计算基于样本总体的消费金额的标准差，计算结果如图 9-47 所示。

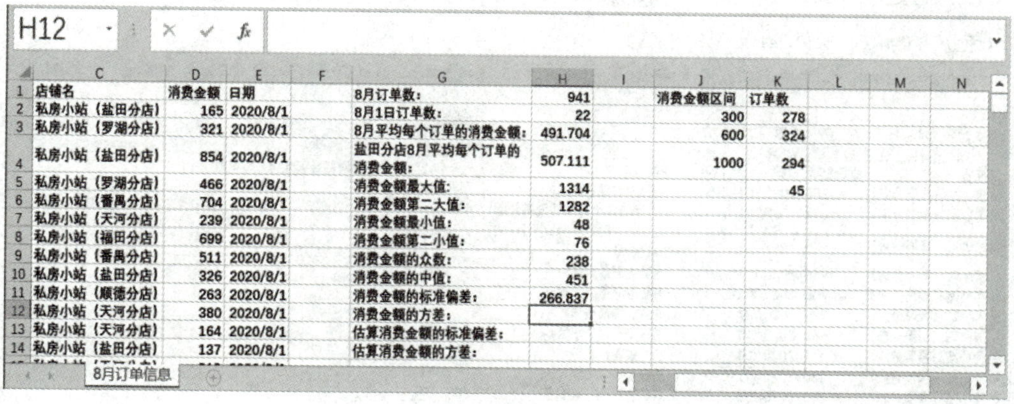

图 9-47　基于总体的消费金额的标准差

2. VAR.P 函数

VAR.P 函数可以计算总体样本的方差，其使用格式如下：

VAR.P(number1, number2, ...)

VAR.P 函数的常用参数及其解释如表 9-22 所示。

表 9-22　VAR.P 函数的常用参数及其解释

参 数	参 数 解 释
number1	必需。表示对应总体样本的第 1 个数值参数。可以是数字、包含数字的名称、数组和单元格引用
number2, ...	可选。表示对应总体样本的第 2 ～ 255 个数值参数，即可以像参数 number1 那样最多指定 255 个参数

在【8 月订单信息】工作表中使用 VAR.P 函数计算基于样本总体的消费金额的方差，具体操作步骤如下：

(1) 输入公式。选择单元格 H14，输入“=VAR.P(D:D)”，如图 9-48 所示。

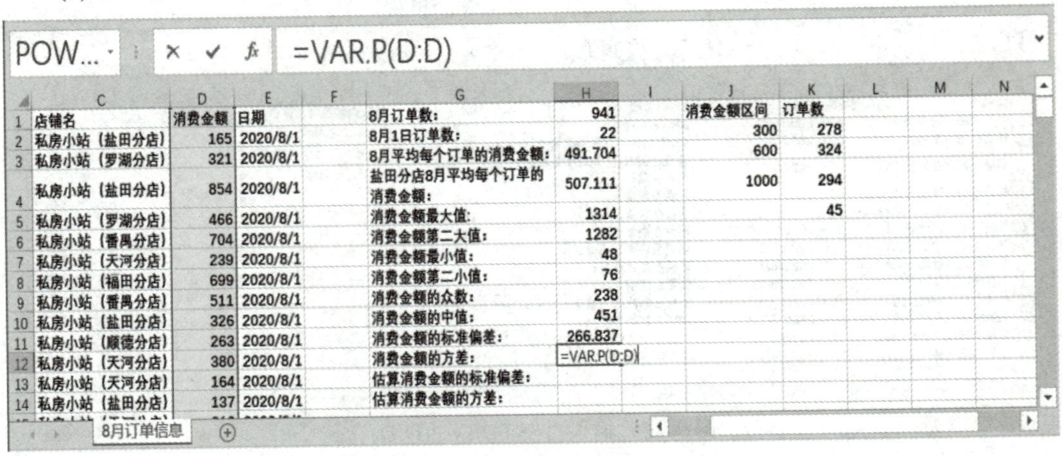

	C	D	E	F	G	H	I	J	K
1	店铺名	消费金额	日期		8月订单数:	941		消费金额区间	订单数
2	私房小站（盐田分店）	165	2020/8/1		8月1日订单数:	22		300	278
3	私房小站（罗湖分店）	321	2020/8/1		8月平均每个订单的消费金额:	491.704		600	324
4	私房小站（盐田分店）	854	2020/8/1		盐田分店8月平均每个订单的消费金额:	507.111		1000	294
5	私房小站（罗湖分店）	466	2020/8/1		消费金额最大值:	1314			45
6	私房小站（番禺分店）	704	2020/8/1		消费金额第二大值:	1282			
7	私房小站（天河分店）	239	2020/8/1		消费金额最小值:	48			
8	私房小站（福田分店）	699	2020/8/1		消费金额第二小值:	76			
9	私房小站（番禺分店）	511	2020/8/1		消费金额的众数:	238			
10	私房小站（盐田分店）	326	2020/8/1		消费金额的中值:	451			
11	私房小站（顺德分店）	263	2020/8/1		消费金额的标准偏差:	266.837			
12	私房小站（天河分店）	380	2020/8/1		消费金额的方差:	=VAR.P(D:D)			
13	私房小站（天河分店）	164	2020/8/1		估算消费金额的标准偏差:				
14	私房小站（盐田分店）	137	2020/8/1		估算消费金额的方差:				

图 9-48　输入“=VAR.P(D:D)”

(2) 确定公式。按下【Enter】键即可使用 STDEV.P 函数计算总体样本的消费金额的方差，计算结果如图 9-49 所示。

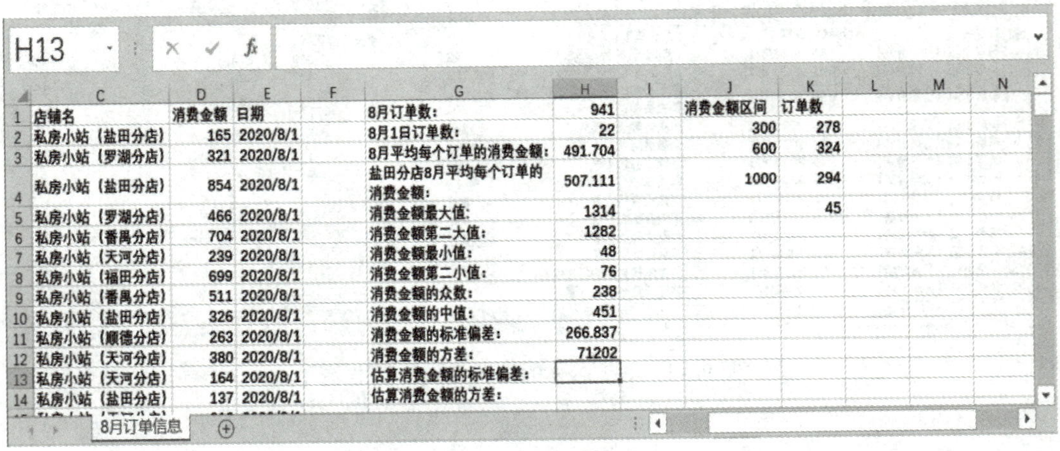

	C	D	E	F	G	H	I	J	K
1	店铺名	消费金额	日期		8月订单数:	941		消费金额区间	订单数
2	私房小站（盐田分店）	165	2020/8/1		8月1日订单数:	22		300	278
3	私房小站（罗湖分店）	321	2020/8/1		8月平均每个订单的消费金额:	491.704		600	324
4	私房小站（盐田分店）	854	2020/8/1		盐田分店8月平均每个订单的消费金额:	507.111		1000	294
5	私房小站（罗湖分店）	466	2020/8/1		消费金额最大值:	1314			45
6	私房小站（番禺分店）	704	2020/8/1		消费金额第二大值:	1282			
7	私房小站（天河分店）	239	2020/8/1		消费金额最小值:	48			
8	私房小站（福田分店）	699	2020/8/1		消费金额第二小值:	76			
9	私房小站（番禺分店）	511	2020/8/1		消费金额的众数:	238			
10	私房小站（盐田分店）	326	2020/8/1		消费金额的中值:	451			
11	私房小站（顺德分店）	263	2020/8/1		消费金额的标准偏差:	266.837			
12	私房小站（天河分店）	380	2020/8/1		消费金额的方差:	71202			
13	私房小站（天河分店）	164	2020/8/1		估算消费金额的标准偏差:				
14	私房小站（盐田分店）	137	2020/8/1		估算消费金额的方差:				

图 9-49　总体样本的消费金额的标准差

九、估算总体的标准偏差和方差

根据某餐饮企业【8 月营业统计】工作簿中的营业数据对订单信息进行统计分析，包括估算总体的标准差和方差。

1. STDEV.S 函数

STDEV.S 函数可以基于样本估算总体的标准差，其使用格式如下：

STDEV.S(number1, number2, ...)

STDEV.S 函数的常用参数及其解释如表 9-23 所示。

表 9-23　STDEV.S 函数的常用参数及其解释

参 数	参 数 解 释
number1	必需。表示对应总体样本的第 1 个数值参数。可以是数字、包含数字的名称、数组和单元格引用
number2, ...	可选。表示对应总体样本的第 2 ～ 255 个数值参数，即可以像参数 number1 那样最多指定 255 个参数

在【8 月订单信息】工作表的工作簿中增加一个【订单信息样本】工作表，其中包含随机选取的 50 条【8 月订单信息】工作表的订单信息。

在【8 月订单信息】工作表中使用 STDEV.S 函数估算消费金额的标准差，计算样本为【订单信息样本】工作表中的订单信息，具体操作步骤如下：

(1) 输入公式。选择单元格 H11，输入“=STDEV.S('订单信息样本'!D:D)”，如图 9-50 所示。

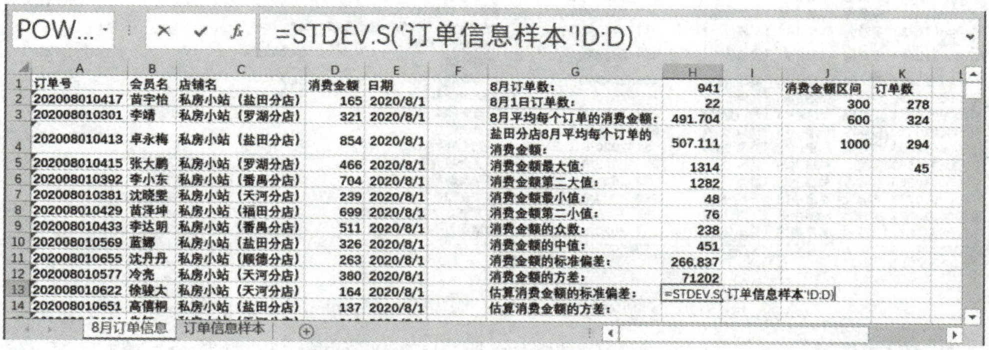

图 9-50　输入“=STDEV.S('订单信息样本'!D:D)”

(2) 确定公式。按下【Enter】键即可使用 STDEV.S 函数估算消费金额的标准差，估算结果如图 9-51 所示。

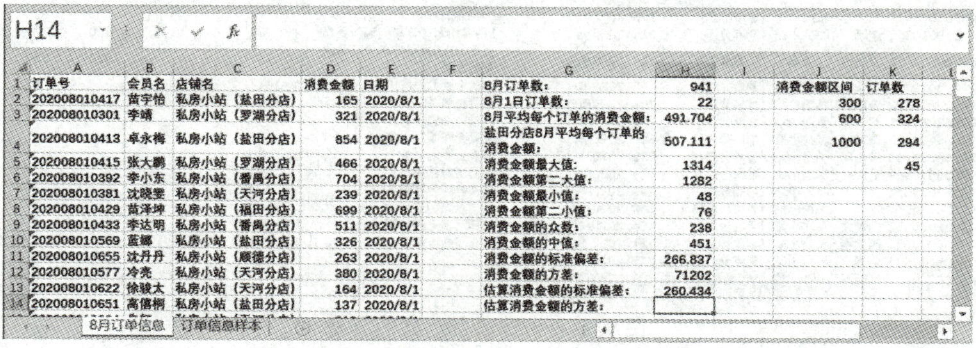

图 9-51　估算消费金额的标准差

2. VAR.S 函数

VAR.S 函数可以基于样本估算总体的方差，其使用格式如下：

VAR.S(number1, number2, ...)

VAR.S 函数的常用参数及其解释如表 9-24 所示。

表 9-24 VAR.S 函数的常用参数及其解释

参 数	参 数 解 释
number1	必需。表示对应于总体样本的第 1 个数值参数。可以是数字、包含数字的名称、数组和单元格引用
number2, ...	可选。表示对应于总体样本的第 2 ～ 255 个数值参数，即可以像参数 number1 那样最多指定 255 个参数

在【8 月订单信息】工作表中使用 VAR.S 函数估算消费金额的方差，计算样本为【订单信息样本】工作表中的订单信息，具体操作步骤如下：

(1) 输入公式。选择单元格 H13，输入“=VAR.S('订单信息样本'!D:D)”，如图 9-52 所示。

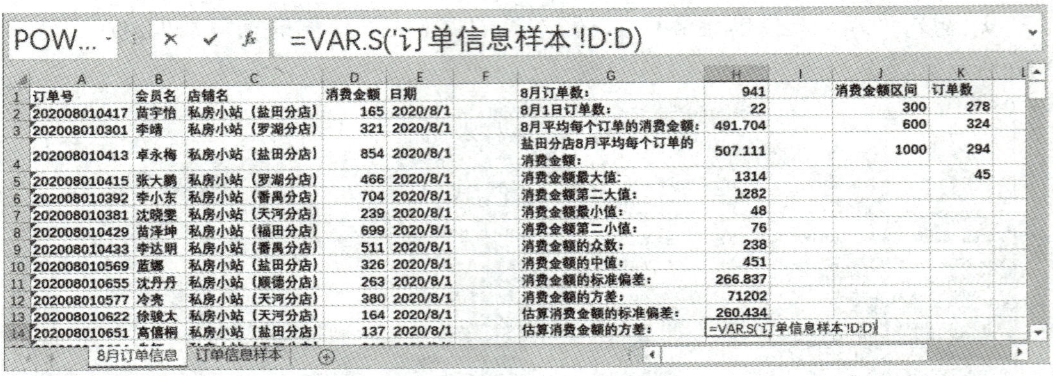

图 9-52 输入“=VAR.S('订单信息样本'!D:D)”

(2) 确定公式。按下【Enter】键即可使用 VAR.S 函数估算消费金额的方差，估算结果如图 9-53 所示。

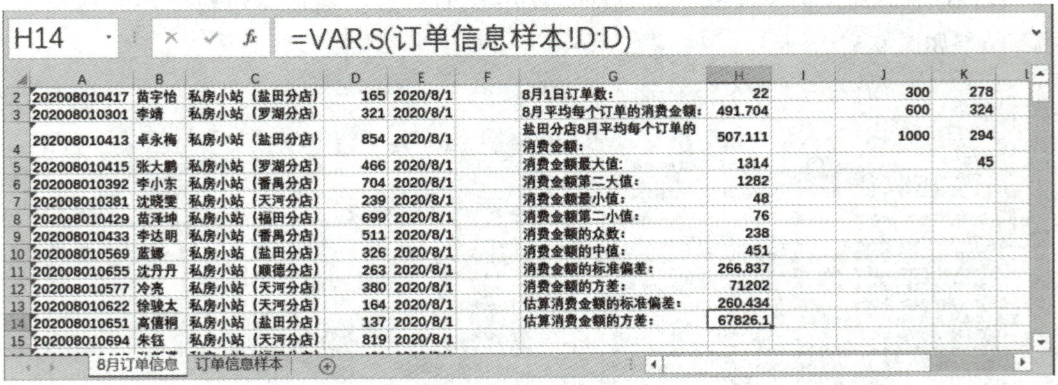

图 9-53 估算消费金额的方差

<table>
<tr><th colspan="5">质量监控（教师完成）</th></tr>
<tr><td colspan="5">任务实施栏目评分表</td></tr>
<tr><td>评分项</td><td>分值</td><td>作答要求</td><td>评审规定</td><td>得分</td></tr>
<tr><td>任务资讯</td><td>10</td><td>问题回答清晰准确，能够紧扣主题，没有明显错误项</td><td>对照标准答案，一项错误扣 5 分，扣完为止</td><td></td></tr>
<tr><td>任务规划</td><td>20</td><td>任务规划合理可实施，没有任何细节错误</td><td>参照标准答案，一项错误扣 5 分，扣完为止</td><td></td></tr>
<tr><td>任务实施</td><td>40</td><td>包含具体实施过程，过程完整、准确、清晰</td><td>根据错误的严重程度，每个错误点一次分别扣 10 分、5 分、2 分</td><td></td></tr>
<tr><td>任务扩展</td><td>20</td><td>任务目标明确，结果准确、完整、详细</td><td>根据错误的严重程度，每个错误点一次分别扣 10 分、5 分、2 分</td><td></td></tr>
<tr><td>其他</td><td>10</td><td>日志和问题项目填写详细、能够反映实际工作过程</td><td>没有填写或者太过简单，每项扣 5 分</td><td></td></tr>
<tr><td colspan="5">合计得分</td></tr>
<tr><td colspan="5">职业能力评分表</td></tr>
<tr><td>评分项</td><td>等级</td><td colspan="2">作答要求</td><td>等级</td></tr>
<tr><td>知识评价</td><td>A|B|C</td><td colspan="2">A：能够完整准确地作答任务资讯的所有问题，准确率在 90% 以上
B：能较准确地作答所有问题，准确率在 60%～80%
C：对基础知识掌握得非常差，任务资讯和答辩的准确率在 50% 以下</td><td></td></tr>
<tr><td>能力评价</td><td>A|B|C</td><td colspan="2">A：熟悉各个环节的实施步骤，独立完成任务，有能力辅助其他学生完成规定的工作任务，实施快速，准确率高，即任务规划和任务实施正确率在 85% 以上
B：基本完成各个环节的任务，准确率在 60%～80%
C：未完成任务或只完成了部分任务，有问题没有积极向其他同学请教，工作实施拖拉，不积极，各个部分的准确率在 50% 以下</td><td></td></tr>
<tr><td>态度素养评价</td><td>A|B|C</td><td colspan="2">A：不迟到、不早退，对待其他人有礼貌，善于帮助他人，积极主动完成规定的工作任务，工作台整洁，积极回答老师提问
B：基本完成各个环节的任务，准确率在 60%～80%
C：未完成任务或只完成了部分任务，有问题没有积极向其他同学请教，工作实施拖拉，不积极，不能准确回答老师提出的问题，各个部分的准确率在 50% 以下</td><td></td></tr>
</table>

任务十　查找和引用函数

任务设计

实施人员信息（学生填写）							
姓名		班级		学号		电话	

任务目标	笔记栏
(1) 认识查找和引用函数。 (2) 能根据实际应用选择合适的查找函数。 (3) 掌握查找和引用函数的使用。	

任务介绍	笔记栏
1. 任务描述 Excel 2016 中的查找与引用函数可以非常迅速地在数据中进行查找。本任务在某餐饮企业的【8 月 1 日订单信息】工作表中查找某位会员的消费记录以及消费金额，了解【8 月 1 日订单信息】工作表中包含的其他消费者信息。 **2. 任务要求** 灵活掌握查找和引用函数的使用方法。	

任务资讯	笔记栏
(1) 常见的查找和引用函数有哪些？(2 分) (2) 返回搜索值位置的函数有哪些？(2 分) (3) 计算行列数的函数有哪些？(2 分) (4) LOOKUP、VLOOKUP 和 HLOOKUP 函数的区别是什么？(2 分) (5) OFFSET 函数的参数分别是什么含义？(2 分)	

任务规划	笔记栏
(1) 返回搜索值操作的规划。(5 分) (2) 返回搜索值的位置操作的规划。(5 分) (3) 计算区域内行列数操作的规划。(10 分)	

任务实施	笔记栏
(1) 查找会员沈丹丹 8 月 1 日的消费金额。(4 分) (2) 查找 8 月 1 日第 10 位就餐的会员的会员名。(4 分) (3) 查找第 1 个会员后的第 8 个会员的消费金额，并计算 8 月 1 日所有消费者的消费总额。(4 分) (4) 查找 8 月 1 日第 5 位消费会员及其消费金额。(4 分) (5) 查看第 3 位会员的消费金额。(4 分) (6) 查找会员沈丹丹所在的行位置。(5 分) (7) 查看【8 月 1 日订单信息】工作表中数据的列数。(5 分) (8) 查看【8 月 1 日订单信息】工作表中 8 月 1 日的消费人数。(5 分) (9) 转置【8 月 1 日订单信息】工作表前 5 位会员的会员名、店铺名、店铺所在地这 3 条信息。(5 分)	

任务扩展	笔记栏
(1) VLOOKUP 函数参数中的模糊查找引用。(5 分) (2) 如何实现逆向查找？(5 分) (3) 借助查找和引用函数实现动态图表制作。(10 分)	

工 作 日 志	笔 记 栏
在实施任务的过程中，填写以下工作日志表。(5 分)	

工 作 日 志 表

工作内容	问题及解决方式

工 作 总 结

完成本任务的工作总结。(5 分)

学习资源——查找和引用函数

Excel 2016 中的查找与引用函数可以非常迅速地查找到所需要的数据。

【学习目标】

(1) 认识查找和引用函数。
(2) 能根据实际应用选择合适的查找函数。
(3) 掌握查找和引用函数的使用。

一、返回搜索值

在某餐饮企业的【8 月 1 日订单信息】工作表中查找某位会员的消费记录以及消费金额。

1. VLOOKUP 函数

VLOOKUP 函数可以在表格或数值数组的首列查找指定的数值，并由此返回表格或数组当前行中指定列的数值。VLOOUP 函数的使用格式如下：

VLOOKUP(lookup_value, table_array, col_index_num, range_lookup)

VLOOKUP 函数的常用参数及其解释如表 10-1 所示。

表 10-1　VLOOKUP 函数的常用参数及其解释

参 数	参数解释
lookup_value	必需。表示数组第一列中查找的数值
table_array	必需。表示需要在其中查找数据的数据表
col_index_num	必需。表示 table_array 中待返回的匹配值的列序号
range_lookup	可选。表示具体解释函数 VLOOKUP 返回时是精确匹配还是近似匹配。若为 TRUE 或省略，则返回近似匹配值；若为 FALSE，则函数 VLOOKUP 将返回精确匹配值

在【8 月 1 日订单信息】工作表中查找会员沈丹丹 8 月 1 日的消费金额，具体操作步骤如下：

(1) 输入公式。选择单元格 I2，输入“=VLOOKUP(H2, B2:F23, 5, 0)”，如图 10-1 所示。

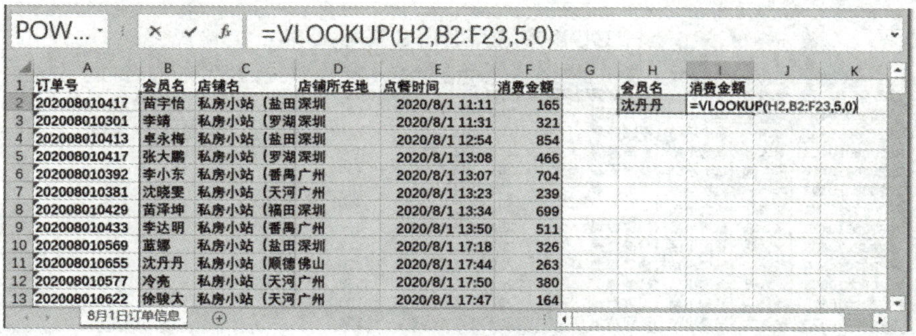

图 10-1 输入“=VLOOKUP(H2, B2:F23, 5, 0)”

(2) 确定公式。按下【Enter】键即可返回相对应会员的消费金额，如图 10-2 所示。

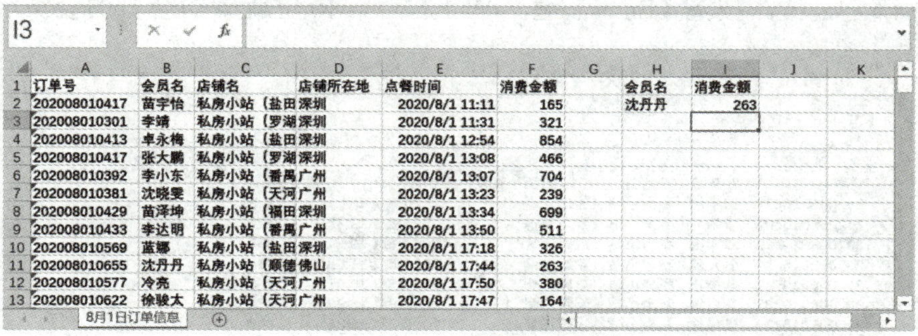

图 10-2 返回消费金额

2. HLOOKUP 函数

HLOOKUP 函数可以在表格或数组的首行查找指定的数值，并由此返回表格或数组当前列中指定行处的数值。HLOOKUP 函数的使用格式如下：

HLOOKUP(lookup_value, table_array, row_index_num, range_lookup)

HLOOKUP 函数的常用参数及其解释如表 10-2 所示。

表 10-2 HLOOKUP 函数的常用参数及其解释

参 数	参 数 解 释
lookup_value	必需。表示在数据表第一行中进行查找的数值
table_array	必需。表示在其中查找数据的数据表
row_index_num	必需。表示 table_array 中待返回的匹配值的行序号。row_index_num 为 1 时，返回 table_array 第一行的数值；row_index_num 为 2 时，返回 table_array 第二行的数值，以此类推
range_lookup	可选。表示逻辑值，指明函数 HLOOKUP 返回时是精确匹配还是近似匹配。若为 TRUE 或省略，则返回近似匹配值；若为 FALSE，则函数 HLOOKUP 将返回精确匹配值

在【8 月 1 日订单信息】工作表中查找 8 月 1 日第 10 位就餐的会员的会员名，具体操作步骤如下。

(1) 输入公式。选择 H2 单元格，输入“=HLOOKUP(B2, B2:B23, 10, 0)”，如图 10-3 所示。

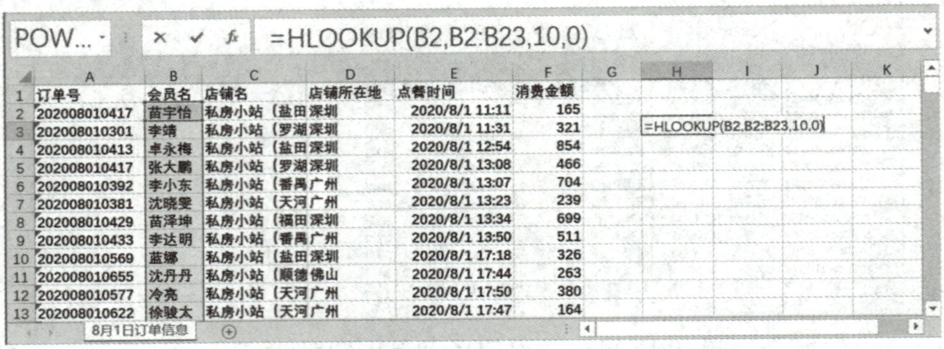

POW… =HLOOKUP(B2,B2:B23,10,0)

	A	B	C	D	E	F	G	H
1	订单号	会员名	店铺名	店铺所在地	点餐时间	消费金额		
2	202008010417	苗宇怡	私房小站（盐田	深圳	2020/8/1 11:11	165		
3	202008010301	李靖	私房小站（罗湖	深圳	2020/8/1 11:31	321		=HLOOKUP(B2,B2:B23,10,0)
4	202008010413	卓永梅	私房小站（盐田	深圳	2020/8/1 12:54	854		
5	202008010417	张大鹏	私房小站（罗湖	深圳	2020/8/1 13:08	466		
6	202008010392	李小东	私房小站（番禺	广州	2020/8/1 13:07	704		
7	202008010381	沈晓雯	私房小站（天河	广州	2020/8/1 13:23	239		
8	202008010429	苗泽坤	私房小站（福田	深圳	2020/8/1 13:34	699		
9	202008010433	李达明	私房小站（番禺	广州	2020/8/1 13:50	511		
10	202008010569	蓝娜	私房小站（盐田	深圳	2020/8/1 17:18	326		
11	202008010655	沈丹丹	私房小站（顺德	佛山	2020/8/1 17:44	263		
12	202008010577	冷亮	私房小站（天河	广州	2020/8/1 17:50	380		
13	202008010622	徐骏太	私房小站（天河	广州	2020/8/1 17:47	164		

8月1日订单信息

图 10-3　输入“=HLOOKUP(B2, B2:B23, 10, 0)”

(2) 确定公式。按下【Enter】键，即可返回第 10 位就餐的会员的会员名，如图 10-4 所示。

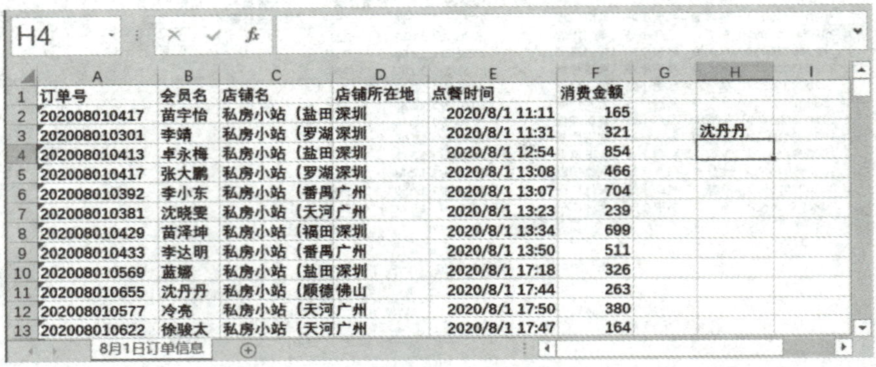

H4

	A	B	C	D	E	F	G	H
1	订单号	会员名	店铺名	店铺所在地	点餐时间	消费金额		
2	202008010417	苗宇怡	私房小站（盐田	深圳	2020/8/1 11:11	165		
3	202008010301	李靖	私房小站（罗湖	深圳	2020/8/1 11:31	321		沈丹丹
4	202008010413	卓永梅	私房小站（盐田	深圳	2020/8/1 12:54	854		
5	202008010417	张大鹏	私房小站（罗湖	深圳	2020/8/1 13:08	466		
6	202008010392	李小东	私房小站（番禺	广州	2020/8/1 13:07	704		
7	202008010381	沈晓雯	私房小站（天河	广州	2020/8/1 13:23	239		
8	202008010429	苗泽坤	私房小站（福田	深圳	2020/8/1 13:34	699		
9	202008010433	李达明	私房小站（番禺	广州	2020/8/1 13:50	511		
10	202008010569	蓝娜	私房小站（盐田	深圳	2020/8/1 17:18	326		
11	202008010655	沈丹丹	私房小站（顺德	佛山	2020/8/1 17:44	263		
12	202008010577	冷亮	私房小站（天河	广州	2020/8/1 17:50	380		
13	202008010622	徐骏太	私房小站（天河	广州	2020/8/1 17:47	164		

8月1日订单信息

图 10-4　返回第 10 个就餐的会员名

3. LOOKUP 函数

LOOKUP 函数有两种语法形式：向量和数组。

1) 向量形式

LOOKUP 函数的向量形式可以在单行区域或单列区域中查找数值，然后返回第二个单行区域或单列区域中相同位置的数值。LOOKUP 函数向量形式的使用格式如下：

LOOKUP(lookup_value, lookup_vector, result_vector)

LOOKUP 函数向量形式的常用参数及其解释如表 10-3 所示。

表 10-3　LOOKUP 函数向量形式的常用参数及其解释

参 数	参 数 解 释
lookup_value	必需。表示函数 LOOKUP 在第一个向量中所要查找的数值
lookup_vector	必需。表示只包含一行或一列的区域，其数值必须按升序排序
result_vector	可选。表示只包含一行或一列的区域，其大小必须与 lookup_vector 相同

在【8 月 1 日订单信息】工作表中查找会员沈丹丹 8 月 1 日的消费金额，具体操作步骤如下：

(1) 根据会员名排序。按照升序排序【会员名】，选中【B】列，在【开始】选项卡的【排序和筛选】命令组中，单击【升序】命令，如图 10-5 所示，设置效果如图 10-6 所示。

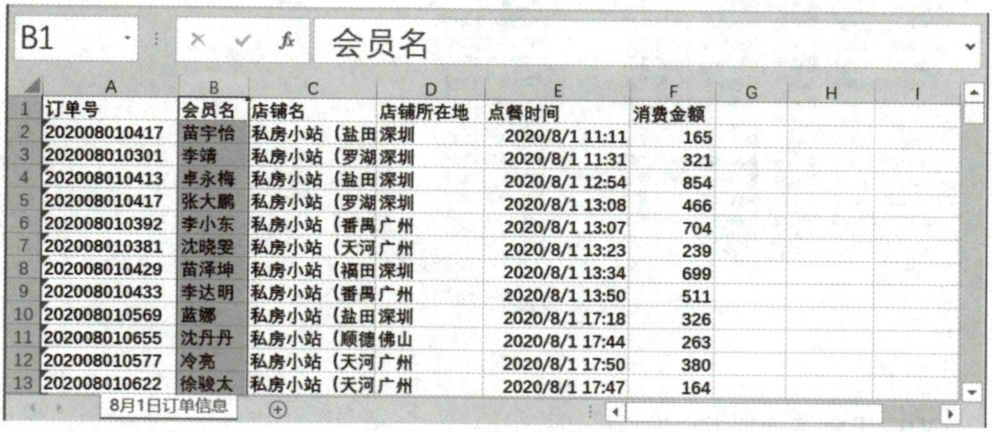

图 10-5　选择【会员名】列

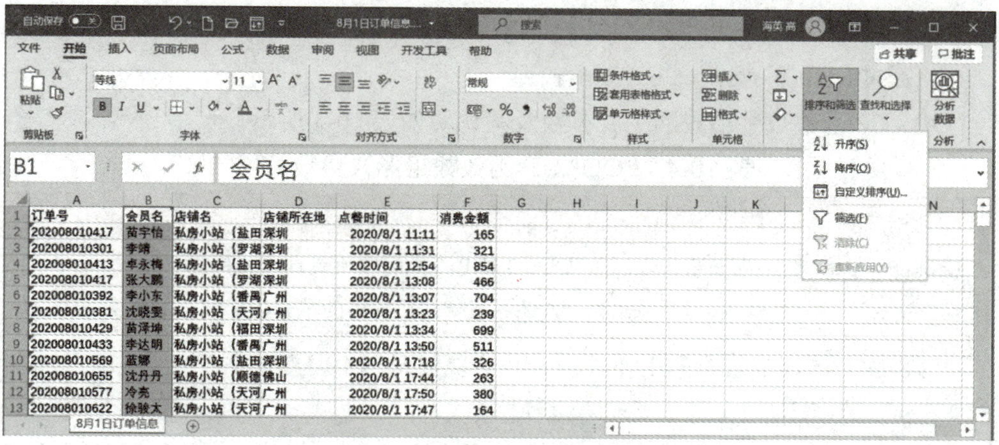

图 10-6　将【会员名】列按升序排序

(2) 输入公式。选择 I2 单元格，输入“=LOOKUP(H2, B2:B23, F2:F23)”，如图 10-7 所示。

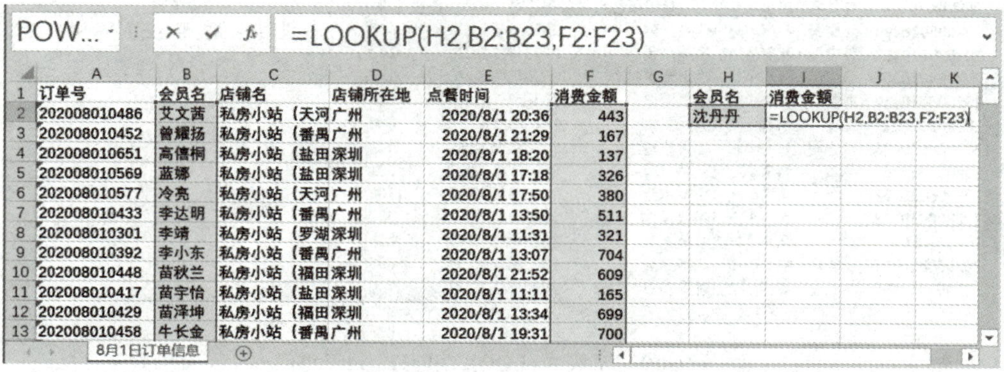

图 10-7　输入“=LOOKUP(H2, B2:B23, F2:F23)”

(3) 确定公式。按下【Enter】键即可返回相对应会员的消费金额，如图 10-8 所示。

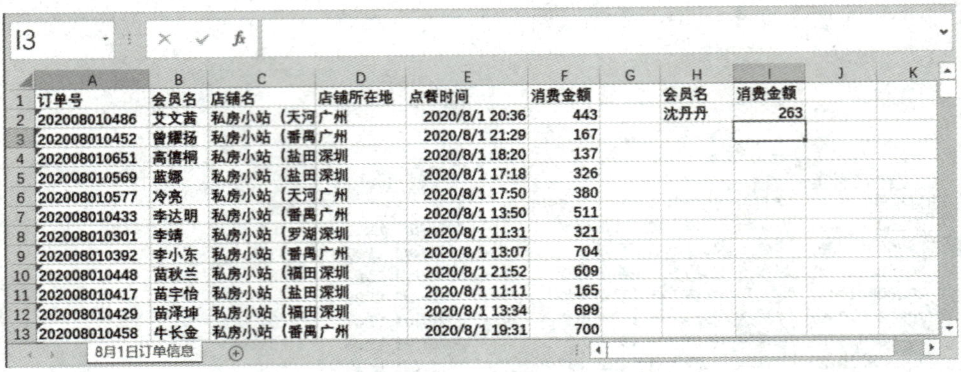

图 10-8　返回会员沈丹丹的消费金额

2) 数组形式

LOOKUP 函数的数组形式可以在数组的第一行或第一列查找指定的数值，然后返回数组的最后一行或最后一列中相同位置的数值。LOOKUP 函数数组形式的使用格式如下：

LOOKUP(lookup_value, array)

LOOKUP 函数数组形式的主要参数及其说明如表 10-4 所示。

表 10-4　LOOKUP 函数数组形式参数解释

参　数	参 数 解 释
Lookup_value	必需。表示函数 LOOKUP 在数组中所要查找的数值
array	必需。表示包含文本、数字或逻辑值的单元格区域

在【8 月 1 日订单信息】工作表中查找会员沈丹丹 8 月 1 日的消费金额，具体操作步骤如下：

(1) 输入公式。选择 I2 单元格，输入“=LOOKUP(H2, B2:F23)”，如图 10-9 所示。

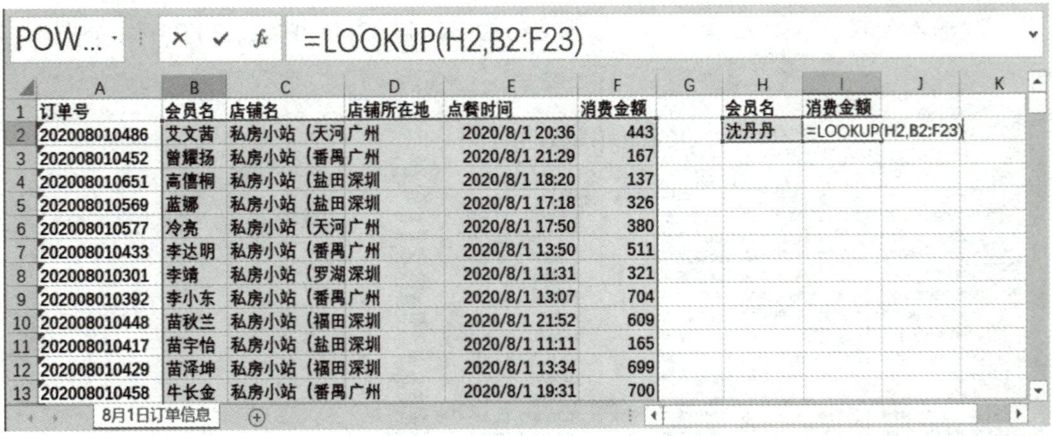

图 10-9　输入“=LOOKUP(H2, B2:F23)”

(2) 确定公式。按下【Enter】键即可返回相对应会员的消费金额，如图 10-10 所示。

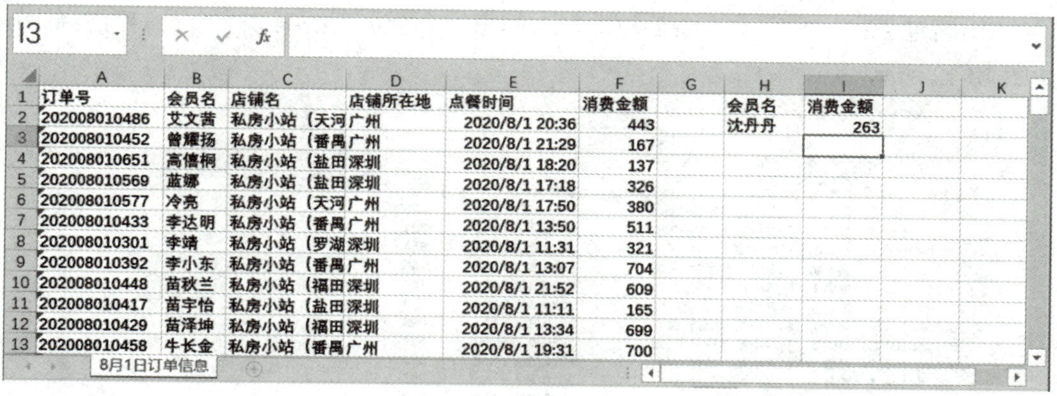

图 10-10 返回会员沈丹丹的消费金额

4. OFFSET 函数

OFFSET 函数可以以指定的引用为参照单元格，通过给定偏移量得到新的引用。OFFSET 函数的使用格式如下：

OFFSET(reference, rows, cols, height, width)

OFFSET 函数的常用参数及其解释如表 10-5 所示。

表 10-5 OFFSET 函数的常用参数及其解释

参 数	参 数 解 释
reference	必需。表示偏移量参照系的引用区域
rows	必需。表示相对于偏移量参照系的左上角单元格，上(下)偏移的函数
cols	必需。表示相对于偏移量参照系的左上角单元格，左(右)偏移的函数
height	可选。表示高度，即所有要返回的引用区域的行数
width	可选。表示宽度，即所有要返回的引用区域的列数

在【8 月 1 日订单信息】工作表中查找第 1 个会员后的第 8 个会员的消费金额，并计算 8 月 1 日所有消费者的消费总额，具体操作步骤如下：

(1) 输入公式。选择 H2 单元格，输入“=OFFSET(B2, 8, 4)”，如图 10-11 所示。

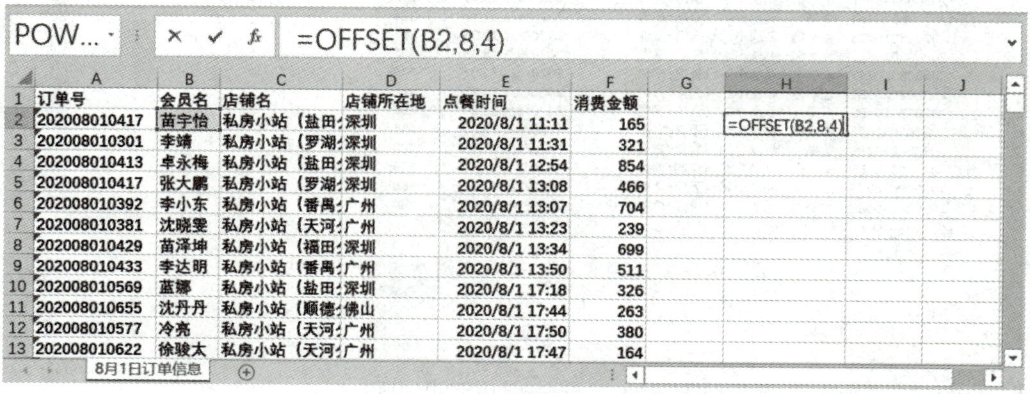

图 10-11 输入“=OFFSET(B2, 8, 4)”

(2) 确定公式。按下【Enter】键即可返回第 1 个会员后的第 8 个会员的消费金额，如图 10-12 所示。

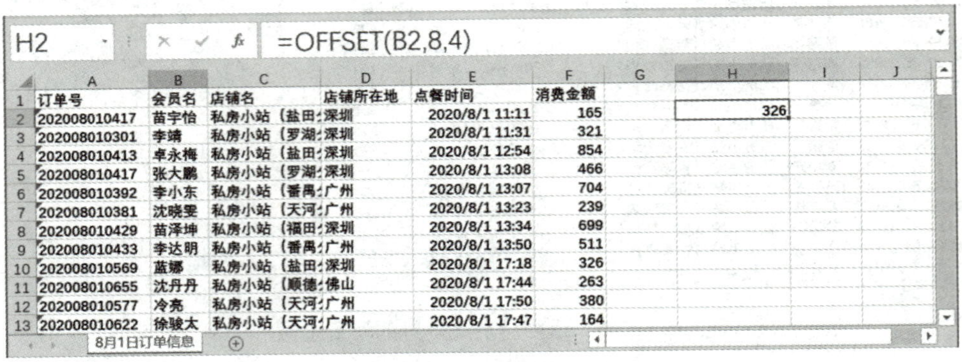

图 10-12　返回第 1 个会员后第 8 个会员的消费金额

(3) 输入公式。选择 H3 单元格，输入“=SUM(OFFSET(B2, 0, 4, 22, 1))”，如图 10-13 所示。

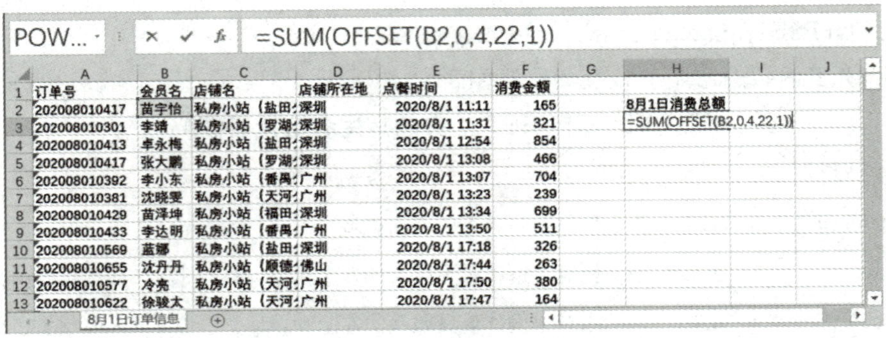

图 10-13　输入“=SUM(OFFSET(B2, 0, 4, 22, 1))”

(4) 确定公式。按下【Enter】键即可返回 8 月 1 日所有消费者的消费总额，如图 10-14 所示。

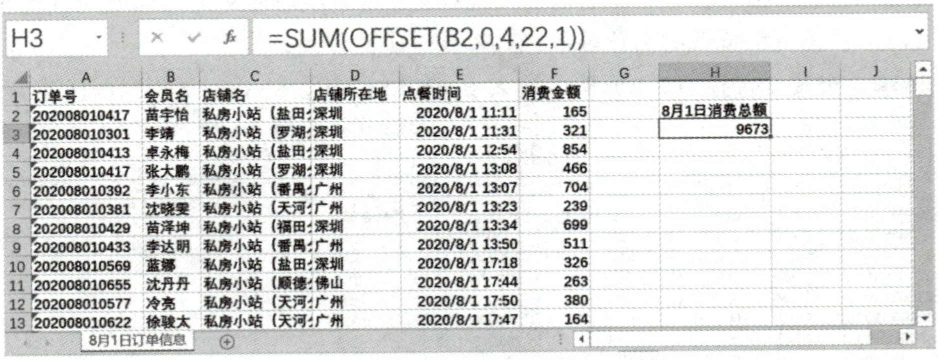

图 10-14　返回 8 月 1 日所有消费者的消费总额

5. INDEX 函数

INDEX 函数有两种语法形式：单元格引用和数组形式。

1) 单元格引用

INDEX 函数的单元格引用可以返回指定的行与列交叉处的单元格引用。INDEX 函数单元格引用的使用格式如下：

INDEX(reference, row_num, column_num, area_num)

INDEX 函数单元格引用形式的主要参数及其解释如表 10-6 所示。

表 10-6　INDEX 函数单元格引用的常用参数及其解释

参　数	参 数 解 释
reference	必需。表示对一个或多个单元格的引用
row_num	必需。表示引用中某行的行序号，函数从该行返回一个引用
column_num	可选。表示引用中某列的列序号，函数从该列返回一个引用
area-num	可选。表示选择引用中的一个区域，并返回该区域中 row_num 和 column_num 的交叉区域

在【8 月 1 日订单信息】工作表中查找 8 月 1 日第 5 位消费会员以及他的消费金额，具体操作步骤如下：

(1) 输入公式。选中 H2 单元格，输入“=INDEX((B2:B23, F2:F23), 5, 1, 1)”，如图 10-15 所示。

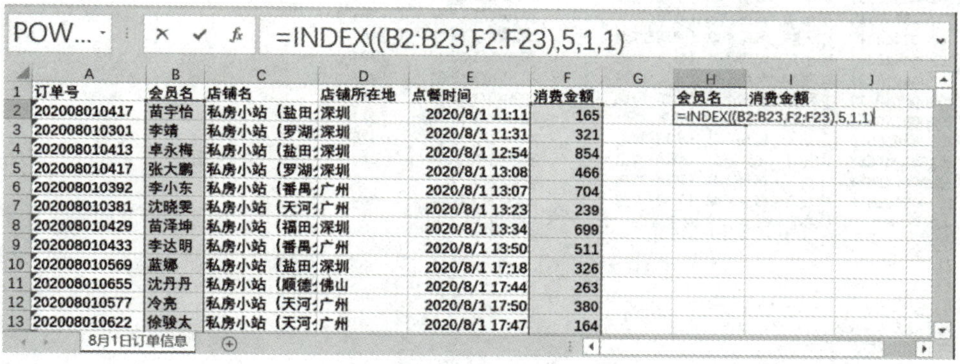
POW... =INDEX((B2:B23,F2:F23),5,1,1)

	A	B	C	D	E	F	G	H	I	J
1	订单号	会员名	店铺名	店铺所在地	点餐时间	消费金额		会员名	消费金额	
2	202008010417	苗宇怡	私房小站（盐田	深圳	2020/8/1 11:11	165		=INDEX((B2:B23,F2:F23),5,1,1)		
3	202008010301	李靖	私房小站（罗湖	深圳	2020/8/1 11:31	321				
4	202008010413	卓永梅	私房小站（盐田	深圳	2020/8/1 12:54	854				
5	202008010417	张大鹏	私房小站（罗湖	深圳	2020/8/1 13:08	466				
6	202008010392	李小东	私房小站（番禺	广州	2020/8/1 13:07	704				
7	202008010381	沈晓雯	私房小站（天河	广州	2020/8/1 13:23	239				
8	202008010429	苗泽坤	私房小站（福田	深圳	2020/8/1 13:34	699				
9	202008010433	李达明	私房小站（番禺	广州	2020/8/1 13:50	511				
10	202008010569	蓝娜	私房小站（盐田	深圳	2020/8/1 17:18	326				
11	202008010655	沈丹丹	私房小站（顺德	佛山	2020/8/1 17:44	263				
12	202008010577	冷亮	私房小站（天河	广州	2020/8/1 17:50	380				
13	202008010622	徐骏太	私房小站（天河	广州	2020/8/1 17:47	164				

8月1日订单信息

图 10-15　输入“=INDEX((B2:B23, F2:F23), 5, 1, 1)”

(2) 确定公式。按下【Enter】键后返回第 5 位会员的会员名，如图 10-16 所示。

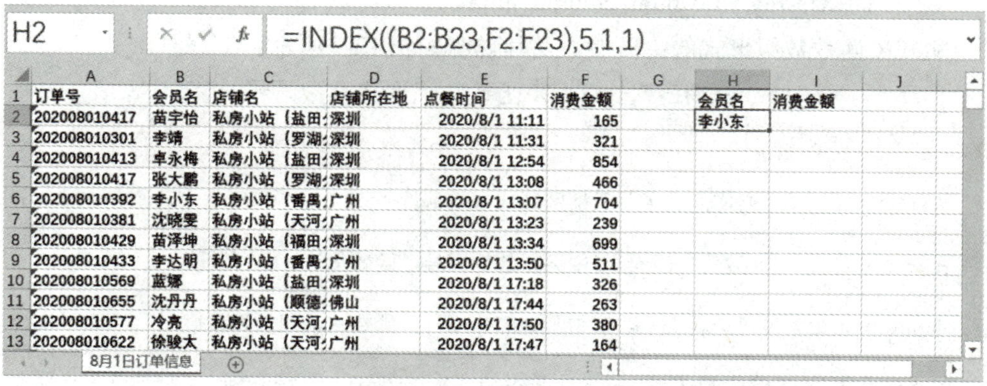
H2 =INDEX((B2:B23,F2:F23),5,1,1)

	A	B	C	D	E	F	G	H	I	J
1	订单号	会员名	店铺名	店铺所在地	点餐时间	消费金额		会员名	消费金额	
2	202008010417	苗宇怡	私房小站（盐田	深圳	2020/8/1 11:11	165		李小东		
3	202008010301	李靖	私房小站（罗湖	深圳	2020/8/1 11:31	321				
4	202008010413	卓永梅	私房小站（盐田	深圳	2020/8/1 12:54	854				
5	202008010417	张大鹏	私房小站（罗湖	深圳	2020/8/1 13:08	466				
6	202008010392	李小东	私房小站（番禺	广州	2020/8/1 13:07	704				
7	202008010381	沈晓雯	私房小站（天河	广州	2020/8/1 13:23	239				
8	202008010429	苗泽坤	私房小站（福田	深圳	2020/8/1 13:34	699				
9	202008010433	李达明	私房小站（番禺	广州	2020/8/1 13:50	511				
10	202008010569	蓝娜	私房小站（盐田	深圳	2020/8/1 17:18	326				
11	202008010655	沈丹丹	私房小站（顺德	佛山	2020/8/1 17:44	263				
12	202008010577	冷亮	私房小站（天河	广州	2020/8/1 17:50	380				
13	202008010622	徐骏太	私房小站（天河	广州	2020/8/1 17:47	164				

8月1日订单信息

图 10-16　使用 INDEX 函数查找第 5 位会员的会员名

(3) 输入公式。选中 I3 单元格，输入“=INDEX((B2:B23, F2:F23), 5, 1, 2)”，如图 10-17 所示。

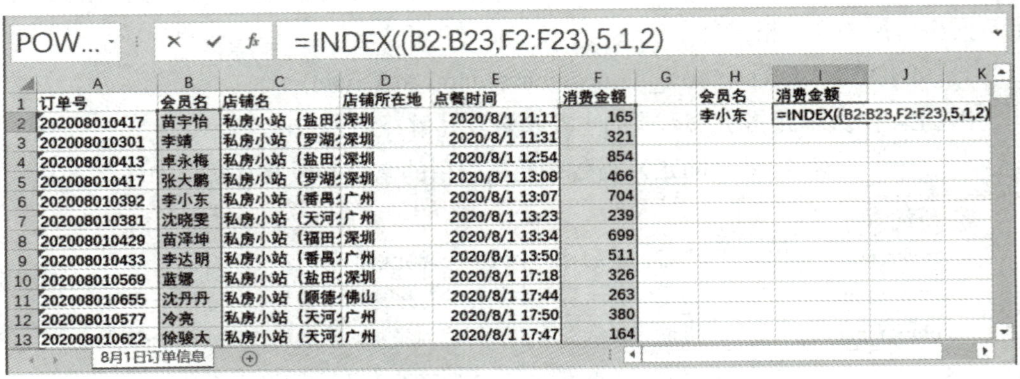

图 10-17　输入“=INDEX((B2:B23, F2:F23), 5, 1, 2)”

(4) 确定公式。按下【Enter】键后返回第 5 位会员的消费金额，如图 10-18 所示。

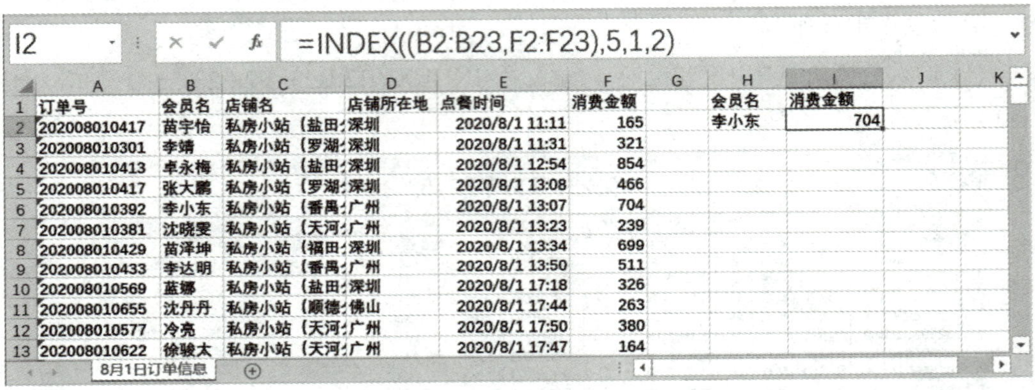

图 10-18　返回第 5 位会员的消费金额

2) 数组形式

INDEX 函数的数组形式可以用于返回列表数组中的元素值，此元素由行序号和列序号的索引值给定。INDEX 函数数组格式的使用格式如下：

INDEX(array, row_num, column_num)

INDEX 函数数组形式的主要参数及其说明如表 10-7 所示。

表 10-7　INDEX 函数数组形式参数解释

参　数	参 数 解 释
array	必需。表示单元格区域或数组常量
row_num	必需。表示数值中某行的行序号，函数从该行返回数值
column_num	可选。表示数值中某列的列序号，函数从该列返回数值

在【8 月 1 日订单信息】工作表中查找第 10 个会员的消费金额，具体操作步骤如下：

(1) 输入公式。选择 H2 单元格，输入“=INDEX(B2:F23, 10, 5)”，如图 10-19 所示。

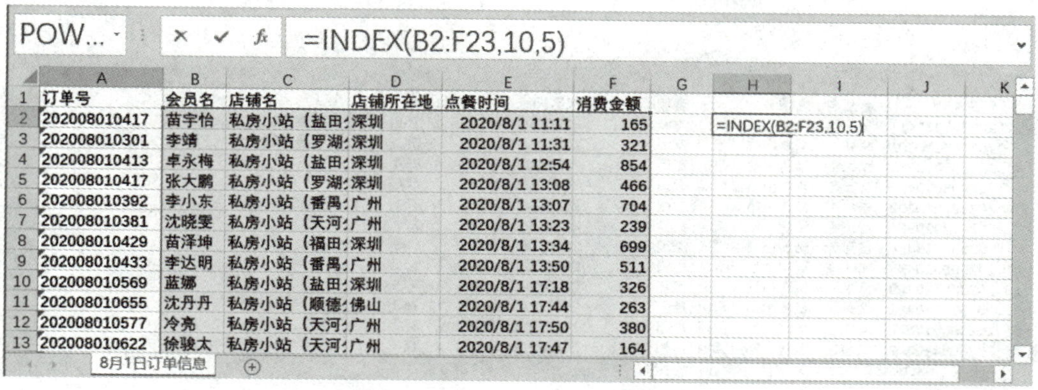
POW... =INDEX(B2:F23,10,5)

	A	B	C	D	E	F	G	H
1	订单号	会员名	店铺名	店铺所在地	点餐时间	消费金额		
2	202008010417	苗宇怡	私房小站（盐田:	深圳	2020/8/1 11:11	165		=INDEX(B2:F23,10,5)
3	202008010301	李靖	私房小站（罗湖:	深圳	2020/8/1 11:31	321		
4	202008010413	卓永梅	私房小站（盐田:	深圳	2020/8/1 12:54	854		
5	202008010417	张大鹏	私房小站（罗湖:	深圳	2020/8/1 13:08	466		
6	202008010392	李小东	私房小站（番禺:	广州	2020/8/1 13:07	704		
7	202008010381	沈晓雯	私房小站（天河:	广州	2020/8/1 13:23	239		
8	202008010429	苗泽坤	私房小站（福田:	深圳	2020/8/1 13:34	699		
9	202008010433	李达明	私房小站（番禺:	广州	2020/8/1 13:50	511		
10	202008010569	蓝娜	私房小站（盐田:	深圳	2020/8/1 17:18	326		
11	202008010655	沈丹丹	私房小站（顺德:	佛山	2020/8/1 17:44	263		
12	202008010577	冷亮	私房小站（天河:	广州	2020/8/1 17:50	380		
13	202008010622	徐骏太	私房小站（天河:	广州	2020/8/1 17:47	164		

8月1日订单信息

图 10-19　输入“=INDEX(B2:F23, 10, 5)”

(2) 确定公式。按下【Enter】键返回第 10 位会员的消费金额，如图 10-20 所示。

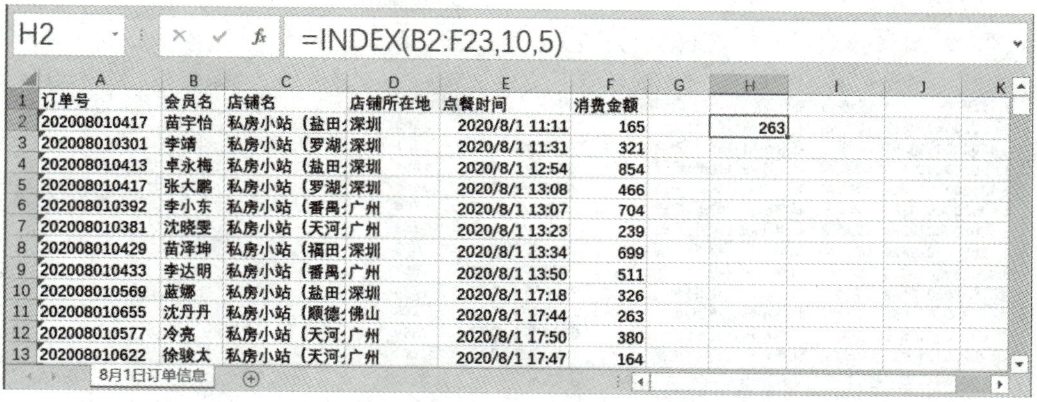
H2 =INDEX(B2:F23,10,5)

	A	B	C	D	E	F	G	H
1	订单号	会员名	店铺名	店铺所在地	点餐时间	消费金额		
2	202008010417	苗宇怡	私房小站（盐田:	深圳	2020/8/1 11:11	165		263
3	202008010301	李靖	私房小站（罗湖:	深圳	2020/8/1 11:31	321		
4	202008010413	卓永梅	私房小站（盐田:	深圳	2020/8/1 12:54	854		
5	202008010417	张大鹏	私房小站（罗湖:	深圳	2020/8/1 13:08	466		
6	202008010392	李小东	私房小站（番禺:	广州	2020/8/1 13:07	704		
7	202008010381	沈晓雯	私房小站（天河:	广州	2020/8/1 13:23	239		
8	202008010429	苗泽坤	私房小站（福田:	深圳	2020/8/1 13:34	699		
9	202008010433	李达明	私房小站（番禺:	广州	2020/8/1 13:50	511		
10	202008010569	蓝娜	私房小站（盐田:	深圳	2020/8/1 17:18	326		
11	202008010655	沈丹丹	私房小站（顺德:	佛山	2020/8/1 17:44	263		
12	202008010577	冷亮	私房小站（天河:	广州	2020/8/1 17:50	380		
13	202008010622	徐骏太	私房小站（天河:	广州	2020/8/1 17:47	164		

8月1日订单信息

图 10-20　返回第 10 位会员的消费金额

6. CHOOSE 函数

CHOOSE 函数可以使用 index_num 返回数值参数列表中的数值，使用 CHOOSE 函数可以基于索引号返回多达 29 个基于 index_num 待选数值中的任意一个数值。CHOOSE 函数的使用格式如下：

CHOOSE(index_num, value1, value2, …)

CHOOSE 函数的常用参数及其解释如表 10-8 所示。

表 10-8　CHOOSE 函数的常用参数及其解释

参 数	参数解释
index_num	必需。表示所要查找的 value 在指定区域的位置
value1	必需。表示指定区域
value2	可选。表示指定区域

在【8 月 1 日订单信息表】中查看第 3 位会员的消费金额，具体操作步骤如下：

(1) 输入公式。选中 I3 单元格，输入“=CHOOSE(I2, F2, F3, F4, F5, F6)”，如图 10-21 所示。

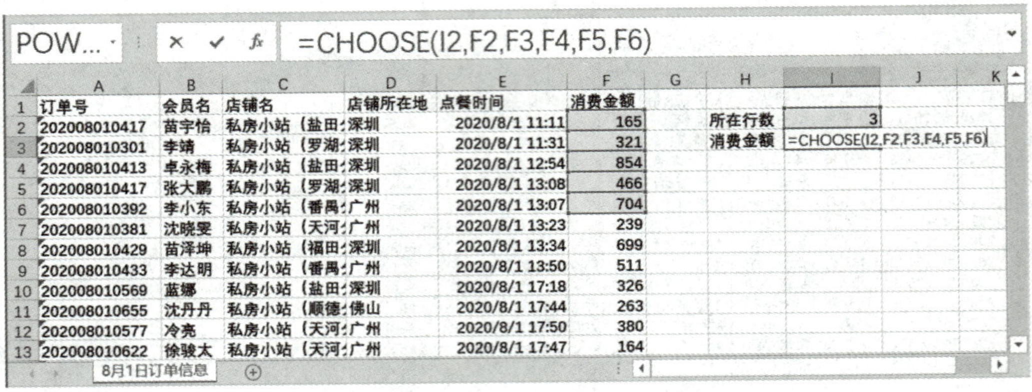

POW... =CHOOSE(I2,F2,F3,F4,F5,F6)

	A	B	C	D	E	F	G	H	I
1	订单号	会员名	店铺名	店铺所在地	点餐时间	消费金额			
2	202008010417	苗宇怡	私房小站（盐田	深圳	2020/8/1 11:11	165		所在行数	3
3	202008010301	李靖	私房小站（罗湖	深圳	2020/8/1 11:31	321		消费金额	=CHOOSE(I2,F2,F3,F4,F5,F6)
4	202008010413	卓永梅	私房小站（盐田	深圳	2020/8/1 12:54	854			
5	202008010417	张大鹏	私房小站（罗湖	深圳	2020/8/1 13:08	466			
6	202008010392	李小东	私房小站（番禺	广州	2020/8/1 13:07	704			
7	202008010381	沈晓雯	私房小站（天河	广州	2020/8/1 13:23	239			
8	202008010429	苗泽坤	私房小站（福田	深圳	2020/8/1 13:34	699			
9	202008010433	李达明	私房小站（番禺	广州	2020/8/1 13:50	511			
10	202008010569	蓝娜	私房小站（盐田	深圳	2020/8/1 17:18	326			
11	202008010655	沈丹丹	私房小站（顺德	佛山	2020/8/1 17:44	263			
12	202008010577	冷亮	私房小站（天河	广州	2020/8/1 17:50	380			
13	202008010622	徐骏太	私房小站（天河	广州	2020/8/1 17:47	164			

8月1日订单信息

图 10-21　输入“=CHOOSE(I2, F2, F3, F4, F5, F6)”

(2) 确定公式。按下【Enter】键即可返回第 3 位会员的消费金额，如图 10-22 所示。

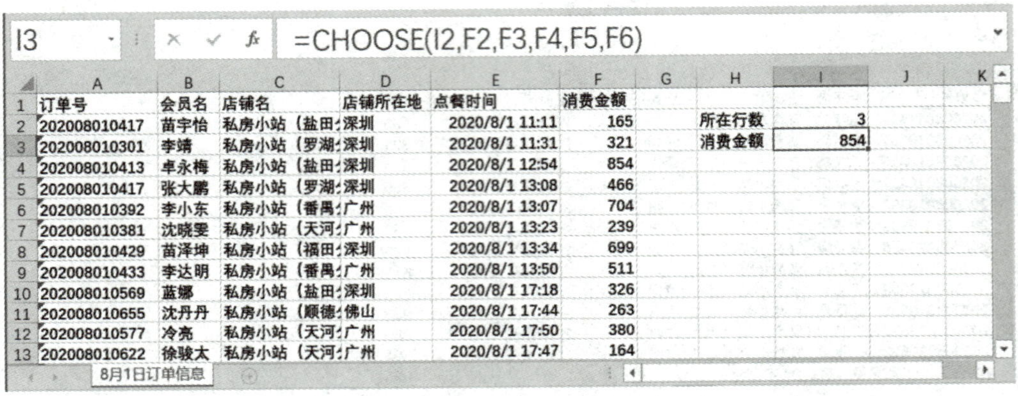

I3 =CHOOSE(I2,F2,F3,F4,F5,F6)

	A	B	C	D	E	F	G	H	I
1	订单号	会员名	店铺名	店铺所在地	点餐时间	消费金额			
2	202008010417	苗宇怡	私房小站（盐田	深圳	2020/8/1 11:11	165		所在行数	3
3	202008010301	李靖	私房小站（罗湖	深圳	2020/8/1 11:31	321		消费金额	854
4	202008010413	卓永梅	私房小站（盐田	深圳	2020/8/1 12:54	854			
5	202008010417	张大鹏	私房小站（罗湖	深圳	2020/8/1 13:08	466			
6	202008010392	李小东	私房小站（番禺	广州	2020/8/1 13:07	704			
7	202008010381	沈晓雯	私房小站（天河	广州	2020/8/1 13:23	239			
8	202008010429	苗泽坤	私房小站（福田	深圳	2020/8/1 13:34	699			
9	202008010433	李达明	私房小站（番禺	广州	2020/8/1 13:50	511			
10	202008010569	蓝娜	私房小站（盐田	深圳	2020/8/1 17:18	326			
11	202008010655	沈丹丹	私房小站（顺德	佛山	2020/8/1 17:44	263			
12	202008010577	冷亮	私房小站（天河	广州	2020/8/1 17:50	380			
13	202008010622	徐骏太	私房小站（天河	广州	2020/8/1 17:47	164			

8月1日订单信息

图 10-22　返回第 3 位会员的消费金额

计算前 5 位会员消费后的累计消费金额，具体操作步骤如下：

(1) 输入公式。选中 I2 单元格，输入“=SUM($F$2:CHOOSE(H2, $F$2, $F$3, $F$4, $F$5, $F$6))”，如图 10-23 所示。

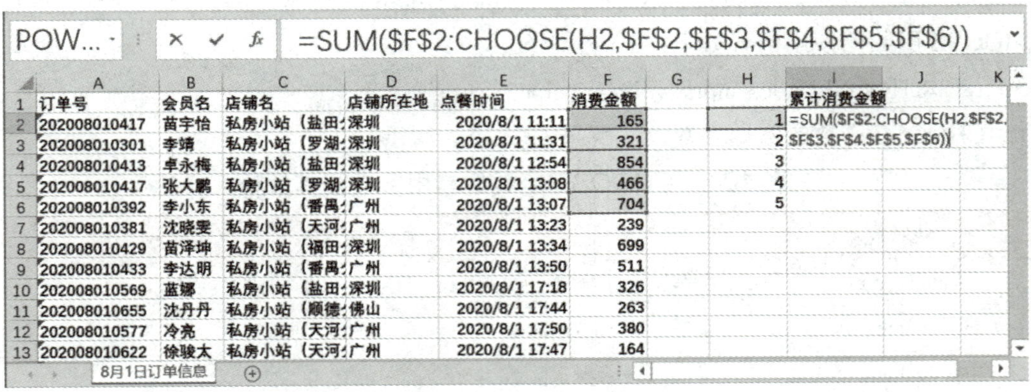

POW... =SUM($F$2:CHOOSE(H2,$F$2,$F$3,$F$4,$F$5,$F$6))

	A	B	C	D	E	F	G	H	I
1	订单号	会员名	店铺名	店铺所在地	点餐时间	消费金额			累计消费金额
2	202008010417	苗宇怡	私房小站（盐田	深圳	2020/8/1 11:11	165		1	=SUM($F$2:CHOOSE(H2,$F$2,$F$3,$F$4,$F$5,$F$6))
3	202008010301	李靖	私房小站（罗湖	深圳	2020/8/1 11:31	321		2	
4	202008010413	卓永梅	私房小站（盐田	深圳	2020/8/1 12:54	854		3	
5	202008010417	张大鹏	私房小站（罗湖	深圳	2020/8/1 13:08	466		4	
6	202008010392	李小东	私房小站（番禺	广州	2020/8/1 13:07	704		5	
7	202008010381	沈晓雯	私房小站（天河	广州	2020/8/1 13:23	239			
8	202008010429	苗泽坤	私房小站（福田	深圳	2020/8/1 13:34	699			
9	202008010433	李达明	私房小站（番禺	广州	2020/8/1 13:50	511			
10	202008010569	蓝娜	私房小站（盐田	深圳	2020/8/1 17:18	326			
11	202008010655	沈丹丹	私房小站（顺德	佛山	2020/8/1 17:44	263			
12	202008010577	冷亮	私房小站（天河	广州	2020/8/1 17:50	380			
13	202008010622	徐骏太	私房小站（天河	广州	2020/8/1 17:47	164			

8月1日订单信息

图 10-23　输入“=SUM($F$2:CHOOSE(H2, $F$2, $F$3, $F$4, $F$5, $F$6))”

(2) 确定公式。按下【Enter】键，使用填充公式的方式提取其他会员的累计消费金额，如图 10-24 所示。

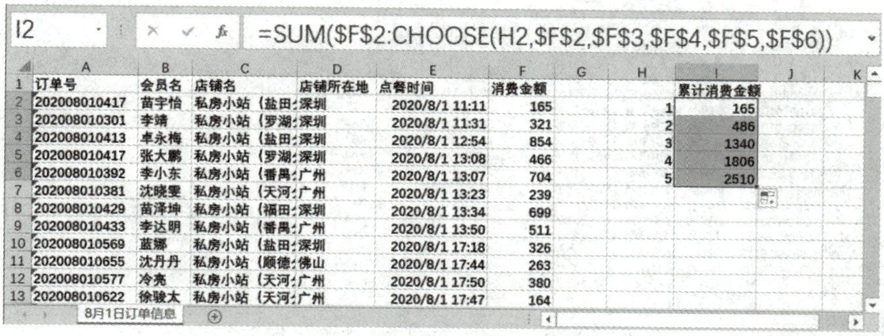

图 10-24　返回每位会员用餐后的累计消费金额

二、返回搜索值的位置

在某餐饮企业的【8 月 1 日订单信息】工作表中查找某位会员的消费记录以及消费金额，了解【8 月 1 日订单信息】工作表中包含的一些消费者信息。

1. MATCH 函数

MATCH 函数可以返回在指定方式下与指定数值匹配的数组中元素的相应位置。MATCH 函数的使用格式如下：

MATCH(lookup_value, lookup_array, match_type)

MATCH 函数的常用参数及其解释如表 10-9 所示。

表 10-9　MATCH 函数的常用参数及其解释

参　数	参 数 解 释
lookup_value	必需。表示为需要在数据表中查找的数值
lookup_array	必需。表示包含所要查找的数值连续单元格区域
match_type	可选。若 match_type 为 1，则函数 MATCH 查找小于或等于 lookup_value 的最大数值，lookup_array 必须按升序排列；若 match_type 为 0，则函数 MATCH 查找 0 等于 lookup_value 的第一个数值；若 match_type 为 -1，则函数 MATCH 查找大于或等于 lookup_value 的最大数值，lookup_array 必须按降序排列

在【8 月 1 日订单信息】工作表中查找会员沈丹丹所在行号，具体操作步骤如下：

(1) 输入公式。选择 I2 单元格，输入“=MATCH(H2, B2:B23, 0)”，如图 10-25 所示。

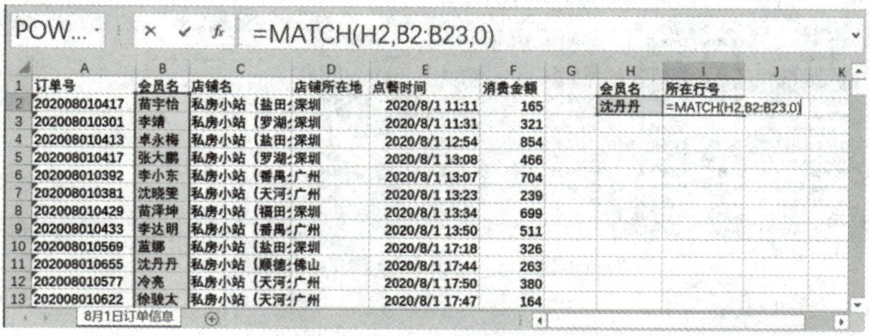

图 10-25　输入“=MATCH(H2, B2:B23, 0)”

(2) 确定公式。按下【Enter】键返回会员沈丹丹所在的行号，如图 10-26 所示。

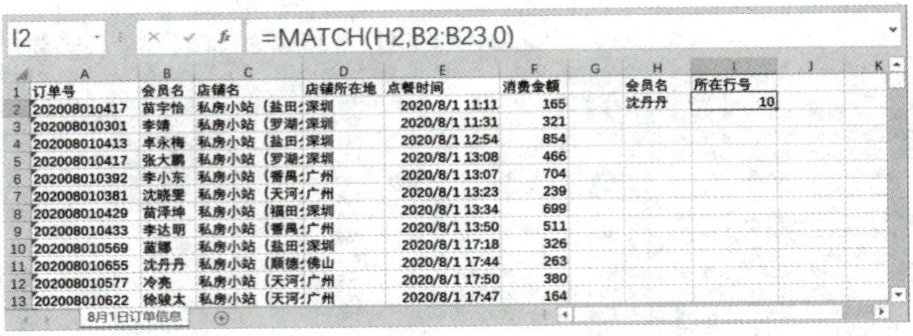

图 10-26　返回会员沈丹丹所在行号

2. COLUMN 函数

COLUMN 函数可以返回给定引用的列标号。COLUMN 函数的使用格式如下：

COLUMN(reference)

COLUMN 函数的常用参数及其解释如表 10-10 所示。

表 10-10　COLUMN 函数的常用参数及其解释

参　数	参数解释
reference	必需。表示指定单元格引用或单元格区域的引用

在【8 月 1 日订单信息】工作表中查找消费金额所在的列，具体操作步骤如下：

(1) 输入公式。选择 H2 单元格，输入“=COLUMN(F1)”，如图 10-27 所示。

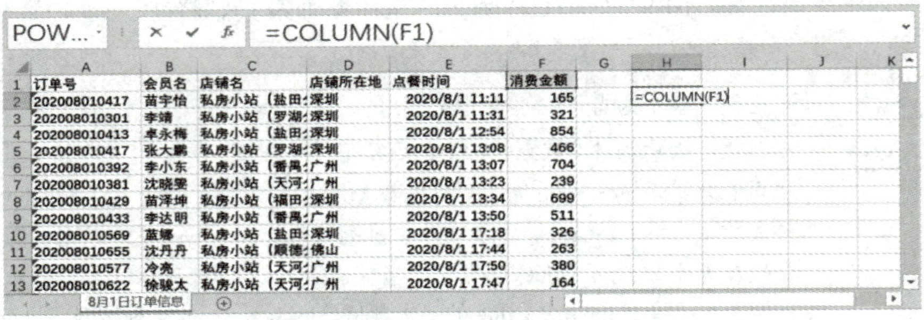

图 10-27　输入“=COLUMN(F1)”

(2) 确定公式。按【Enter】键即可返回消费金额的列标号，如图 10-28 所示。

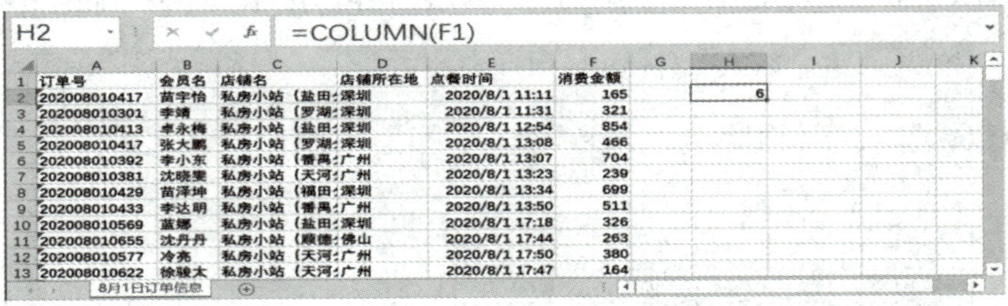

图 10-28　返回消费金额的列标号

3. ROW 函数

ROW 函数可以返回引用的行号。ROWS 函数的使用格式如下：

ROW(reference)

ROW 函数的常用参数及其解释如表 10-11 所示。

表 10-11 ROW 函数的常用参数及其解释

参数	参数解释
reference	必需。表示需要得到其行号的单元格或单元格区域

在【8 月 1 日订单信息】工作表中查找会员沈丹丹所在的行号，具体操作步骤如下：

(1) 输入公式。选择 H2 单元格，输入“=ROW(B11)”，如图 10-29 所示。

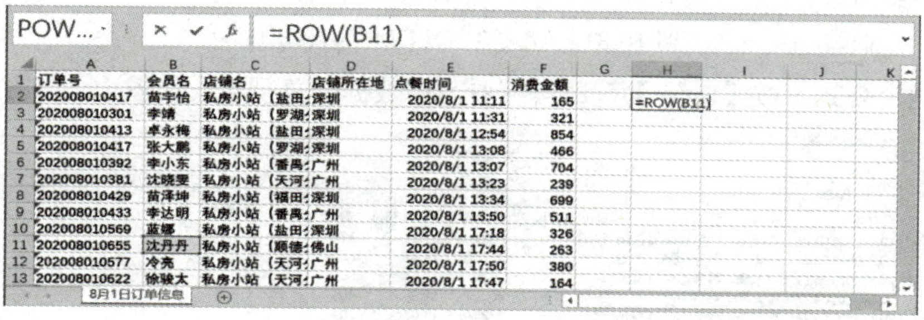

图 10-29 输入“ROW(B11)”

(2) 确定公式。按【Enter】键即可返回会员沈丹丹所在的行号，如图 10-30 所示。

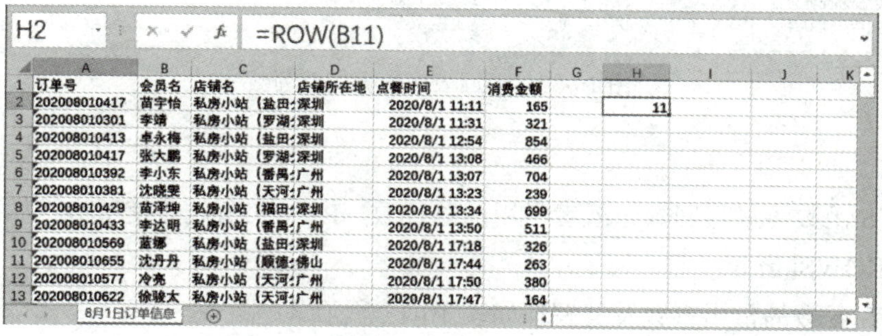

图 10-30 返回会员沈丹丹所在的行号

三、计算区域内的行列数

从某餐饮企业的【8 月 1 日订单信息】工作表中了解一些消费者信息。

1. COLUMNS 函数

COLUMNS 函数可以返回数组或者引用的总列数。COLUMNS 函数的使用格式如下：

COLUMNS(reference)

COLUMNS 函数的常用参数及其解释如表 10-12 所示。

表 10-12 COLUMNS 函数的常用参数及其解释

参数	参数解释
reference	必需。表示需要得到其列标的单元格或单元格区域

查看【8 月 1 日订单信息】工作表中数据的列数，具体操作步骤如下：

(1) 输入公式。选择 H2 单元格，输入“=COLUMNS(A1:F1)”，如图 10-31 所示。

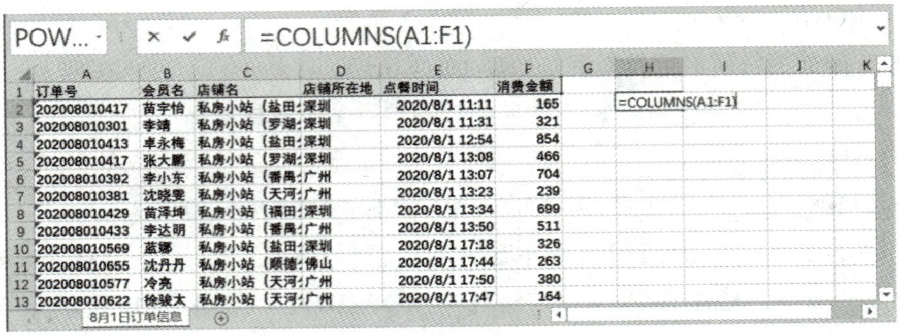

图 10-31　输入“COLUMNS(A1:F1)”

(2) 确定公式。按【Enter】键即可查看表中数据的总列数，如图 10-32 所示。

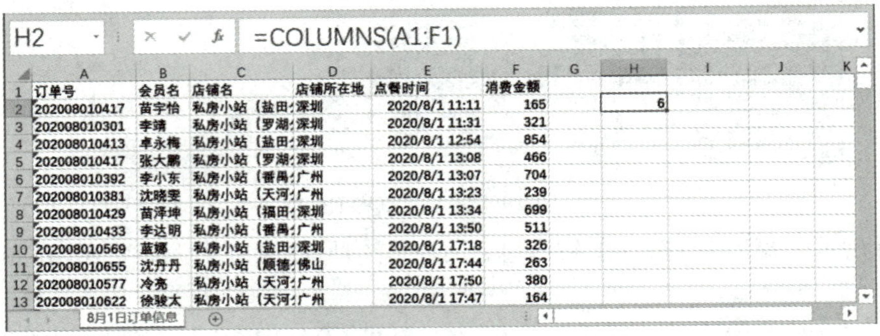

图 10-32　返回表中数据的总列数

2. ROWS 函数

ROWS 函数可以返回数组或者引用的总行数。ROWS 函数的使用格式如下：

ROWS(array)

ROWS 函数的常用参数及其解释如表 10-13 所示。

表 10-13　ROWS 函数的常用参数及其解释

参 数	参 数 解 释
array	必需。表示需要得到其行数的数组、数组公式或对单元格区域的引用

查看【8 月 1 日订单信息】工作表中 8 月 1 日的消费人数，具体操作步骤如下：

(1) 输入公式。选择 H2 单元格，输入“=ROWS(A2:F23)”，如图 10-33 所示。

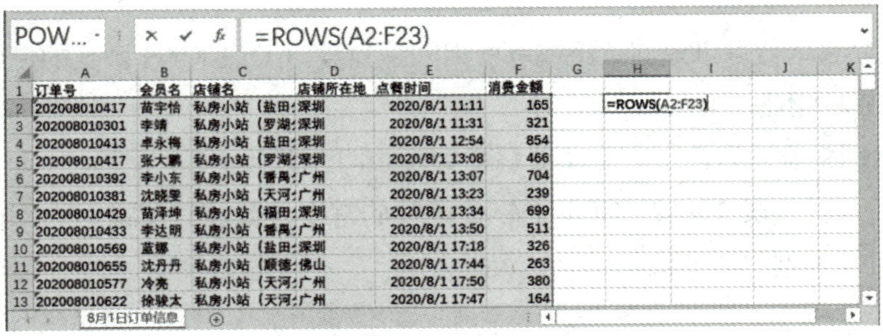

图 10-33　输入“=ROWS(A2:F23)”

(2) 确定公式。按下【Enter】键，即可返回 8 月 1 日的消费人数，如图 10-34 所示。

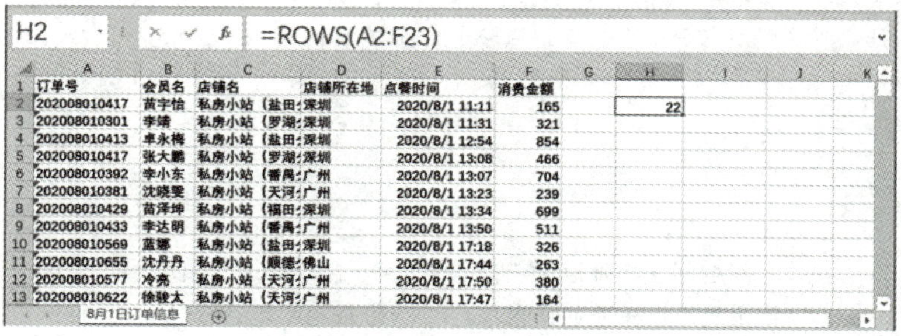

图 10-34　使用 COLUMNS 函数查看 8 月 1 日的消费人数

3. TRANSPOSE 函数

TRANSPOSE 函数可以转置选中的单元格区域。TRANSPOSE 函数的使用格式如下：

TRANSPOSE(array)

TRANSPOSE 函数的常用参数及其解释如表 10-14 所示。

表 10-14　TRANSPOSE 函数的常用参数及其解释

参　数	参 数 解 释
array	必需。表示需要进行转置的数组或工作表中的单元格区域

转置【8 月 1 日订单信息】工作表前五位会员的会员名、店铺名、店铺所在地这 3 条信息，具体操作步骤如下：

(1) 输入函数。在 H2 单元格内，输入“=TRANSPOSE(B1:D6)”，如图 10-35 所示。

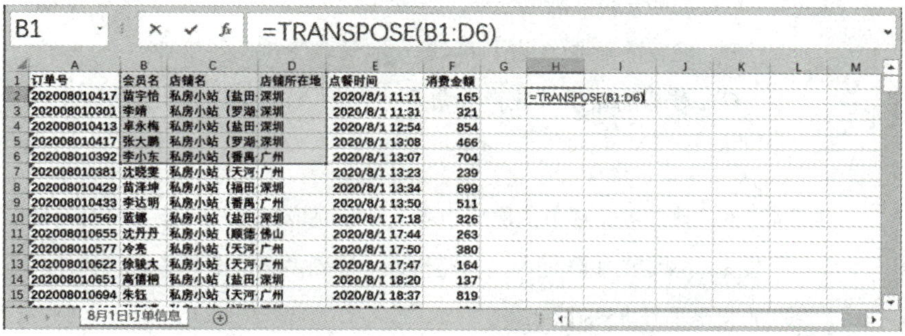

图 10-35　输入“=TRANSPOSE(B1:D6)”

(2) 确定公式。按下【Enter】键，得到转置的结果，如图 10-36 所示。

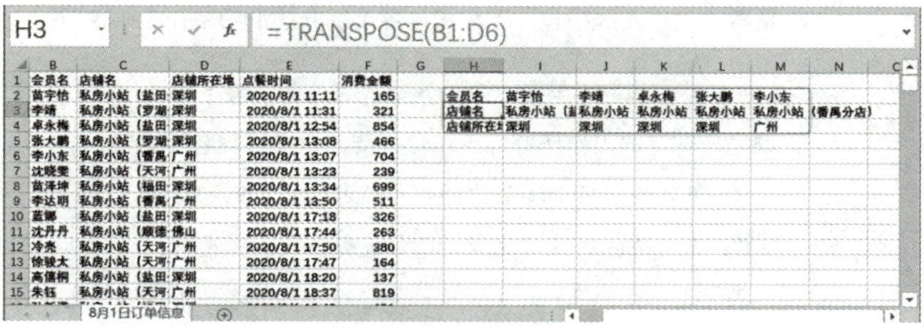

图 10-36　得到转置的结果

质量监控（教师完成）				
任务实施栏目评分表				
评分项	分值	作 答 要 求	评 审 规 定	得分
任务资讯	10	问题回答清晰准确，能够紧扣主题，没有明显错误项	对照标准答案，一项错误扣 5 分，扣完为止	
任务规划	20	任务规划合理可实施，没有任何细节错误	参照标准答案，一项错误扣 5 分，扣完为止	
任务实施	40	包含具体实施过程，过程完整、准确、清晰	根据错误的严重程度，每个错误点一次分别扣 10 分、5 分、2 分	
任务扩展	20	任务目标明确，结果准确、完整、详细	根据错误的严重程度，每个错误点一次分别扣 10 分、5 分、2 分	
其他	10	日志和问题项目填写详细、能够反映实际工作过程	没有填写或者太过简单，每项扣 5 分	
合 计 得 分				
职业能力评分表				
评分项	等级	作 答 要 求		等级
知识评价	A|B|C	A：能够完整准确地作答任务资讯的所有问题，准确率在 90% 以上 B：能较准确地作答所有问题，准确率在 60% ～ 80% C：对基础知识掌握得非常差，任务资讯和答辩的准确率在 50% 以下		
能力评价	A|B|C	A：熟悉各个环节的实施步骤，独立完成任务，有能力辅助其他学生完成规定的工作任务，实施快速，准确率高，即任务规划和任务实施正确率在 85% 以上 B：基本完成各个环节的任务，准确率在 60% ～ 80% C：未完成任务或只完成了部分任务，有问题没有积极向其他同学请教，工作实施拖拉，不积极，各个部分的准确率在 50% 以下		
态度素养评价	A|B|C	A：不迟到、不早退，对待其他人有礼貌，善于帮助他人，积极主动完成规定的工作任务，工作台整洁，积极回答老师提问 B：基本完成各个环节的任务，准确率在 60% ～ 80% C：未完成任务或只完成了部分任务，有问题没有积极向其他同学请教，工作实施拖拉，不积极，不能准确回答老师提出的问题，各个部分的准确率在 50% 以下		

任务十一 数据透视表

任务设计

<table>
<tr><td colspan="8">实施人员信息（学生填写）</td></tr>
<tr><td>姓名</td><td></td><td>班级</td><td></td><td>学号</td><td></td><td>电话</td><td></td></tr>
<tr><td colspan="7">任务目标</td><td>笔记栏</td></tr>
<tr><td colspan="7">(1) 掌握数据透视表的创建方法。
(2) 熟悉数据透视表的编辑方法。
(3) 熟悉数据透视表中数据的常用操作。
(4) 掌握数据透视图的创建方法。</td><td></td></tr>
<tr><td colspan="7">任务介绍</td><td>笔记栏</td></tr>
<tr><td colspan="7">1. 任务描述
数据透视表不仅可以转换行和列以显示源数据的不同汇总结果，可以显示不同页面以筛选数据，还可以根据用户的需要显示数据区域中的数据。数据透视图是另一种数据表现形式，与数据透视表不同的地方在于它可以选择适当的图表，使用多种颜色来描述数据的特性。当数据量较大时，利用数据透视表和数据透视图可以对数据进行快速分析。
2. 任务要求
掌握数据透视表、数据透视图的创建方法。掌握切片器及日程管理器的使用，能对数据透视表进行编辑及布局设置。</td><td></td></tr>
</table>

任务资讯	笔记栏
(1) 数据透视表的作用是什么？(2 分) (2) 如何创建数据透视表？(2 分) (3) 如何对数据透视表的布局进行修改？(2 分) (4) 切片器及日程管理器的作用是什么？(2 分) (5) 如何创建数据透视图？(2 分)	

任务规划	笔记栏
(1) 数据透视表创建操作的规划。(5 分) (2) 数据透视表的编辑操作规划。(5 分) (3) 数据透视图的创建操作规划。(10 分)	

任务实施	笔记栏
(1) 利用订单信息创建数据透视表。(5 分) (2) 改变数据透视表的布局。(5 分) (3) 更改数据透视表的数据源。(5 分) (4) 更新数据透视表。(5 分) (5) 设置数据透视表的字段。(5 分) (6) 改变数据透视表的汇总方式。(5 分) (7) 筛选数据。(5 分) (8) 创建数据透视图。(5 分)	

任务扩展	笔记栏
(1) 多个数据透视表联动。(5 分) (2) 多列显示切片器内的字段项。(5 分) (3) 数据透视表中的项目组合。(5 分) (4) 在数据透视表中使用计算字段和计算项。(5 分)	

工作日志	笔记栏
在实施任务的过程中，填写以下工作日志表。(5 分)	

工作日志表

工作内容	问题及解决方式

工作总结

完成本任务的工作总结。(5 分)

学习资源——数据透视表

数据透视表不仅可以转换行和列以显示源数据的不同汇总的结果，可以显示不同页面以筛选数据，还可以根据用户的需要显示数据区域中的数据。数据透视图是另一种数据表现形式，与数据透视表不同的地方在于它可以选择适当的图表，使用多种颜色来描述数据的特性。

【学习目标】

(1) 掌握数据透视表的创建方法。
(2) 熟悉数据透视表的编辑方法。
(3) 熟悉数据透视表中数据的常用操作。
(4) 掌握数据透视图的创建方法。

创建数据透视表

一、创建数据透视表

数据透视表是一种交互式表格，能全面、灵活地对数据进行分析、汇总。通过转换行或者列，不仅可以得到多种分析结果，还可以显示不同的页面来筛选数据。现有某餐饮店的订单信息，但因为数据量较大所以只列出部分数据，如图 11-1 所示，在 Excel 中创建一个数据透视表。

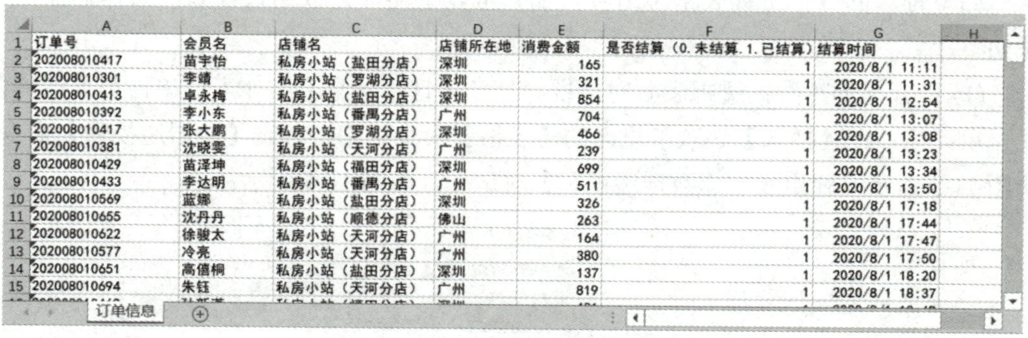

订单号	会员名	店铺名	店铺所在地	消费金额	是否结算（0. 未结算. 1. 已结算）	结算时间
202008010417	苗宇怡	私房小站（盐田分店）	深圳	165	1	2020/8/1 11:11
202008010301	李靖	私房小站（罗湖分店）	深圳	321	1	2020/8/1 11:31
202008010413	卓永梅	私房小站（盐田分店）	深圳	854	1	2020/8/1 12:54
202008010392	李小东	私房小站（番禺分店）	广州	704	1	2020/8/1 13:07
202008010417	张大鹏	私房小站（罗湖分店）	深圳	466	1	2020/8/1 13:08
202008010381	沈晓雯	私房小站（天河分店）	广州	239	1	2020/8/1 13:23
202008010429	苗泽坤	私房小站（福田分店）	深圳	699	1	2020/8/1 13:34
202008010433	李达明	私房小站（番禺分店）	广州	511	1	2020/8/1 13:50
202008010569	蓝娜	私房小站（盐田分店）	深圳	326	1	2020/8/1 17:18
202008010655	沈丹丹	私房小站（顺德分店）	佛山	263	1	2020/8/1 17:44
202008010622	徐骏太	私房小站（天河分店）	广州	164	1	2020/8/1 17:47
202008010577	冷亮	私房小站（天河分店）	广州	380	1	2020/8/1 17:50
202008010651	高僖桐	私房小站（盐田分店）	深圳	137	1	2020/8/1 18:20
202008010694	朱钰	私房小站（天河分店）	广州	819	1	2020/8/1 18:37

图 11-1　某餐饮店的部分订单信息

1. 从工作簿中的数据区域创建

1) 自动创建数据透视表

利用 Excel 自动创建数据透视表，具体操作步骤如下：

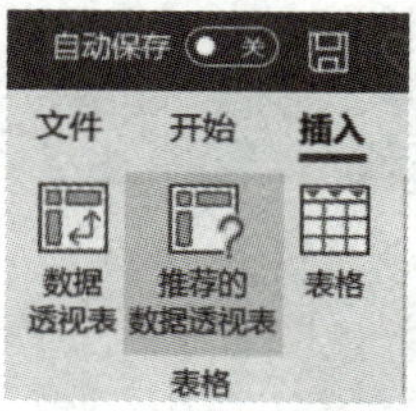

图 11-2 【推荐的数据透视表】命令

(1) 打开【推荐的数据透视表】对话框。打开【订单信息 .xlsx】工作簿，单击数据区域内任一单元格，在【插入】选项卡的【表格】命令组中，单击【推荐的数据透视表】命令，如图 11-2 所示，弹出【推荐的数据透视表】对话框，如图 11-3 所示。对话框中显示了一些缩略图，描绘了可以选择的数据透视表。

(2) 选择一个数据透视表并确定。在【推荐的数据透视表】对话框左边的缩略图中选择其中一个，此处选择第一个，单击【确定】按钮，Excel 将在一个新的工作表中创建数据透视表，如图 11-4 所示。

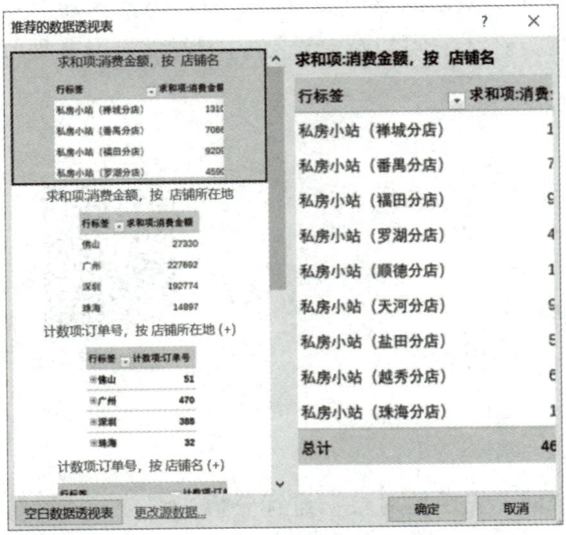

图 11-3 【推荐的数据透视表】对话框

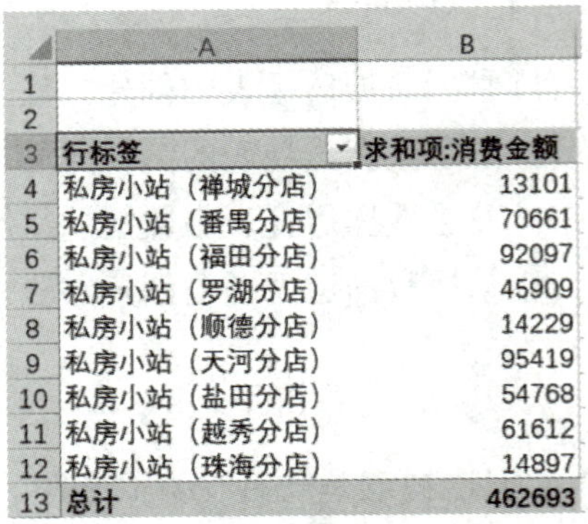

	A	B
1		
2		
3	行标签	求和项:消费金额
4	私房小站（禅城分店）	13101
5	私房小站（番禺分店）	70661
6	私房小站（福田分店）	92097
7	私房小站（罗湖分店）	45909
8	私房小站（顺德分店）	14229
9	私房小站（天河分店）	95419
10	私房小站（盐田分店）	54768
11	私房小站（越秀分店）	61612
12	私房小站（珠海分店）	14897
13	总计	462693

图 11-4 自动创建数据透视表

2) 手动创建数据透视表

如果推荐的数据透视表都不适合，那么可以手动创建数据透视表，具体的操作步骤如下：

(1) 打开【创建数据透视表】对话框。打开【订单信息】工作表，单击数据区域内任一单元格，在【插入】选项卡里面的【表格】命令组中，单击【数据透视表】命令，如图 11-5 所示，弹出【创建数据透视表】对话框，如图 11-6 所示。

图 11-5 【数据透视表】命令

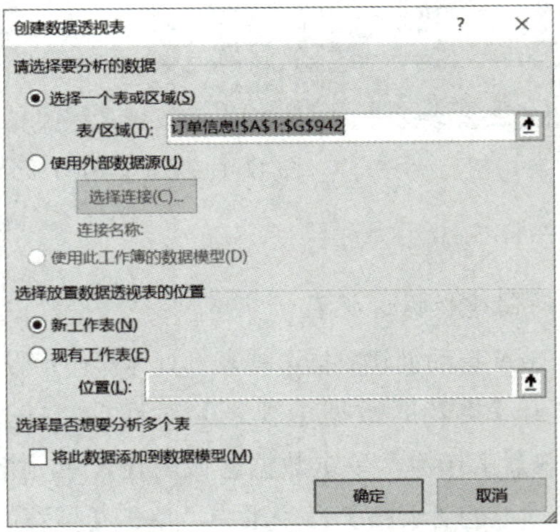

图 11-6 【创建数据透视表】对话框

其中，选择的数据为整个数据区域，而放置数据透视表的位置默认为新工作表，但是用户可以指定放置在现有工作表中。

(2) 确定创建空白数据透视表。单击图 11-6 中的【确定】按钮，Excel 将创建一个空白数据透视表，并显示【数据透视表字段】窗格，如图 11-7 所示。

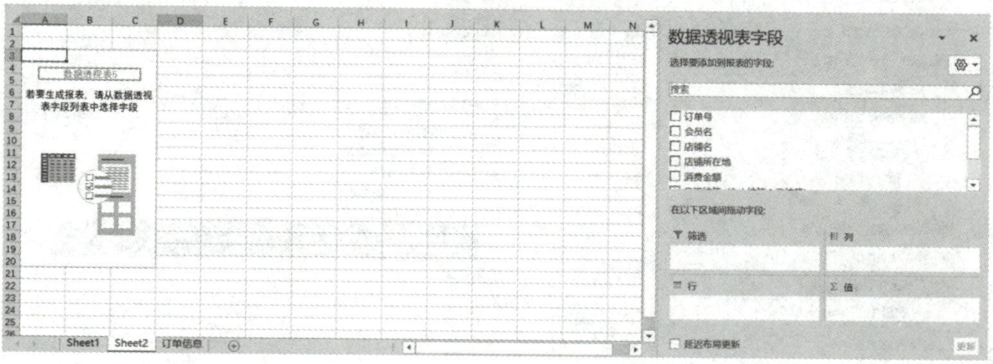

图 11-7　空白数据透视表

(3) 添加字段。将【结算时间】拖拽至【筛选器】区域，【店铺所在地】和【店铺名】分别拖拽至【行】区域，【消费金额】拖拽至【值】区域，如图 11-8 所示，创建的数据透视表如图 11-9 所示。

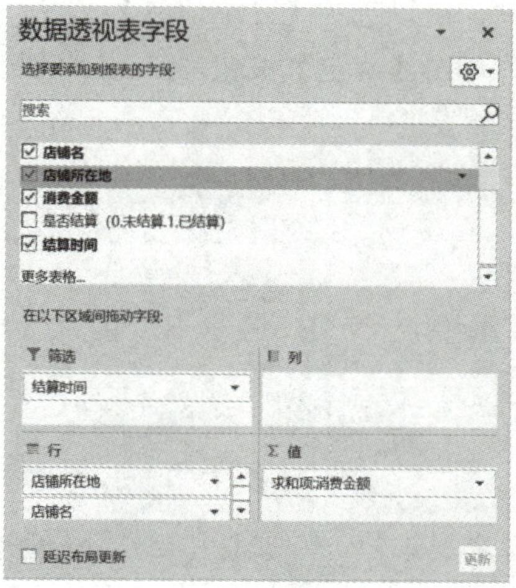

图 11-8　数据透视表字段

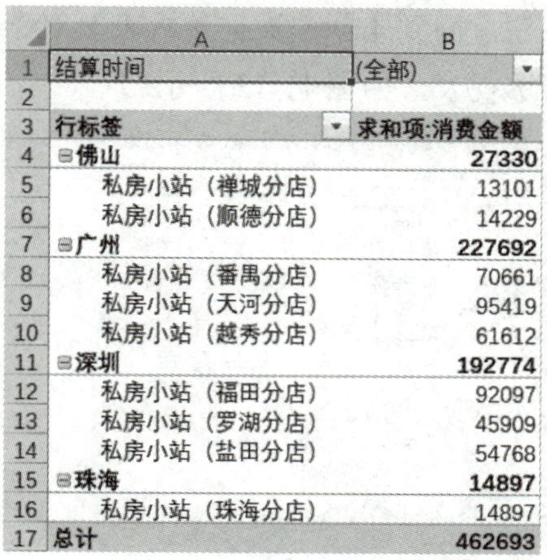

	A	B
1	结算时间	(全部)
2		
3	行标签	求和项:消费金额
4	⊟佛山	27330
5	私房小站（禅城分店）	13101
6	私房小站（顺德分店）	14229
7	⊟广州	227692
8	私房小站（番禺分店）	70661
9	私房小站（天河分店）	95419
10	私房小站（越秀分店）	61612
11	⊟深圳	192774
12	私房小站（福田分店）	92097
13	私房小站（罗湖分店）	45909
14	私房小站（盐田分店）	54768
15	⊟珠海	14897
16	私房小站（珠海分店）	14897
17	总计	462693

图 11-9　手动创建数据透视表

2. 通过导入外部数据源创建

外部数据源主要包括：文本文件、Microsoft SQL Server 数据库、Microsoft Access 数据库等。在创建数据透视表之前，需要先将【订单信息 .accdb】文件复制到【文档\我的数据源】目录下。

通过 Access 数据库文件创建数据透视表，具体的操作步骤如下：

(1) 打开【创建数据透视表】对话框。新建一个工作簿，重命名为【数据透视表 .xlsx】，在【插入】选项卡的【表格】命令组中，单击【数据透视表】命令，弹出【创建数据透视表】对话框，如图 11-10 所示。

(2) 打开【现有连接】对话框。单击图 11-10 所示的【使用外部数据源】单选框，单击【选择连接】按钮，弹出【现有连接】对话框，如图 11-11 所示。

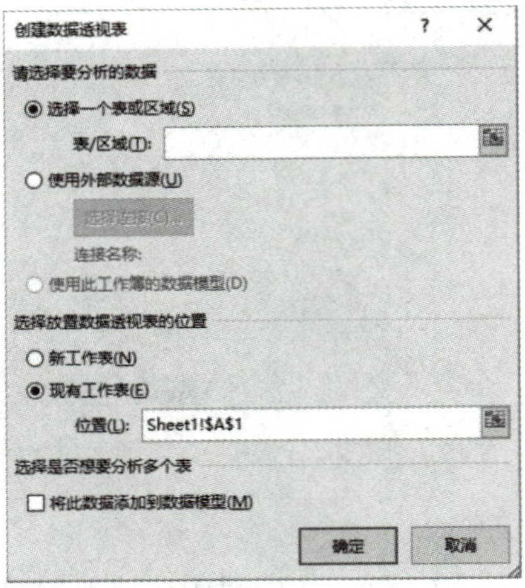

图 11-10 【创建数据透视表】对话框

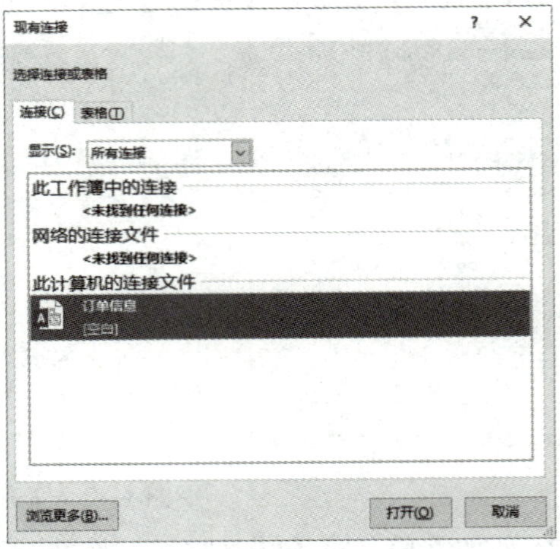

图 11-11 【现有连接】对话框

(3) 选择数据源文件来创建数据透视表。在图 11-11 中的【此计算机的连接文件】列表框中选择数据源文件，因为只有一个文件，所以选中【订单信息】，之后单击【打开】按钮，回到【创建数据透视表】对话框，单击【确定】按钮，Excel 将创建一个空白数据透视表，如图 11-12 所示。

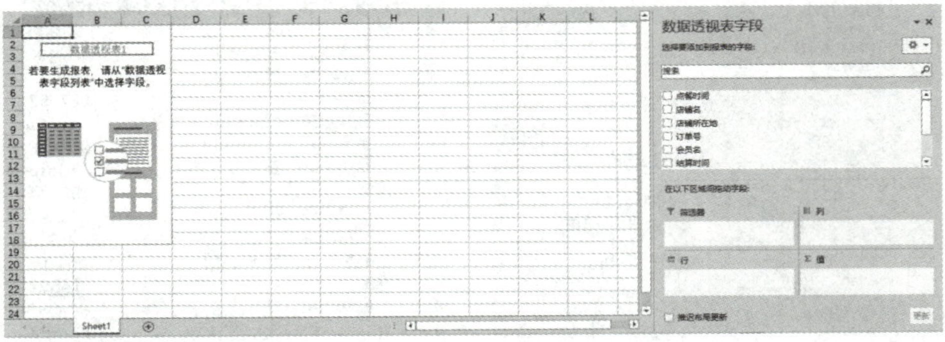

图 11-12 空白数据透视表

(4) 设置字段。将【结算时间】拖拽至【筛选器】区域，【店铺所在地】和【店铺名】分别拖拽至【行】区域，【消费金额】拖曳至【值】区域，创建的数据透视表如图 11-13 所示。

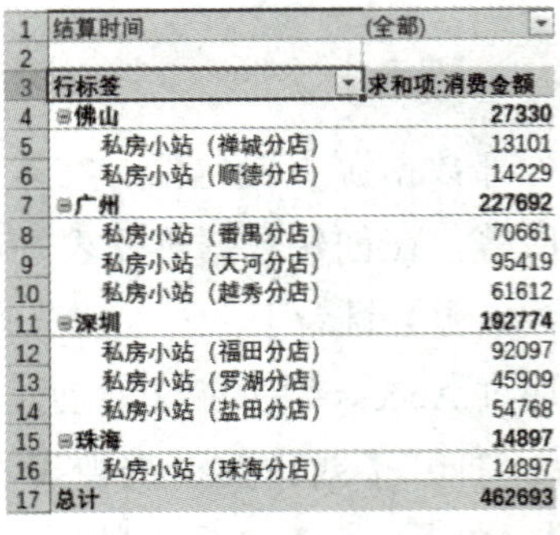

1	结算时间	(全部)
2		
3	行标签	求和项:消费金额
4	⊟佛山	27330
5	私房小站（禅城分店）	13101
6	私房小站（顺德分店）	14229
7	⊟广州	227692
8	私房小站（番禺分店）	70661
9	私房小站（天河分店）	95419
10	私房小站（越秀分店）	61612
11	⊟深圳	192774
12	私房小站（福田分店）	92097
13	私房小站（罗湖分店）	45909
14	私房小站（盐田分店）	54768
15	⊟珠海	14897
16	私房小站（珠海分店）	14897
17	总计	462693

图 11-13 通过导入外部数据源创建数据透视表

二、编辑数据透视表

对于完成制作的数据透视表，有时还需要进行编辑，常见的操作包括修改透视表、复制和移动数据透视表、重命名透视表、改变透视表布局、设计透视表样式等。在 Excel 中分别进行上述操作，对所创建的数据透视表进行更改，数据透视表如图 11-14 所示。

1	结算时间	(全部)
2		
3	行标签	求和项:消费金额
4	⊟佛山	27330
5	私房小站（禅城分店）	13101
6	私房小站（顺德分店）	14229
7	⊟广州	227692
8	私房小站（番禺分店）	70661
9	私房小站（天河分店）	95419
10	私房小站（越秀分店）	61612
11	⊟深圳	192774
12	私房小站（福田分店）	92097
13	私房小站（罗湖分店）	45909
14	私房小站（盐田分店）	54768
15	⊟珠海	14897
16	私房小站（珠海分店）	14897
17	总计	462693

图 11-14　数据透视表

编辑数据透视表

1. 修改数据透视表

对数据透视表显示的内容进行修改，具体的操作步骤如下：

(1) 行字段改为列字段。打开【数据透视表 .xlsx】工作簿，在【数据透视表字段】窗格中，将【店铺所在地】由【行】区域拖拽到【列】区域，如图 11-15 所示。

此时数据透视表如图 11-16 所示。

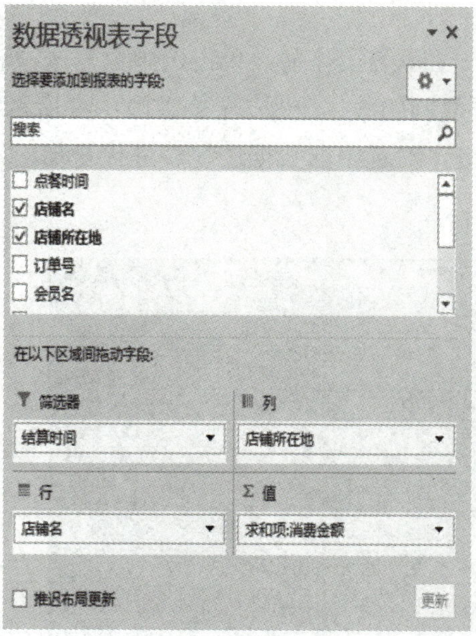

图 11-15　数据透视表字段

1	结算时间	(全部)				
2						
3	求和项:消费金额	列标签				
4	行标签	佛山	广州	深圳	珠海	总计
5	私房小站（禅城分店）	13101				13101
6	私房小站（番禺分店）		70661			70661
7	私房小站（福田分店）			92097		92097
8	私房小站（罗湖分店）			45909		45909
9	私房小站（顺德分店）	14229				14229
10	私房小站（天河分店）		95419			95419
11	私房小站（盐田分店）			54768		54768
12	私房小站（越秀分店）		61612			61612
13	私房小站（珠海分店）				14897	14897
14	总计	27330	227692	192774	14897	462693

图 11-16　修改后的数据透视表

(2) 列字段改为行字段。将【店铺所在地】由【列】区域拖拽到【行】区域，结果如图 11-17 所示。

1	结算时间	(全部)
2		
3	行标签	求和项:消费金额
4	⊟私房小站（禅城分店）	13101
5	佛山	13101
6	⊟私房小站（番禺分店）	70661
7	广州	70661
8	⊟私房小站（福田分店）	92097
9	深圳	92097
10	⊟私房小站（罗湖分店）	45909
11	深圳	45909
12	⊟私房小站（顺德分店）	14229
13	佛山	14229
14	⊟私房小站（天河分店）	95419
15	广州	95419
16	⊟私房小站（盐田分店）	54768
17	深圳	54768
18	⊟私房小站（越秀分店）	61612
19	广州	61612
20	⊟私房小站（珠海分店）	14897
21	珠海	14897
22	总计	462693

图 11-17　修改后的数据透视表

对比图 11-14 与图 11-17 可以发现，同一区域的字段顺序不同，数据透视表的结果也会有所不同。

2. 复制和移动数据透视表

数据透视表中的单元格比较特殊，因此复制和移动数据透视表的方法也比较特殊。

1) 复制数据透视表

复制数据透视表的具体操作步骤如下：

(1) 选择整个数据透视表。打开【数据透视表 .xlsx】工作簿，单击选中数据透视表的任一单元格，按下【Ctrl + A】组合键，选中要复制的数据透视表，如图 11-18 所示。

(2) 复制数据透视表。按下【Ctrl + C】组合键，对选中的数据透视表进行复制，如图 11-19 所示。

3	行标签	求和项:消费金额
4	⊟佛山	27330
5	私房小站（禅城分店）	13101
6	私房小站（顺德分店）	14229
7	⊟广州	227692
8	私房小站（番禺分店）	70661
9	私房小站（天河分店）	95419
10	私房小站（越秀分店）	61612
11	⊟深圳	192774
12	私房小站（福田分店）	92097
13	私房小站（罗湖分店）	45909
14	私房小站（盐田分店）	54768
15	⊟珠海	14897
16	私房小站（珠海分店）	14897
17	总计	462693

图 11-18　选中要复制的数据透视表

3	行标签	求和项:消费金额
4	⊟佛山	27330
5	私房小站（禅城分店）	13101
6	私房小站（顺德分店）	14229
7	⊟广州	227692
8	私房小站（番禺分店）	70661
9	私房小站（天河分店）	95419
10	私房小站（越秀分店）	61612
11	⊟深圳	192774
12	私房小站（福田分店）	92097
13	私房小站（罗湖分店）	45909
14	私房小站（盐田分店）	54768
15	⊟珠海	14897
16	私房小站（珠海分店）	14897
17	总计	462693

图 11-19　复制数据透视表

(3) 粘贴数据透视表。单击选中目标区域的起始单元格，按下【Ctrl + V】组合键，对数据透视表进行粘贴，结果如图 11-20 所示。

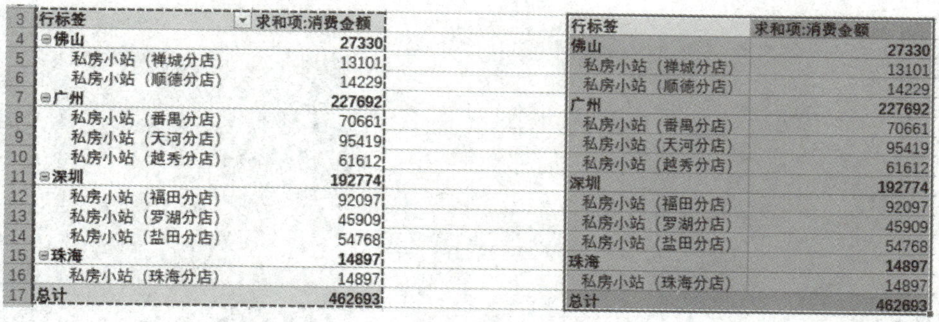

行标签	求和项:消费金额
佛山	27330
私房小站（禅城分店）	13101
私房小站（顺德分店）	14229
广州	227692
私房小站（番禺分店）	70661
私房小站（天河分店）	95419
私房小站（越秀分店）	61612
深圳	192774
私房小站（福田分店）	92097
私房小站（罗湖分店）	45909
私房小站（盐田分店）	54768
珠海	14897
私房小站（珠海分店）	14897
总计	462693

图 11-20 复制完成

2) 移动数据透视表

对于完成创建的数据透视表，有时候需要将其移动到其他位置，具体的操作步骤如下：

(1) 选择整个数据透视表。单击选中数据透视表的任一单元格，按下【Ctrl + A】组合键，选中要移动的数据透视表，如图 11-21 所示。

(2) 打开【移动数据透视表】对话框。在【分析】选项卡的【操作】命令组中，单击【移动数据透视表】命令，如图 11-22 所示，弹出【移动数据透视表】对话框。

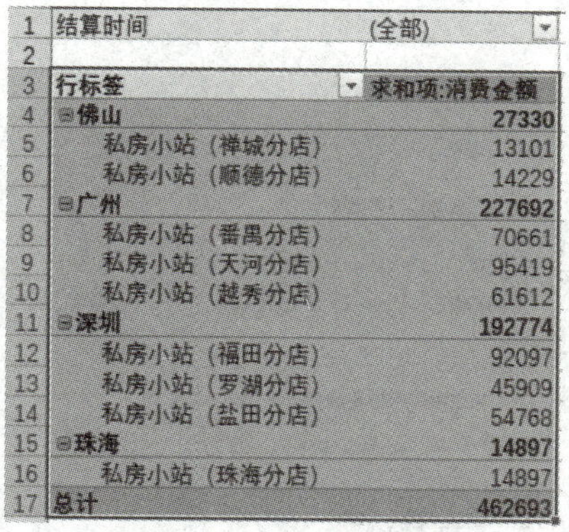

结算时间	(全部)
行标签	求和项:消费金额
佛山	27330
私房小站（禅城分店）	13101
私房小站（顺德分店）	14229
广州	227692
私房小站（番禺分店）	70661
私房小站（天河分店）	95419
私房小站（越秀分店）	61612
深圳	192774
私房小站（福田分店）	92097
私房小站（罗湖分店）	45909
私房小站（盐田分店）	54768
珠海	14897
私房小站（珠海分店）	14897
总计	462693

图 11-21 选中要移动的数据透视表

图 11-22 【移动数据透视表】命令

(3) 输入放置数据透视表的位置。在弹出【移动数据透视表】对话框的【位置】文本框中会输入“Sheet1!$D$3”，如图 11-23 所示。

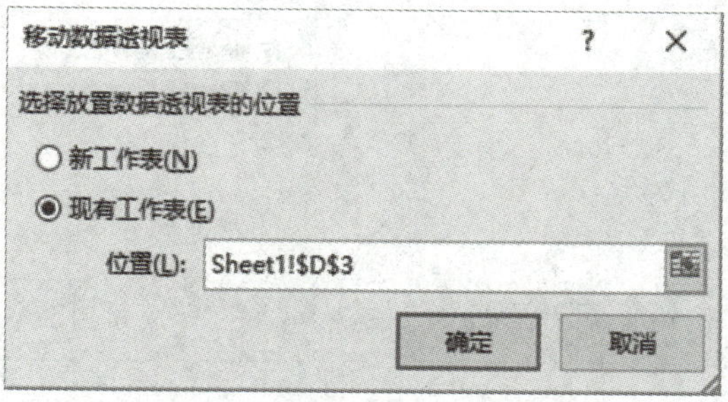

图 11-23 选择放置数据透视表的位置

(4) 确定设置。单击图 11-23 中的【确定】按钮，数据透视表被移动到新的位置，如图 11-24 所示。

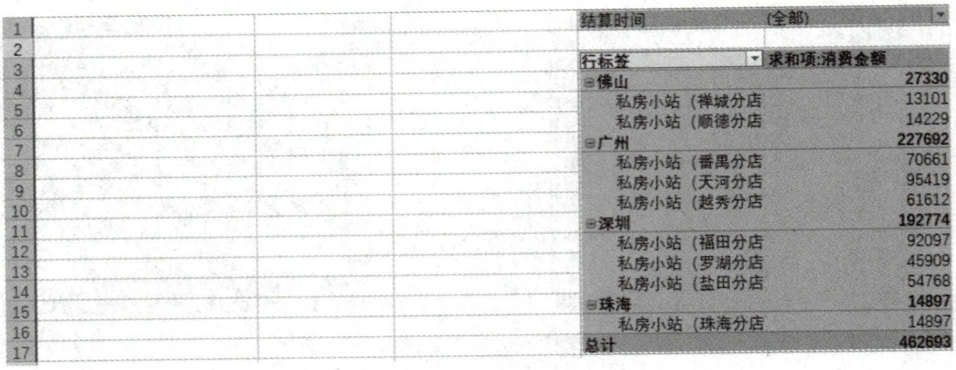

图 11-24 移动数据透视表

3. 重命名数据透视表

对完成创建的数据透视表的名称进行更改，具体操作步骤如下：

(1) 打开【数据透视表选项】对话框。打开【数据透视表.xlsx】工作簿，单击数据区域内任一单元格，在【分析】选项卡的【数据透视表】命令组中，单击【选项】命令，弹出【数据透视表选项】对话框，如图 11-25 所示。

(2) 输入数据透视表的新名称。在图 11-25 中的【数据透视表名称】文本框中输入“订单信息”，如图 11-26 所示。

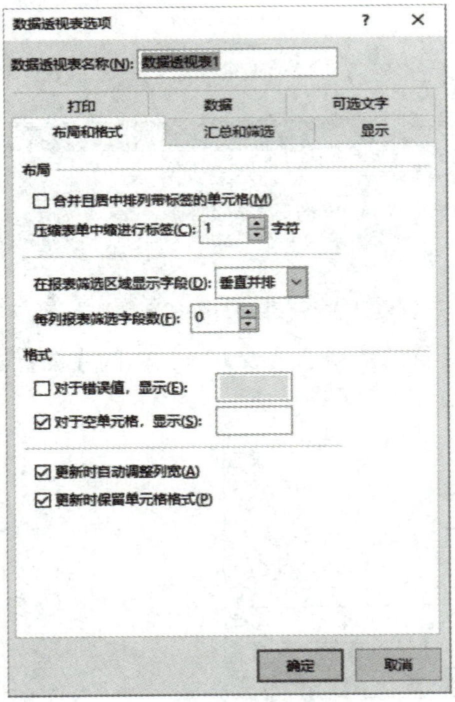

图 11-25 【数据透视表选项】对话框

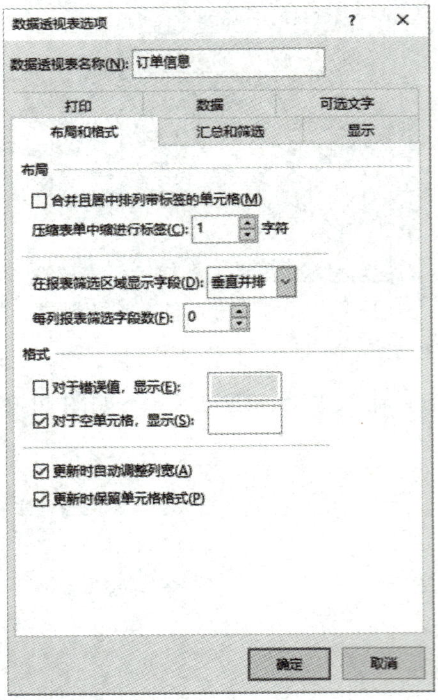

图 11-26 在文本框中输入“订单信息”

(3) 确定设置。单击图 11-26 中的【确定】按钮，即可完成对数据透视表名称的重命名操作。

4. 改变数据透视表布局

改变数据透视表布局包括设置分类汇总、设置总计、设置报表布局和空行等。现以将数据透视表的布局改为表格形式为例进行介绍，具体的操作如下：

打开【数据透视表 .xlsx】工作簿，单击数据区域内任一单元格，在【设计】选项卡的【布局】命令组中，单击【报表布局】命令，选择【以表格形式显示】，如图 11-27 所示。该数据透视表即以表格形式显示，如图 11-28 所示。

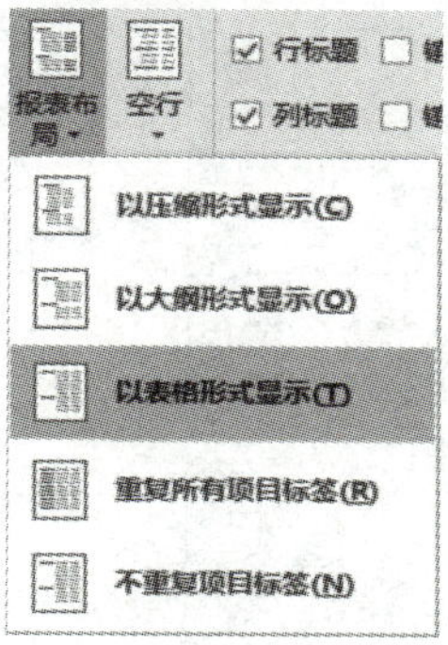

图 11-27 【报表布局】命令

1	结算时间	(全部)	
2			
3	店铺所在地	店铺名	求和项:消费金额
4	⊟佛山	私房小站（禅城分店）	13101
5		私房小站（顺德分店）	14229
6	佛山 汇总		27330
7	⊟广州	私房小站（番禺分店）	70661
8		私房小站（天河分店）	95419
9		私房小站（越秀分店）	61612
10	广州 汇总		227692
11	⊟深圳	私房小站（福田分店）	92097
12		私房小站（罗湖分店）	45909
13		私房小站（盐田分店）	54768
14	深圳 汇总		192774
15	⊟珠海	私房小站（珠海分店）	14897
16	珠海 汇总		14897
17	总计		462693

图 11-28　将数据透视表布局改为表格形式

5. 设置数据透视表样式

在工作表中插入数据透视表后，还可以对数据透视表的格式进行设置，使数据透视表更加美观。

1) 自动套用样式

用户可以设置数据透视表的格式为系统自带样式，具体操作步骤如下：

(1) 打开数据透视表格式的下拉列表。打开【数据透视表 .xlsx】工作簿，在【设计】选项卡的【数据透视表样式】命令组中，单击【其他】按钮，弹出的下拉列表如图 11-29 所示。

(2) 选择样式。在弹出的下拉列表中选择其中一种样式，即可更改数据透视表的样式，此处选择【数据透视表样式中等深浅 8】，结果如图 11-30 所示。

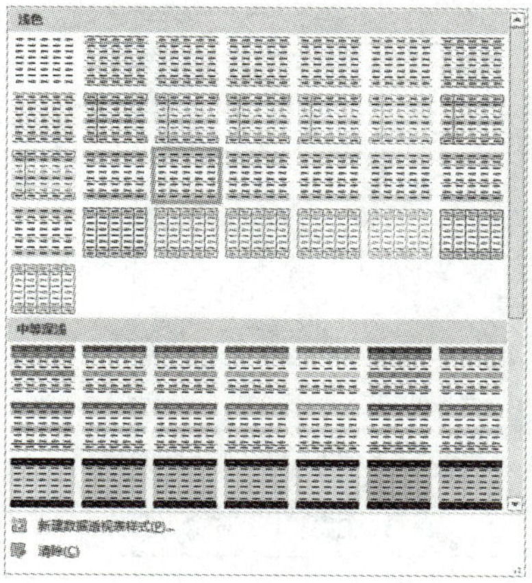

图 11-29　数据透视表样式

1	结算时间	(全部)
2		
3	行标签	求和项:消费金额
4	⊟佛山	27330
5	私房小站（禅城分店）	13101
6	私房小站（顺德分店）	14229
7	⊟广州	227692
8	私房小站（番禺分店）	70661
9	私房小站（天河分店）	95419
10	私房小站（越秀分店）	61612
11	⊟深圳	192774
12	私房小站（福田分店）	92097
13	私房小站（罗湖分店）	45909
14	私房小站（盐田分店）	54768
15	⊟珠海	14897
16	私房小站（珠海分店）	14897
17	总计	462693

图 11-30　自动套用样式结果

2) 自定义数据透视表样式

如果系统自带的数据透视表样式不能满足需要，那么用户还可以自定义数据透视表样式，具体操作步骤如下：

(1) 打开【新建数据透视表样式】对话框。在【设计】选项卡的【表格样式】命令组中，单击【其他】按钮，在弹出的下拉列表中选择【新建数据透视表样式】，弹出【新建数据透视表样式】对话框，如图 11-31 所示。

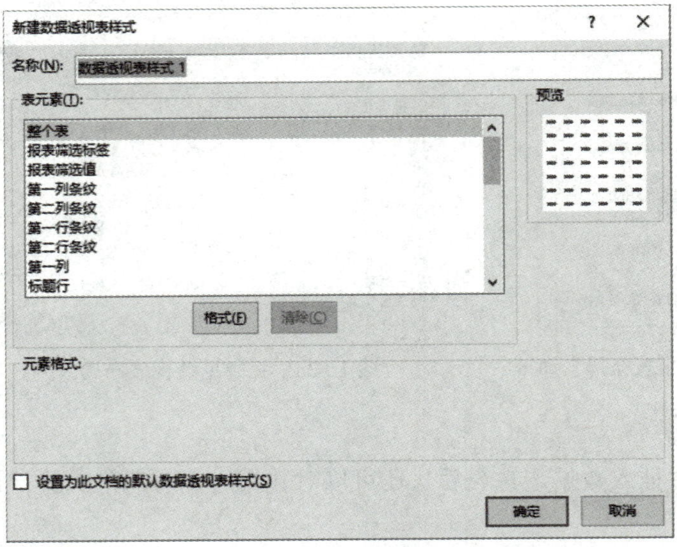

图 11-31 【新建数据透视表样式】对话框

(2) 输入新样式名称和选择表元素。在图 11-31 所示的【名称】对话框中输入样式的名称，此处输入“新建样式 1”，在【表元素】下拉框中选择【整个表】，如图 11-32 所示。

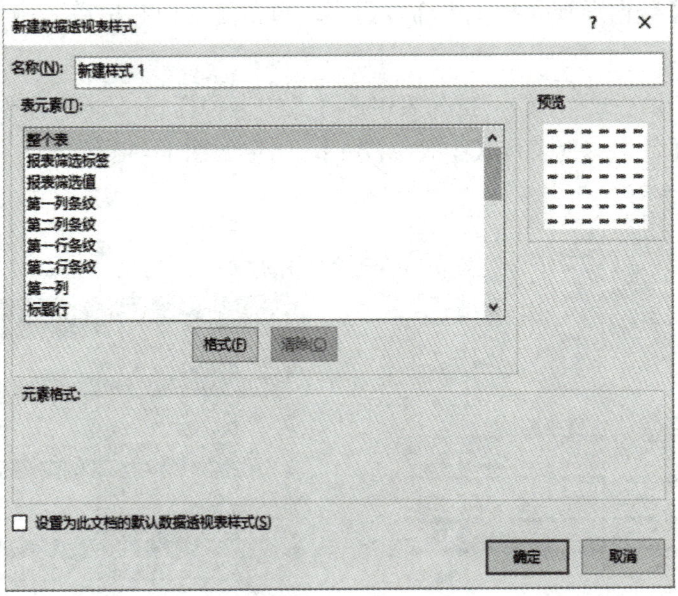

图 11-32 设置表格样式

(3) 打开【设置单元格格式】对话框。单击图 11-32 所示的【格式】按钮，弹出【设置单元格格式】对话框，如图 11-33 所示。

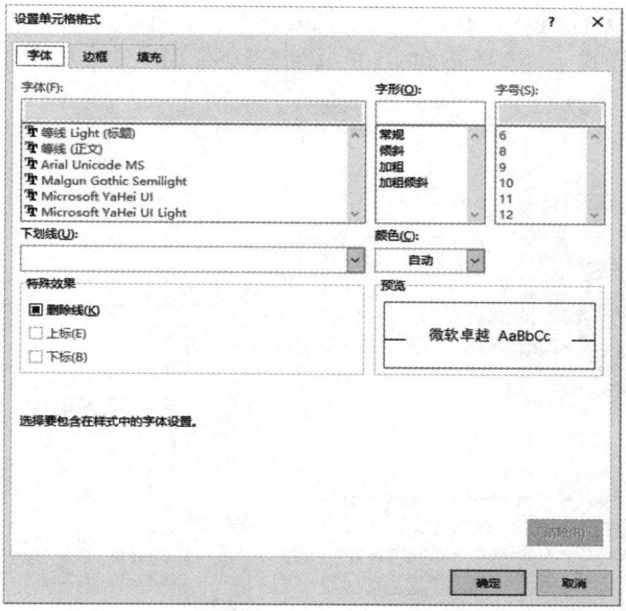

图 11-33　【设置单元格格式】对话框

(4) 设置边框样式。切换到【边框】选项卡，在【样式】列表框中选择“无”下面的虚线样式，在【颜色】下拉框中设置边框的颜色为“蓝色”，在【预置】中选择【外边框】，如图 11-34 所示。

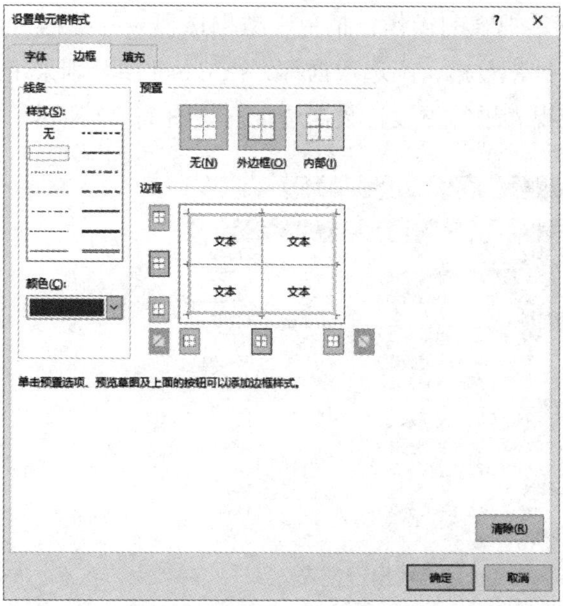

图 11-34　设置边框样式

(5) 确定设置。单击图 11-34 的【确定】按钮，返回【新建表样式】对话框，再单击【确定】按钮，回到工作表中。

(6) 打开数据透视表格式的下拉列表。在【设计】选项卡的【数据透视表样式】命令组中，单击【其他】按钮 ，在弹出的下拉列表出现了自定义样式，如图 11-35 所示。

(7) 选择新建样式 1。选择图 11-35 的【新建样式 1】，结果如图 11-36 所示。

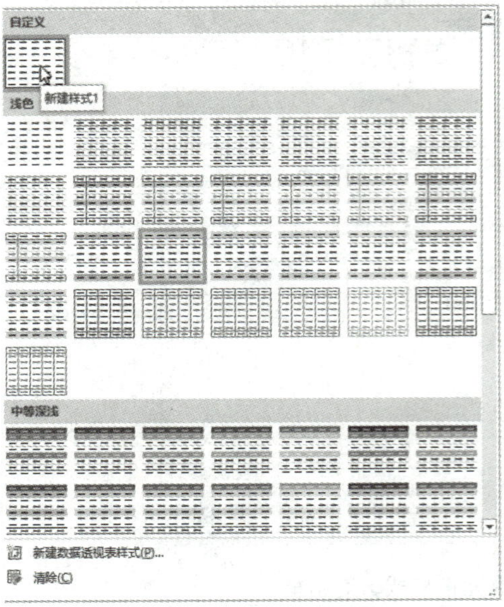

图 11-35　自定义样式

1	结算时间	(全部)
2		
3	行标签	求和项:消费金额
4	⊟佛山	27330
5	私房小站（禅城分店）	13101
6	私房小站（顺德分店）	14229
7	⊟广州	227692
8	私房小站（番禺分店）	70661
9	私房小站（天河分店）	95419
10	私房小站（越秀分店）	61612
11	⊟深圳	192774
12	私房小站（福田分店）	92097
13	私房小站（罗湖分店）	45909
14	私房小站（盐田分店）	54768
15	⊟珠海	14897
16	私房小站（珠海分店）	14897
17	总计	462693

图 11-36　自定义数据透视表样式结果

三、操作数据透视表中的数据

对创建好的数据透视表的操作包括更新数据透视表的数据、设置数据透视表的字段、改变汇总方式、排序数据、筛选数据等。在 Excel 中分别采用上述操作对本任务第一节中创建的数据透视表进行更改，数据透视表如图 11-37 所示。

1	结算时间	(全部)
2		
3	行标签	求和项:消费金额
4	⊟佛山	27330
5	私房小站（禅城分店）	13101
6	私房小站（顺德分店）	14229
7	⊟广州	227692
8	私房小站（番禺分店）	70661
9	私房小站（天河分店）	95419
10	私房小站（越秀分店）	61612
11	⊟深圳	192774
12	私房小站（福田分店）	92097
13	私房小站（罗湖分店）	45909
14	私房小站（盐田分店）	54768
15	⊟珠海	14897
16	私房小站（珠海分店）	14897
17	总计	462693

图 11-37　数据透视表

操作数据透视表中的数据

1. 刷新数据透视表

数据透视表中的数据来源于数据源，不能在透视表中直接修改。当原数据表中的数据被修改之后，数据透视表不会自动进行更新，必须执行更新操作才能刷新数据透视表，具体操作步骤如下：

(1) 打开【订单信息 .xlsx】工作簿切换至【Sheet2】工作表，右键单击数据透视表的任一单元格，在弹出的菜单中选择【刷新】命令，显示结果如图 11-38 所示。

(2) 或者在【分析】选项卡的【数据】命令组中，单击【刷新】命令，对数据透视表进行更新，如图 11-39 所示。

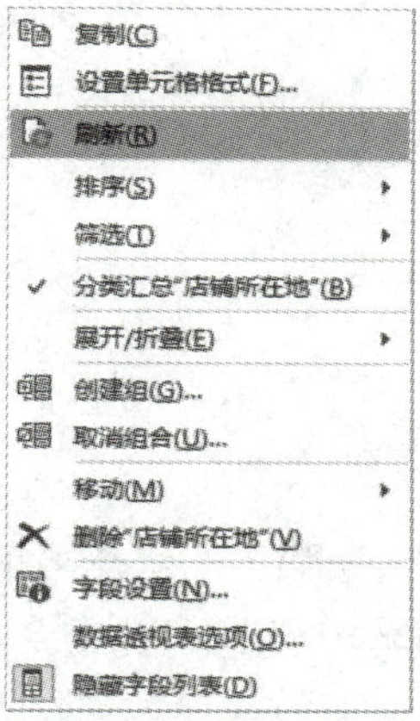

图 11-38　右键单击选择【刷新】

图 11-39　通过【刷新】命令对数据透视表进行更新

2. 设置数据透视表的字段

创建完数据透视表后，用户还可以对数据透视表的字段进行相应设置。

1) 添加字段

除了直接拖动字段到区域中，向数据透视表添加字段还有如下两种方法。

(1) 打开【订单信息 .xlsx】工作簿，切换到【Sheet2】工作表，在【选择要添加到报表的字段】区域中，勾选【是否结算 (0. 未结算 .1. 已结算)】复选框，如图 11-40 所示。根据字段的特点，该字段被添加到【值】区域，所得的数据透视表如图 11-41 所示。

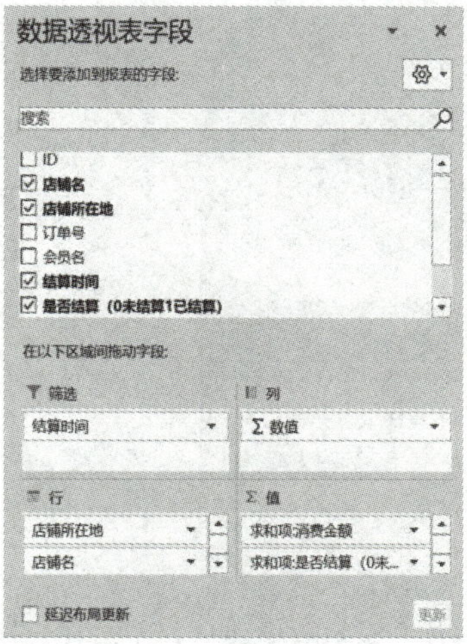

图 11-40　勾选复选框添加字段

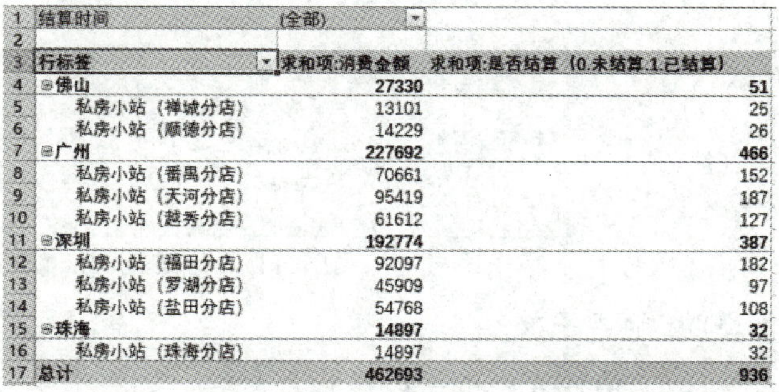

1	结算时间	(全部)	
2			
3	行标签	求和项:消费金额	求和项:是否结算（0.未结算.1.已结算）
4	⊟佛山	27330	51
5	私房小站（禅城分店）	13101	25
6	私房小站（顺德分店）	14229	26
7	⊟广州	227692	466
8	私房小站（番禺分店）	70661	152
9	私房小站（天河分店）	95419	187
10	私房小站（越秀分店）	61612	127
11	⊟深圳	192774	387
12	私房小站（福田分店）	92097	182
13	私房小站（罗湖分店）	45909	97
14	私房小站（盐田分店）	54768	108
15	⊟珠海	14897	32
16	私房小站（珠海分店）	14897	32
17	总计	462693	936

图 11-41　添加字段到【值】区域

需要注意的是，所选字段将被添加到默认区域：非数字字段添加到【行】区域，日期和时间层次结构添加到【列】区域，数值字段添加到【值】区域。

(2) 右键单击【是否结算 (0. 未结算 .1. 已结算)】，在弹出的快捷菜单中选择【添加到值】命令，如图 11-42 所示，该字段即可被添加到【值】区域处。

图 11-42　通过鼠标右键添加字段

2) 删除字段

在数据透视表中删除消费金额字段有如下两种方法。

(1) 在【值】区域中右键单击【求和项 : 消费金额】，在弹出的快捷菜单中选择【删除字段】命令，如图 11-43 所示，删除字段结果如图 11-44 所示。

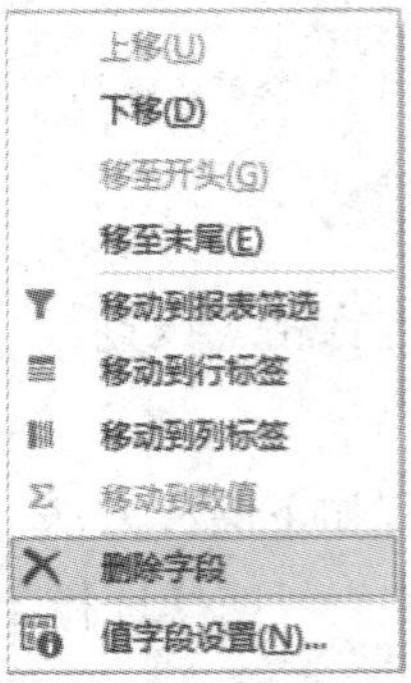

图 11-43　删除字段

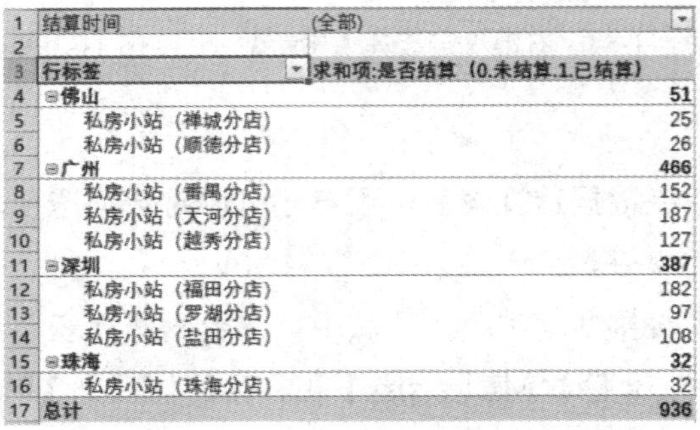

1	结算时间	(全部)
2		
3	行标签	求和项:是否结算（0.未结算.1.已结算）
4	⊟佛山	51
5	私房小站（禅城分店）	25
6	私房小站（顺德分店）	26
7	⊟广州	466
8	私房小站（番禺分店）	152
9	私房小站（天河分店）	187
10	私房小站（越秀分店）	127
11	⊟深圳	387
12	私房小站（福田分店）	182
13	私房小站（罗湖分店）	97
14	私房小站（盐田分店）	108
15	⊟珠海	32
16	私房小站（珠海分店）	32
17	总计	936

图 11-44　删除字段结果

(2) 在【值】区域中单击【求和项 : 消费金额】，按住鼠标将它拖拽到区域外，释放鼠标进行删除，如图 11-45 所示。

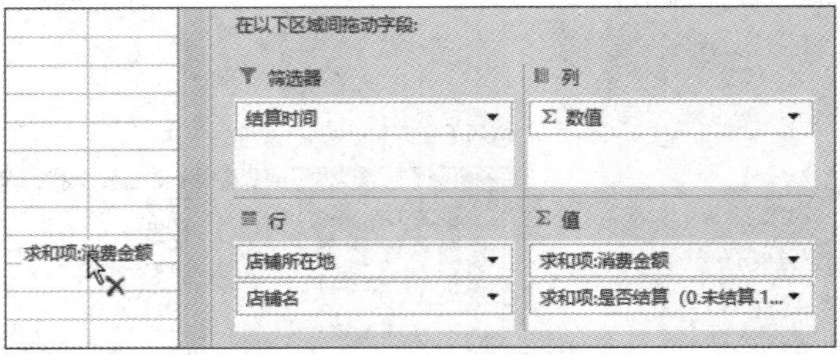

图 11-45　通过拖动法删除字段

3) 重命名字段

将数据透视表中的字段进行重命名，如将值字段中的“求和项 : 是否结算 (0. 未结算 .1. 已结算)”改为“订单数”，具体操作步骤如下：

(1) 打开【值字段设置】对话框。在【值】区域中单击【和项：是否结算 (0. 未结算 .1. 已结算)】，在弹出的快捷菜单中选择【值字段设置】命令，弹出【值字段设置】对话框，如图 11-46 所示。

(2) 输入订单数。在图 11-46 中的【自定义名称】文本框中输入“订单数”，如图 11-47 所示。

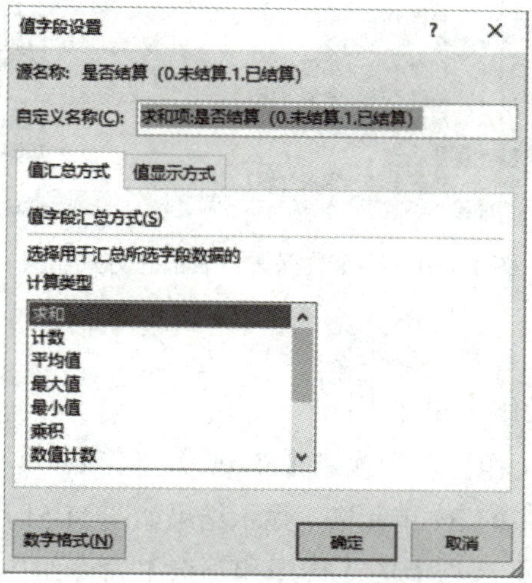

图 11-46　【值字段设置】对话框

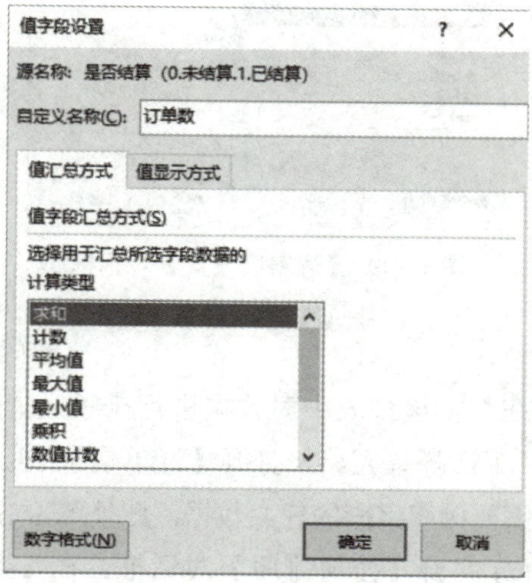

图 11-47　重命名字段

(3) 确定设置。单击图 11-47 中的【确定】按钮，结果如图 11-48 所示。

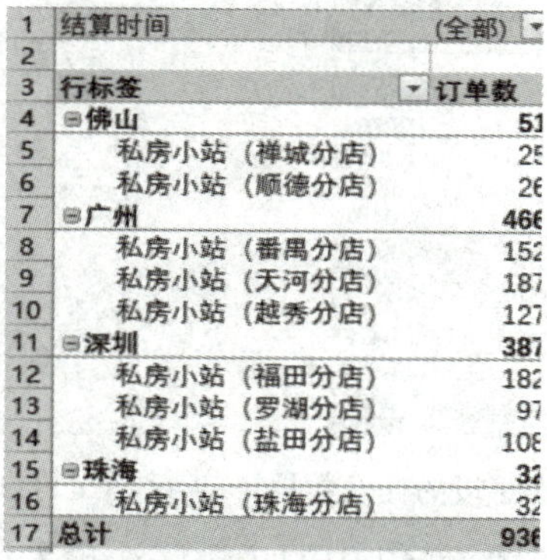

1	结算时间	(全部)
2		
3	行标签	订单数
4	⊟佛山	51
5	私房小站（禅城分店）	25
6	私房小站（顺德分店）	26
7	⊟广州	466
8	私房小站（番禺分店）	152
9	私房小站（天河分店）	187
10	私房小站（越秀分店）	127
11	⊟深圳	387
12	私房小站（福田分店）	182
13	私房小站（罗湖分店）	97
14	私房小站（盐田分店）	108
15	⊟珠海	32
16	私房小站（珠海分店）	32
17	总计	936

图 11-48　重命名字段结果

3. 改变数据透视表的汇总方式

在数据透视表中，数据的汇总方式默认为求和，还有计数、平均值、最大值、最小值等。将数据透视表的汇总方式改为最大值，具体操作步骤如下：

(1) 打开【值字段设置】对话框。打开【订单信息 .xlsx】工作簿，切换到【Sheet2】工作表，在【值】区域中单击【求和项：消费金额】，选择【值字段设置】，弹出【值字段设置】对话框，如图 11-49 所示。

(2) 选择计算类型并确定设置。在图 11-49 中的【值字段汇总方式】列表框中选择【最大值】，单击【确定】按钮，结果如图 11-50 所示。

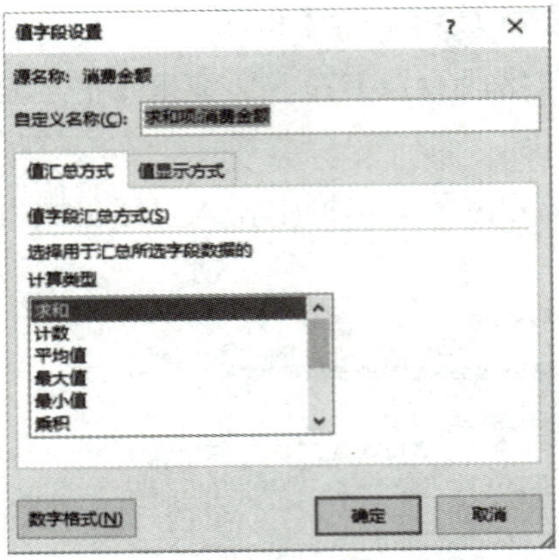

图 11-49 【值字段设置】对话框

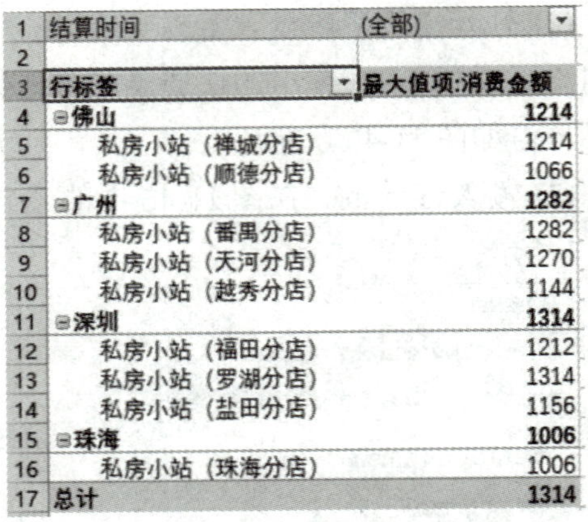

1	结算时间	(全部)
2		
3	行标签	最大值项:消费金额
4	⊟佛山	1214
5	私房小站（禅城分店）	1214
6	私房小站（顺德分店）	1066
7	⊟广州	1282
8	私房小站（番禺分店）	1282
9	私房小站（天河分店）	1270
10	私房小站（越秀分店）	1144
11	⊟深圳	1314
12	私房小站（福田分店）	1212
13	私房小站（罗湖分店）	1314
14	私房小站（盐田分店）	1156
15	⊟珠海	1006
16	私房小站（珠海分店）	1006
17	总计	1314

图 11-50 改变数据透视表汇总方式结果

4. 对数据进行排序

在数据透视表中对数据进行排序，具体操作步骤如下：

(1) 选择单元格。打开【订单信息 .xlsx】工作簿，切换到【Sheet2】工作表，单击选择所需要排序字段的任意数据，此处单击 B 列中的 B4 单元格，显示结果如图 11-51 所示。

(2) 打开【按值排序】对话框。在【数据】选项卡的【排序和筛选】命令组中，单击【排序】命令，弹出【按值排序】对话框，如图 11-52 所示。

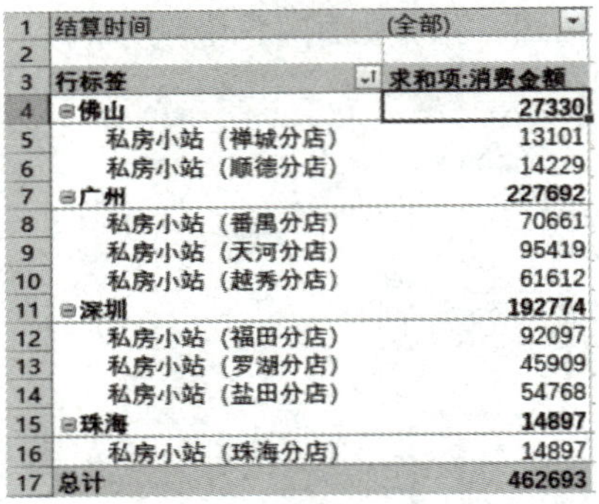

1	结算时间	(全部)
2		
3	行标签	求和项:消费金额
4	⊟佛山	27330
5	私房小站（禅城分店）	13101
6	私房小站（顺德分店）	14229
7	⊟广州	227692
8	私房小站（番禺分店）	70661
9	私房小站（天河分店）	95419
10	私房小站（越秀分店）	61612
11	⊟深圳	192774
12	私房小站（福田分店）	92097
13	私房小站（罗湖分店）	45909
14	私房小站（盐田分店）	54768
15	⊟珠海	14897
16	私房小站（珠海分店）	14897
17	总计	462693

图 11-51 单击选中需要排序字段的任意数据

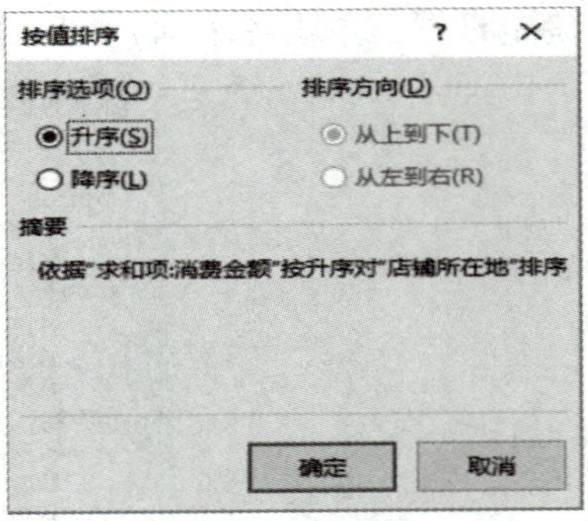

图 11-52 【按值排序】对话框

(3) 设置降序并确定。在图 11-52 中的【排序选项】区域单击【降序】单选框，单击【确定】按钮，结果如图 11-53 所示。

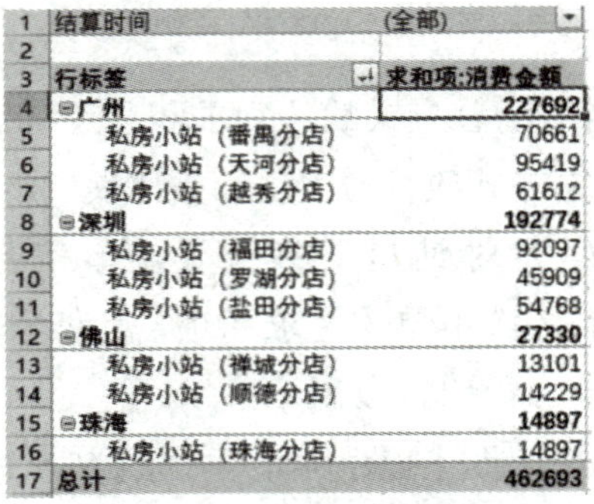

1	结算时间	(全部)
2		
3	行标签	求和项:消费金额
4	⊟广州	227692
5	私房小站（番禺分店）	70661
6	私房小站（天河分店）	95419
7	私房小站（越秀分店）	61612
8	⊟深圳	192774
9	私房小站（福田分店）	92097
10	私房小站（罗湖分店）	45909
11	私房小站（盐田分店）	54768
12	⊟佛山	27330
13	私房小站（禅城分店）	13101
14	私房小站（顺德分店）	14229
15	⊟珠海	14897
16	私房小站（珠海分店）	14897
17	总计	462693

图 11-53 对数据进行排序的结果

5. 筛选数据

在数据透视表中，还可以对数据进行筛选操作。

1) 使用切片器筛选数据透视表

切片器是一个交互式的控件，它提供了一种可视性极强的筛选方式来筛选数据透视表中的数据。通过切片器筛选数据透视表的具体操作步骤如下：

(1) 打开【插入切片器】对话框。打开【订单信息.xlsx】工作簿，切换到【Sheet2】工作表，单击数据区域内任一单元格，在【分析】选项卡的【筛选】命令组中，单击【插入切片器】命令，弹出【插入切片器】对话框，如图 11-54 所示。

(2) 插入切片器。勾选图 11-54 中的【店铺所在地】复选框，单击【确定】按钮，此时就插入了【店铺所在地】切片器，显示结果如图 11-55 所示。

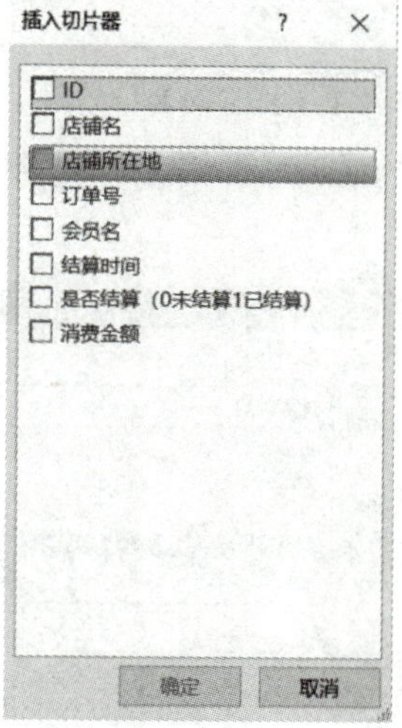

图 11-54　【插入切片器】对话框

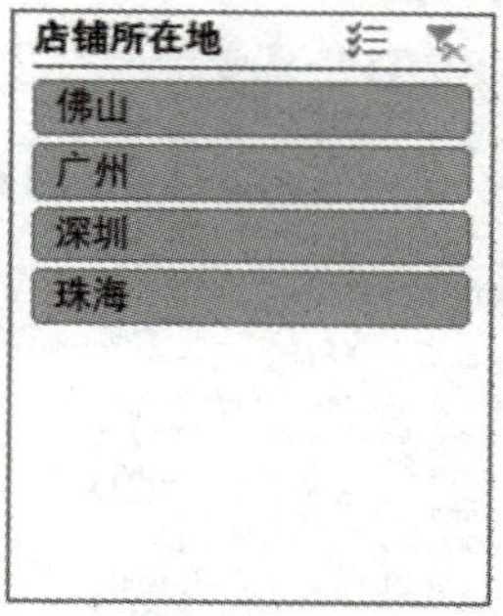

图 11-55　【店铺所在地】切片器

(3) 筛选数据。在【店铺所在地】切片器中单击【广州】选项，则数据透视表中只显示广州的消费金额，如图 11-56 所示。

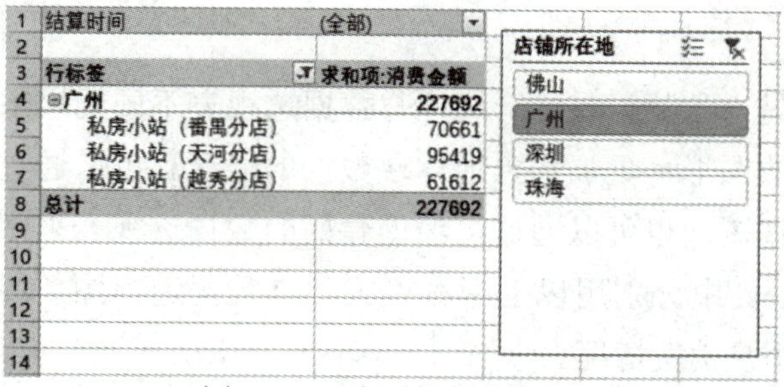

图 11-56　广州的消费金额

2) 使用日程表筛选数据透视表

只有当数据透视表中包含日期格式的字段时，才能使用日程表。通过日程表筛选数据透视表的具体操作步骤如下：

(1) 打开【插入日程表】对话框。单击数据区域内任一单元格，在【分析】选项卡的【筛选】命令组中，单击【插入日程表】命令，弹出【插入日程表】对话框，如图 11-57 所示。

(2) 插入【结算时间】日程表。单击图 11-57 中的【结算时间】复选框，此时就完成了【结算时间】日程表插入操作，如图 11-58 所示。

图 11-57 【插入日程表】对话框

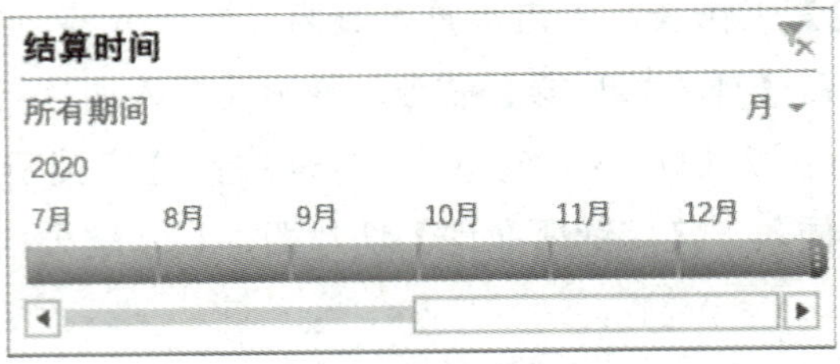

图 11-58 【结算时间】日程表

(3) 筛选出 8 月的消费金额。单击图 11-58 中的【8 月】滑条，则数据透视表中只显示 8 月份的消费金额，如图 11-59 所示。

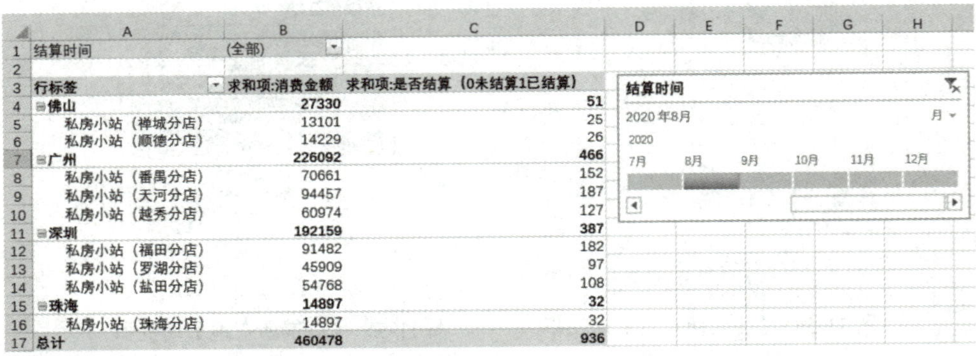

	A	B	C
1	结算时间	(全部)	
2			
3	行标签	求和项:消费金额	求和项:是否结算（0未结算1已结算）
4	佛山	27330	51
5	私房小站（禅城分店）	13101	25
6	私房小站（顺德分店）	14229	26
7	广州	226092	466
8	私房小站（番禺分店）	70661	152
9	私房小站（天河分店）	94457	187
10	私房小站（越秀分店）	60974	127
11	深圳	192159	387
12	私房小站（福田分店）	91482	182
13	私房小站（罗湖分店）	45909	97
14	私房小站（盐田分店）	54768	108
15	珠海	14897	32
16	私房小站（珠海分店）	14897	32
17	总计	460478	936

图 11-59　8 月份的消费金额

四、创建数据透视图

数据透视图是另一种数据表现形式，与数据透视表不同的地方在于它可以选择适当的图形，更加形象地体现数据的情况。可以通过数据区域创建数据透视图，也可以通过已经创建好的数据透视表来创建数据透视图。在 Excel 中分别用以上两种方式建立数据透视图，展示每个地区每个店的用户消费情况。

数据透视图

1. 通过数据区域创建数据透视图

通过数据区域创建数据透视图的具体操作步骤如下：

(1) 打开【创建数据透视图】对话框。打开【订单信息 .xlsx】工作簿，切换到【订单信息】工作表，单击数据区域内任一单元格，在【插入】选项卡的【图表】命令组中，单击【数据透视图】命令，弹出【创建数据透视图】对话框，如图 11-60 所示。

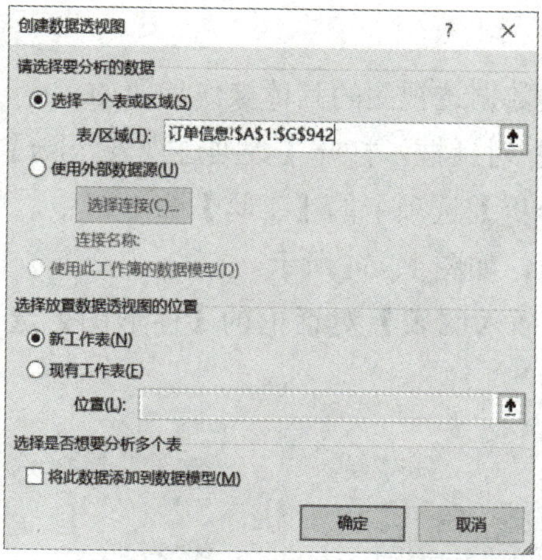

图 11-60 【创建数据透视图】对话框

(2) 创建一个空白数据透视图。单击图 11-60 的【确定】按钮，Excel 将创建一个空白数据透视图，并显示【数据透视表字段】窗格，如图 11-61 所示。

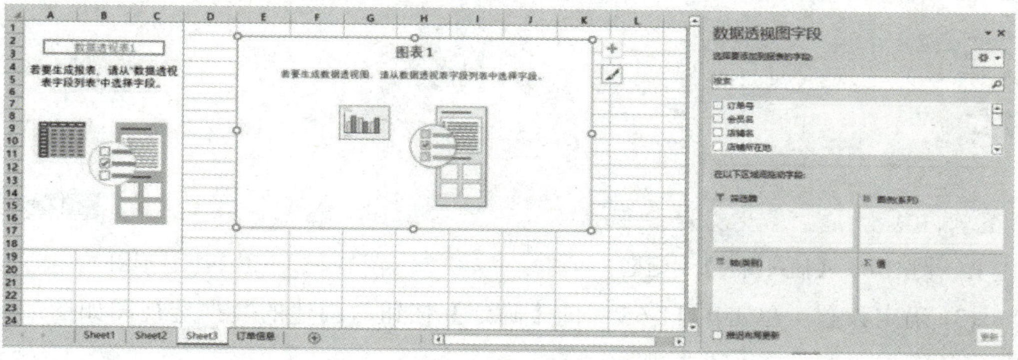

图 11-61 空白数据透视图

(3) 设置字段。将【结算时间】拖拽至【筛选器】区域，【店铺所在地】和【店铺名】分别拖拽至【轴】区域，【消费金额】拖拽至【值】区域，如图 11-62 所示，创建的数据透视图如图 11-63 所示。

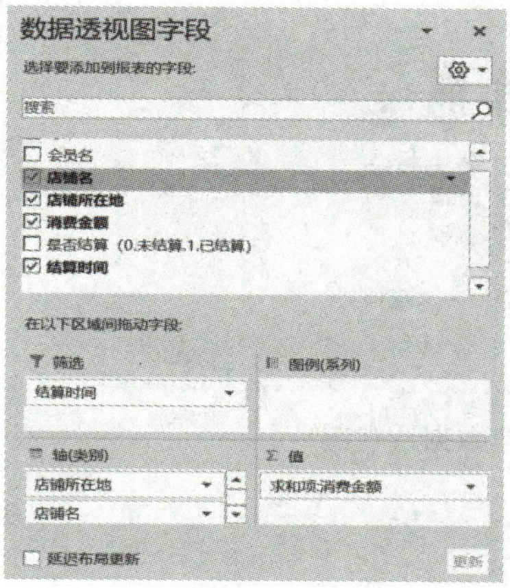

图 11-62 数据透视图字段

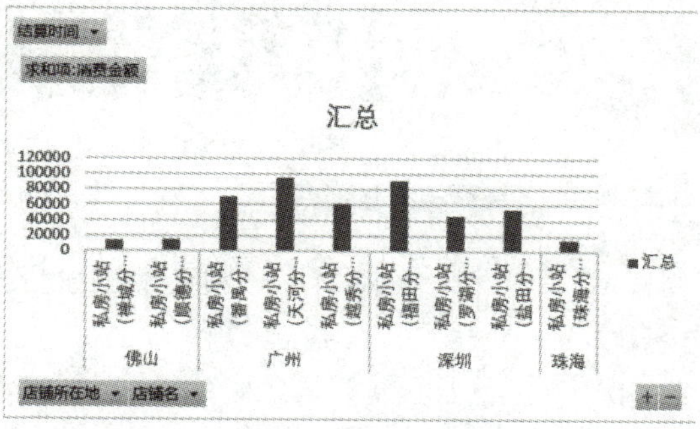

图 11-63 根据数据区域创建数据透视图

2. 通过数据透视表创建数据透视图

通过数据透视表创建数据透视图的具体操作步骤如下：

(1) 打开【插入图表】对话框。打开【数据透视表 .xlsx】工作簿，单击数据透视表内的任一单元格，在【分析】选项卡的【工具】命令组中，单击【数据透视图】命令，弹出【插入图表】对话框，如图 11-64 所示。

(2) 选择图形。在【插入图表】对话框的【柱形图】选项中找到【三维簇状柱形图】，如图 11-65 所示。

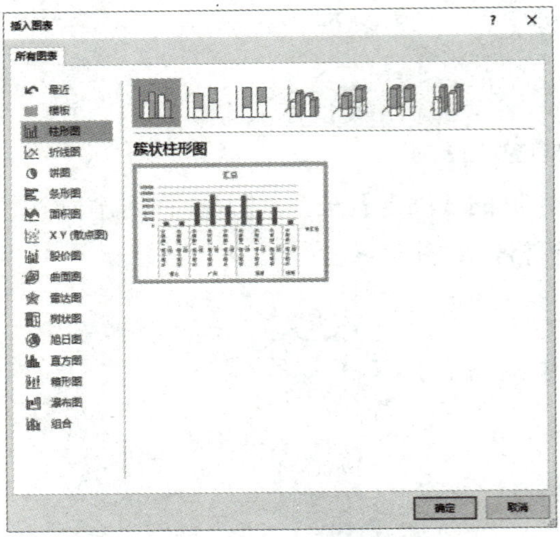

图 11-64 【插入图表】对话框

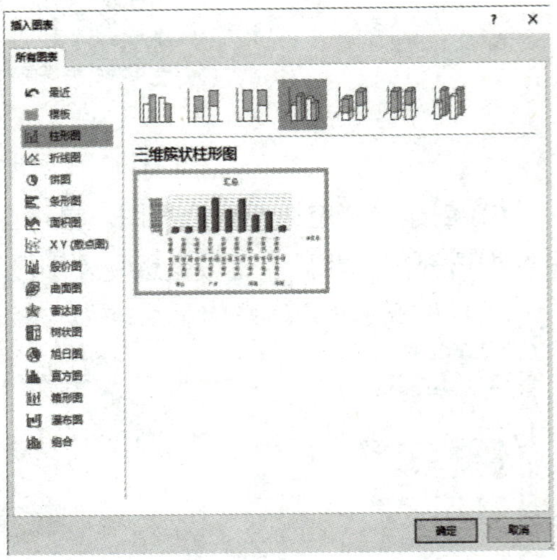

图 11-65 三维簇状柱形图

(3) 确定设置。单击图 11-65 中的【确定】按钮，创建的数据透视图如图 11-66 所示。

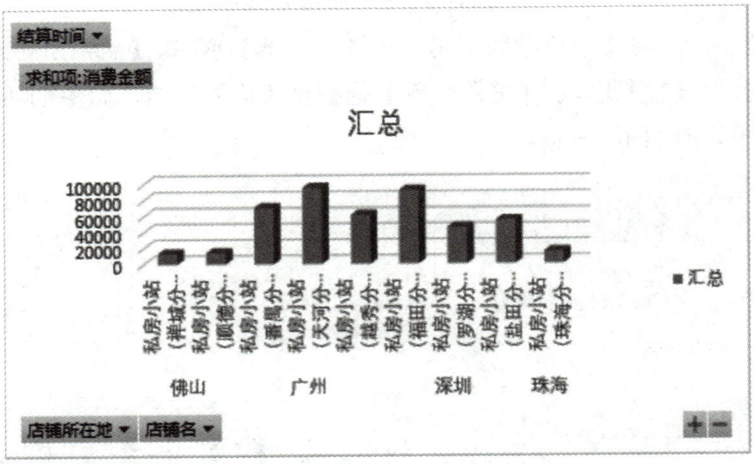

图 11-66 根据数据透视表创建数据透视图

质量监控（教师完成）				
任务实施栏目评分表				
评分项	分值	作答要求	评审规定	得分
任务资讯	10	问题回答清晰准确，能够紧扣主题，没有明显错误项	对照标准答案，一项错误扣 5 分，扣完为止	
任务规划	20	任务规划合理可实施，没有任何细节错误	参照标准答案，一项错误扣 5 分，扣完为止	
任务实施	40	包含具体实施过程，过程完整、准确、清晰	根据错误的严重程度，每个错误点一次分别扣 10 分、5 分、2 分	
任务扩展	20	任务目标明确，结果准确、完整、详细	根据错误的严重程度，每个错误点一次分别扣 10 分、5 分、2 分	
其他	10	日志和问题项目填写详细、能够反映实际工作过程	没有填写或者太过简单，每项扣 5 分	
合计得分				

职业能力评分表			
评分项	等级	作答要求	等级
知识评价	A|B|C	A：能够完整准确地作答任务资讯的所有问题，准确率在 90% 以上 B：能较准确地作答所有问题，准确率在 60% ～ 80% C：对基础知识掌握得非常差，任务资讯和答辩的准确率在 50% 以下	
能力评价	A|B|C	A：熟悉各个环节的实施步骤，独立完成任务，有能力辅助其他学生完成规定的工作任务，实施快速，准确率高，即任务规划和任务实施正确率在 85% 以上 B：基本完成各个环节的任务，准确率在 60% ～ 80% C：未完成任务或只完成了部分任务，有问题没有积极向其他同学请教，工作实施拖拉，不积极，各个部分的准确率在 50% 以下	
态度素养评价	A|B|C	A：不迟到、不早退，对待其他人有礼貌，善于帮助他人，积极主动完成规定的工作任务，工作台整洁，积极回答老师提问 B：基本完成各个环节的任务，准确率在 60% ～ 80% C：未完成任务或只完成了部分任务，有问题没有积极向其他同学请教，工作实施拖拉，不积极，不能准确回答老师提出的问题，各个部分的准确率在 50% 以下	

任务十二 图表的可视化分析

任务设计

实施人员信息（学生填写）							
姓名		班级		学号		电话	

任务目标	笔记栏
(1) 了解 Excel 图表的类型。 (2) 掌握不同类型图表的应用场景。 (3) 能对图表及图表元素进行编辑。 (4) 掌握图表与数据源之间的关系。	

任务介绍	笔记栏
1. 任务描述 Excel 2016 具有强大的可视化功能，包含条件格式、迷你图、数据透视图、图表等。利用 Excel 图表，直观、生动地表示数据的特征是本任务的主要目标。 **2. 任务要求** 利用 Excel 创建不同类型的图表。	

任务资讯	笔记栏
(1) Excel 2016 包含哪些图表类型？(2 分) (2) 不同类型的图表应用于哪些场景？(2 分) (3) 如何创建图表？(2 分) (4) 如何对已经创建好的图表修改图表类型？(2 分) (5) 插入趋势线并设置格式。(2 分)	

任务规划	笔记栏
(1) 任务规划如下：(10 分) ① 创建图表。 ② 编辑图表。 ③ 添加趋势线。 ④ 插入迷你图。 (2) 实施步骤规划。(10 分)	

任务实施	笔记栏
(1) 了解图表的类型。(5 分) (2) 创建柱形图。(5 分) (3) 修改数据源。(5 分) (4) 调整图例。(5 分) (5) 添加数据标签。(5 分) (6) 更改背景色。(5 分) (7) 添加趋势线。(5 分) (8) 制作迷你图。(5 分)	

任务扩展	笔记栏
在图表的制作过程中，为了更好地表达数据，有时需要对图表中的元素进行相应的位置及格式调整，例如改变标题的内容、调整图例的位置、修改坐标刻度的格式等。 (1) 实现图表标题的自动更新。(10 分) (2) 调整图例的位置。(5 分) (3) 修改坐标刻度格式。(5 分)	

工作日志	笔记栏
在实施任务的过程中，填写以下工作日志表。(5 分)	

工作日志表

工作内容	问题及解决方式

工作总结

完成本任务的工作总结。(5 分)

学习资源——图表的可视化分析

为了更加直观地表示数据关系，用户可以将工作表中的数据以图表的形式展示出来。图表可以清楚地反映数据之间的关系，方便用户对数据进行分析和对比。

【学习目标】

(1) 了解图表的组成。

(2) 了解图表的类型。

(3) 掌握创建图表的方法。

(4) 掌握编辑图表的方法。

(5) 掌握趋势线的应用。

(6) 掌握迷你图的类型及创建方法。

一、认识图表

图表能够清晰、直观地表现出工作表中数据的大小，是 Excel 应用很广泛的一个功能。用户在完成数据的输入、计算、统计后，可以通过图表的形式把结果直观地展示出来。

现有某公司分公司的销售数据表，需要选择合适的图表类型，利用图表将不同分公司的销售情况展示出来。

1. 图表的类型

图表是 Excel 重要的数据分析工具，在 Excel 中提供了多种图表类型，包括柱形图、条形图、折线图和饼图等，用户可根据不同的情况选用不同类型的图表。下面介绍 5 种常用图表的类型及其适用情况。

(1) 柱形图：常用于进行几个项目之间数据的对比。

(2) 条形图：与柱形图的用法相似，但数据位于 y 轴，值位于 x 轴，坐标位置与柱形图相反。

(3) 折线图：多用于显示等时间间隔数据的变化趋势，强调数据的时间性和变动率。

(4) 饼图：用于显示一个数据系列中各项的大小与各项总和的比例。

(5) 面积图：用于显示每个数值的变化量，强调数据随时间变化的幅度，还能直观地体现出整体和部分的关系。

2. 使用图表的注意事项

制作的图表要具备必要的图表元素，还需要一目了然，在制作图表前应该注意以下 6 点。

(1) 在制作图表前如果需要先制作表格，应该根据前期收集的数据制作出相应的电子表格，并对表格进行一定的美化。

(2) 根据表格中某些数据项或所有数据项创建相应形式的图表。选择电子表格中的数据时，可以根据图表的需要视情况而定。

(3) 检查创建的图表中的数据有无遗漏，及时对数据进行添加或删除。然后对图表形状样式和布局等内容进行相应的设置，完成图表的创建与修改。

(4) 不同的图表类型能够进行的操作可能不同，如二维图表和三维图表具有不同的格式设置。

(5) 图表中的数据较多时，应该尽量将所有数据都显示出来，所以一些非重点的部分，如图表标题、坐标轴标题和数据表格等都可以省略。

(6) 办公文件讲究简单明了，对于图表的格式和布局等，最好使用 Excel 自带的格式，除非有特定的要求，否则无需设置复杂的格式影响图表的阅读。

二、创建图表

创建图表

图表可以将数据表以图例的方式展现出来。现有某公司主要分公司各月的销售数据表，创建图表展示各公司每月的销售情况。创建图表时，首先需要创建或打开数据表，然后根据数据表创建图表。

1. 创建图表

下面为【销售分析表 .xlsx】工作簿创建图表，具体操作步骤如下：

(1) 打开【销售分析表 .xlsx】工作簿，选择 A3:F15 单元格区域，在【插入】/【图表】组中单击【柱形图】按钮，在打开的下拉列表的【二维柱形图】栏中选择【簇状柱形图】选项。

(2) 此时即可在当前工作表中创建一个柱形图，图表中显示各公司每月的销售情况。将鼠标指针移动到图表中的某一系列，即可查看该系列对应的分公司在该月的销售数据，如图 12-1 所示。

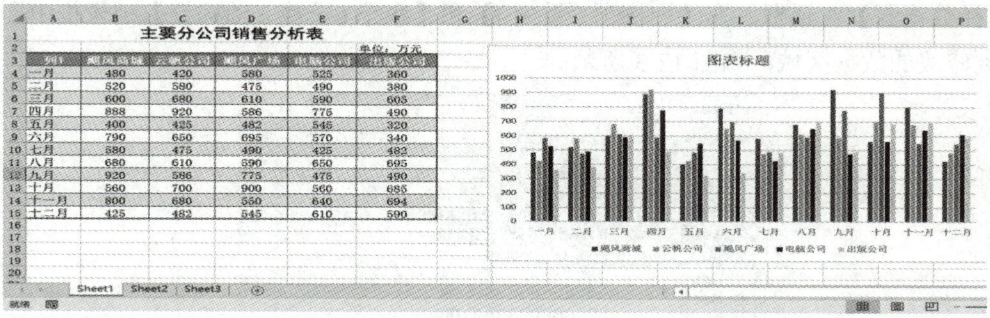

列1	飓风商城	云帆公司	飓风广场	电脑公司	出版公司
一月	480	420	580	525	360
二月	520	580	475	490	380
三月	600	680	610	590	605
四月	888	920	586	775	490
五月	400	425	482	545	320
六月	790	650	695	570	340
七月	580	475	490	425	482
八月	680	610	590	650	695
九月	920	586	775	475	490
十月	560	700	900	560	685
十一月	800	680	550	640	694
十二月	425	482	545	610	590

图 12-1　插入图表效果

2. 移动图表

当图表创建完成后，可以移动图表的位置，具体操作步骤如下：

(1) 在【设计】/【位置】组中单击【移动图表】按钮，打开【移动图表】对话框，单击选中【新工作表】单选项，在后面的文本框中输入工作表的名称，此处输入【销售分析图表】，单击 确定 按钮。

(2) 此时图表将移动到新工作表中，同时图表将自动调整为适合工作表区域的大小，如图 12-2 所示。

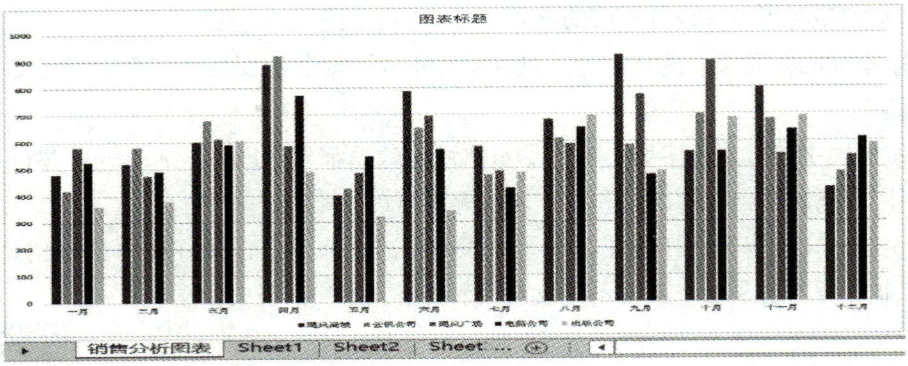

图 12-2　移动图表效果

三、编辑图表

创建图表后，用户通常需要对图表的类型、数据源进行编辑，也需要对图表进行美化以达到满意的视觉效果，这有助于用户更好地理解图表所传递出的数据信息。

编辑图表

1. 更改数据源区域

编辑图表包括修改图表数据、修改图表类型、设置图表样式、调整图表布局、设置图表格式、调整图表对象的显示以及分布和使用趋势线等操作，具体操作步骤如下：

(1) 选择创建好的图表，在【图表工具 - 设计】/【数据】组中单击【选择数据】按钮，打开【选择数据源】对话框，单击【图表数据区域】文本框右侧的按钮。

(2) 对话框将被折叠，在工作表中选择 A3:E15 单元格区域，单击按钮打开【选择数据源】对话框，在【图例项 (系列)】和【水平 (分类) 轴标签】列表框中即可看到修改的数据区域，如图 12-3 所示。

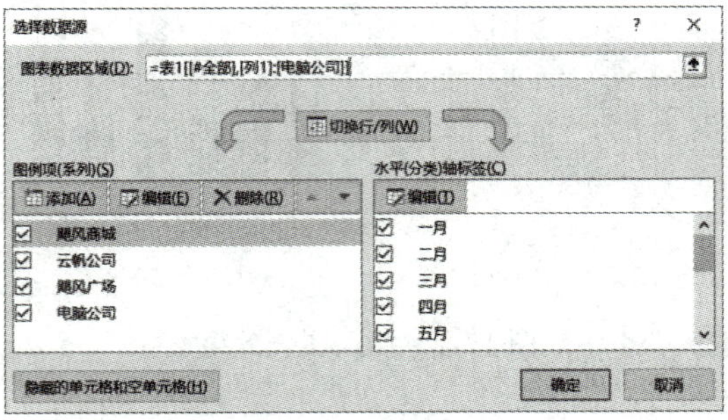

图 12-3　选择数据源

(3) 单击 确定 按钮，返回图表，可以看到图表所显示的序列发生了变化，如图 12-4 所示。

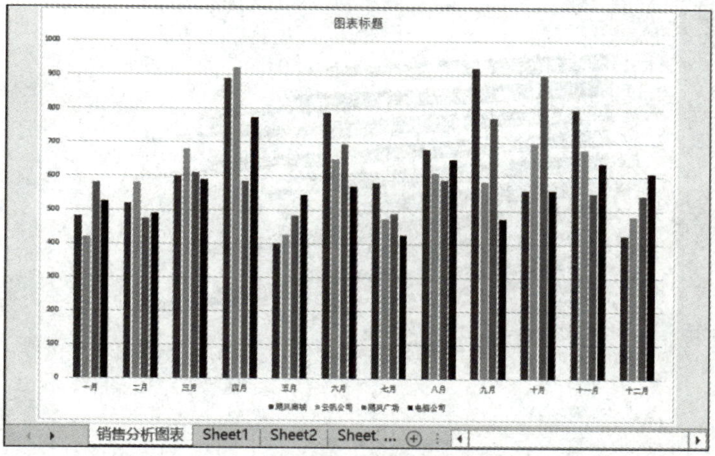

图 12-4　修改图表数据后的效果

2. 更改图表类型

更改图表类型的具体操作步骤如下：

(1) 在【设计】/【类型】组中单击【更改图表类型】按钮，打开【更改图表类型】对话框，在左侧的列表框中单击【条形图】选项卡，在右侧列表框的【条形图】栏中选择【三维簇状条形图】选项，如图 12-5 所示，单击 确定 按钮。

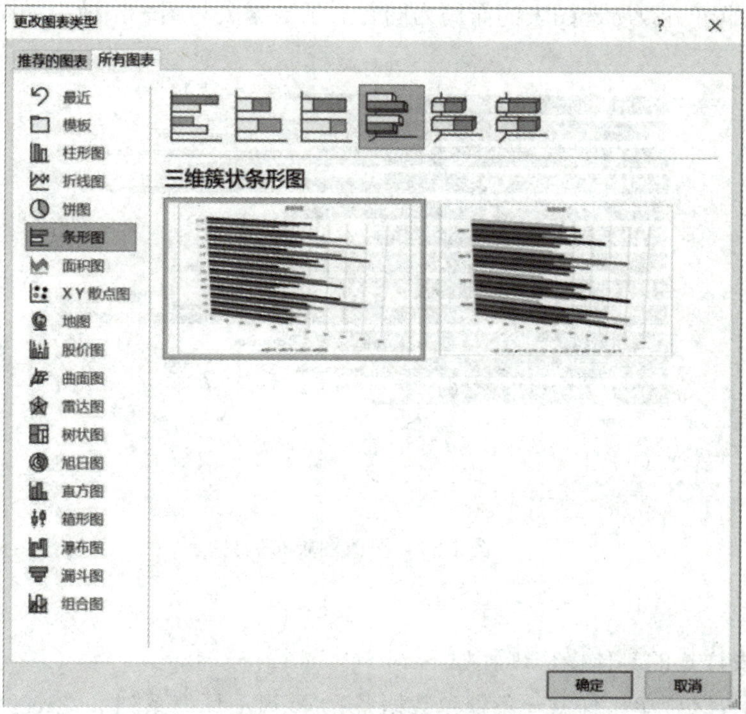

图 12-5　选择图表类型

(2) 更改所选图表的类型与样式，更换之后，图表中的数据并不会发生变化，如图 12-6 所示。

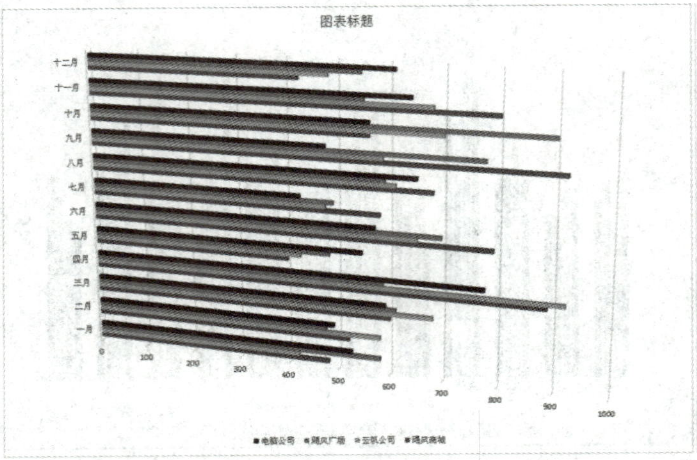

图 12-6　修改图表类型后的效果

3. 更改图表样式及布局

更改图表样式及布局的具体操作步骤如下：

(1) 在【设计】/【图表样式】组中选择【样式 6】选项，此时即可更改所选图表样式。

(2) 在【设计】/【图表布局】组中单击【快速布局】按钮，在打开的列表框中选择【布局 5】选项。

(3) 此时即可更改所选图表的布局为同时显示数据表与图表，效果如图 12-7 所示。

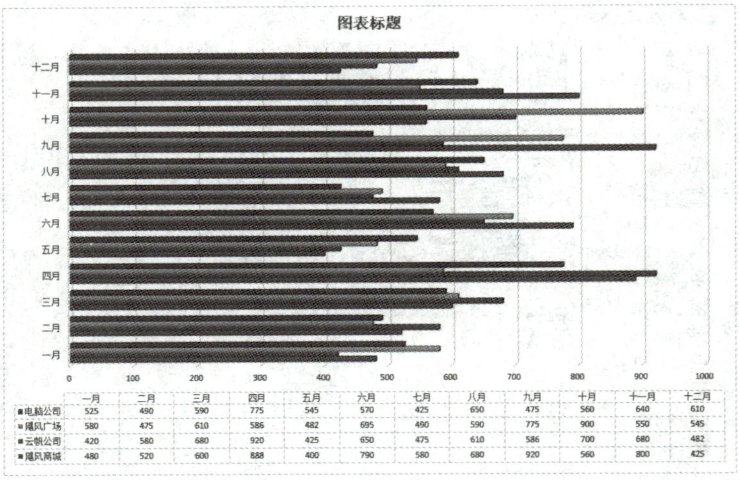

图 12-7　更改图表布局

4. 设置图表样式

设置图表样式的具体操作步骤如下：

(1) 在图表区中单击任意一条绿色数据条（“飓风广场”系列），Excel 将自动选择图表中所有该数据系列，在【格式】/【形状样式】组中单击【形状填充】按钮，在打开的下拉列表框中选择【橙色，个性色，深色 25%】选项，图表中该序列的样式亦随之变化。

(2) 在【图表工具 - 格式】/【当前所选内容】组中的下拉列表框中选择【水平（值）

轴　主要网格线】选项，在【图表工具 - 格式】/【形状样式】组的列表框中选择一种网格线的样式，这里选择【粗线 - 强调颜色 3】选项。

(3) 在图表空白处单击选择整个图表，在【图表工具 - 格式】/【形状样式】组中单击【形状填充】按钮，在打开的下拉列表中选择【纹理】/【绿色大理石】选项，完成图表样式的设置，效果如图 12-8 所示。

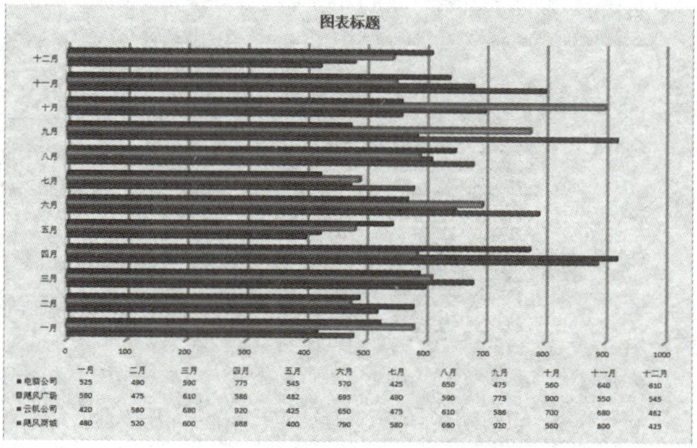

图 12-8　设置图表格式

5. 添加图表元素

添加图表元素的具体操作步骤如下：

(1) 在【图表工具 - 设计】/【图表布局】组中单击【添加图表元素】按钮，在打开的下拉菜单中选择【图表标题】，选择【图表上方】选项，此时在图表上方显示图表标题文本框，单击后输入图表标题内容，此处输入 2020 年销售分析表。

(2) 在【图表工具 - 设计】/ 图表布局】组中单击【添加图表元素】按钮，在打开的下拉菜单中选择【轴标题】，随后在打开的下拉列表中选择【主要纵坐标轴标题】/【竖排标题】选项，如图 12-9 所示。

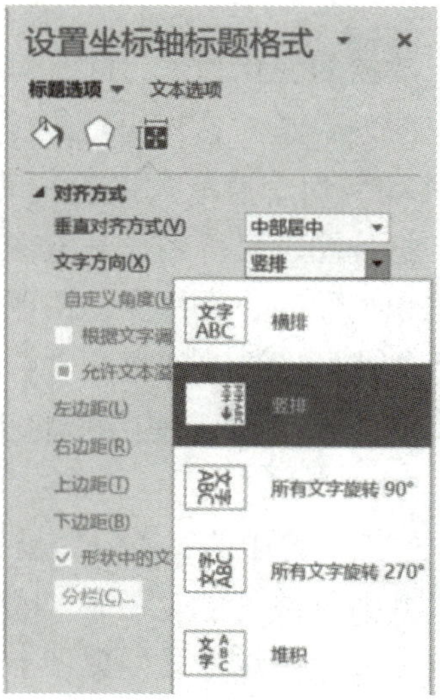

图 12-9　选择坐标轴标题的显示位置

(3) 在垂直坐标轴下方显示出坐标轴标题框，单击后输入销售月份，在【图表工具 - 设计】/【图表布局】组中单击【添加图表元素按钮】，在打开的下拉列表中选择【图例】选项，即可将图例显示在图表右侧并不改变图表的大小，如图 12-10 所示。

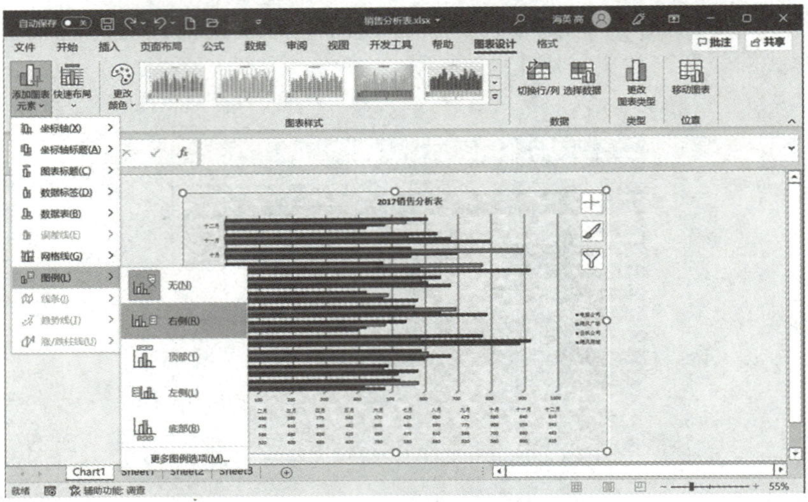

图 12-10　设置图例的显示位置

(4) 在【图表工具 - 设计】/【图表布局】组中单击【添加图表元素】按钮，在打开的下拉菜单中选择【数据标签】，随后在打开的下拉列表中选择【数据标注】选项，即可在图表的数据序列上显示数据标签。

四、趋势线

趋势线用于对图表数据的分布与规律进行标识，从而使用户能够直观地了解数据的变化趋势，或对数据进行预测分析。下面为【销售分析表 .xlsx】工作簿中的图表添加趋势线。

1. 了解趋势线

趋势线以图表的方式表示数据的变化趋势，同时对数据进行预测分析，也称回归分析。利用回归分析，可以在图表中延伸趋势线。该线可根据实际数据向前或向后模拟数据的走势；还可以生成移动平均，消除数据的波动，更清晰地显示图案和趋势。用户可以在条形图、柱形图、折线图、股价图、气泡图、散点图中为数据系列添加趋势线，但不能在三维图表、堆积型图表、雷达图、饼图或圆环图中添加趋势线。对于那些包含与数据系列相关的趋势线的图表，如果将它们的图表类型改变成上述几种图表，例如将图表类型修改为饼图，那么原有的趋势线将丢失。

2. 添加趋势线

下面为【销售分析表 .xlsx】工作簿中的图表添加趋势线，具体操作步骤如下：

(1) 在【设计】/【类型】组中单击【更改图表类型】按钮，打开【更改图表类型】对话框，首先在左侧的列表框中单击【柱形图】选项卡，随后在右侧列表框的【柱形图】栏中选择【簇状柱形图】选项，单击 确定 按钮，如图 12-11 所示。

(2) 在【图表工具 - 布局】/【添加图表元素】组中单击【趋势线】按钮，在打开的下拉列表中选择“移动平均”选项，在打开的对话框中选择系列【云帆公司】数据，点击 确定 按钮，此时即可为图表中的系列【云帆公司】数据添加趋势线，右侧图例下方将显示出趋势线信息，效果如图 12-12 所示。

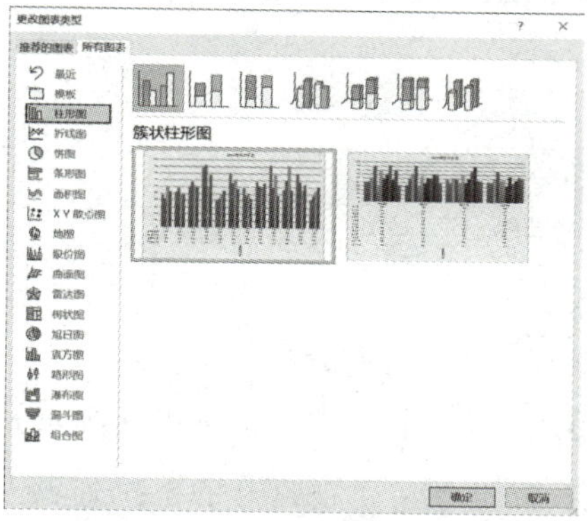

图 12-11　更改图表类型

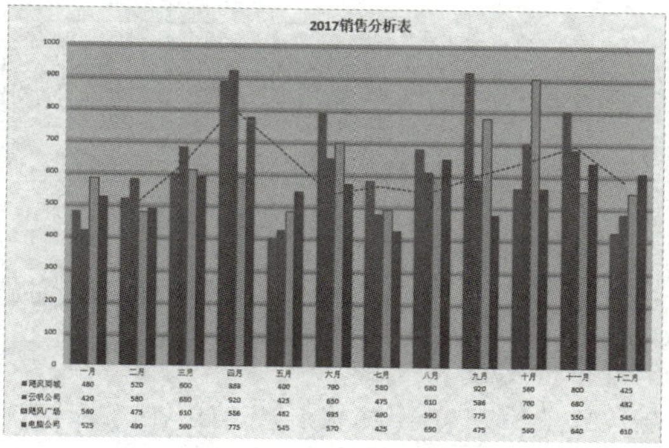

图 12-12　添加趋势线

(3) 为了使趋势线更加清晰，可以对图表的背景墙进行设置。选定图表绘图区，打开“设置绘图区格式”对话框，选择“纯色”填充。同时，可以调整趋势线的颜色和宽度，使效果更加明显。

五、创建迷你图

迷你图不但简洁美观，而且可以清晰地展现数据的变化趋势，占用空间也很小，因此，迷你图为数据分析工作提供了极大的便利。现在销售分析表中插入迷你图。

插入迷你图

1. 了解迷你图

迷你图是绘制在单元格中的一种微型图表，可以直观地反映一组数据的变化趋势。用户可以在一个单元格中创建迷你图，也可以在连续的单元格区域内创建迷你图。

2. 创建迷你图

创建迷你图的具体操作步骤如下：

(1) 打开【销售分析表.xlsx】工作簿，选择 B16 单元格，在【插入】/【迷你图】组中单击【折线图】按钮，打开【创建迷你图】对话框，在【选择所需的数据】栏的【数据范围】文本框中输入飓风商城的数据区域 B4:B15，如图 12-13 所示。单击 确定 按钮即可看到插入的迷你图，如图 12-14 所示。

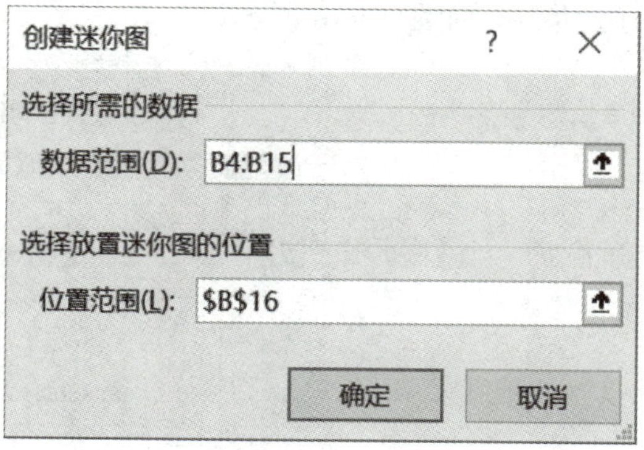

图 12-13　打开迷你图对话框

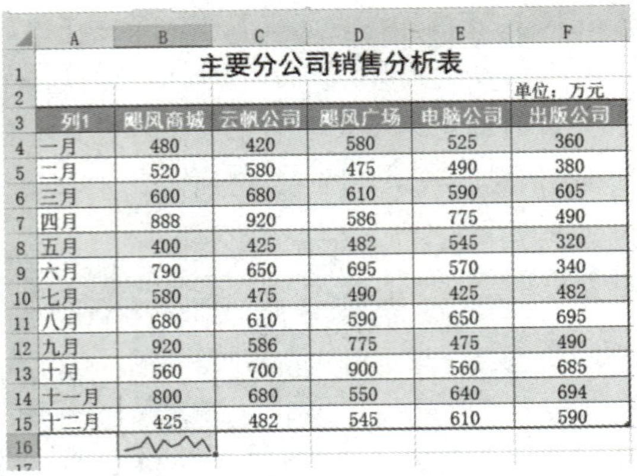

主要分公司销售分析表

单位：万元

列1	飓风商城	云帆公司	飓风广场	电脑公司	出版公司
一月	480	420	580	525	360
二月	520	580	475	490	380
三月	600	680	610	590	605
四月	888	920	586	775	490
五月	400	425	482	545	320
六月	790	650	695	570	340
七月	580	475	490	425	482
八月	680	610	590	650	695
九月	920	586	775	475	490
十月	560	700	900	560	685
十一月	800	680	550	640	694
十二月	425	482	545	610	590

图 12-14　创建迷你图

(2) 选择 B16 单元格，在【迷你图工具 - 设计】/【显示】组中单击选中【高点】和【低点】复选框，在【样式】组中单击【标记颜色】按钮 ，在打开的下拉列表中选择【高点】/【红色】选项，如图 12-15 所示。

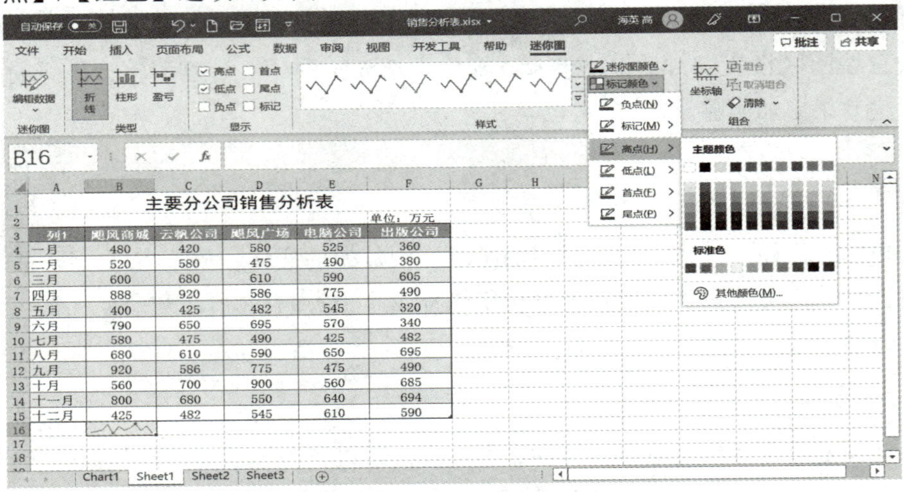

主要分公司销售分析表

单位：万元

列1	飓风商城	云帆公司	飓风广场	电脑公司	出版公司
一月	480	420	580	525	360
二月	520	580	475	490	380
三月	600	680	610	590	605
四月	888	920	586	775	490
五月	400	425	482	545	320
六月	790	650	695	570	340
七月	580	475	490	425	482
八月	680	610	590	650	695
九月	920	586	775	475	490
十月	560	700	900	560	685
十一月	800	680	550	640	694
十二月	425	482	545	610	590

图 12-15　设置【高点】和【低点】

(3) 用同样的方法将【低点】设置为绿色，拖动单元格控制柄为其他数据序列快速创建迷你图，如图 12-16 所示。

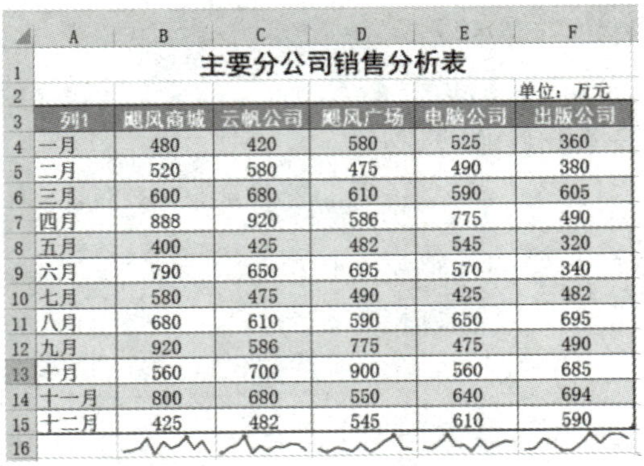

主要分公司销售分析表

单位：万元

列1	飓风商城	云帆公司	飓风广场	电脑公司	出版公司
一月	480	420	580	525	360
二月	520	580	475	490	380
三月	600	680	610	590	605
四月	888	920	586	775	490
五月	400	425	482	545	320
六月	790	650	695	570	340
七月	580	475	490	425	482
八月	680	610	590	650	695
九月	920	586	775	475	490
十月	560	700	900	560	685
十一月	800	680	550	640	694
十二月	425	482	545	610	590

图 12-16　快速创建迷你图

质量监控（教师完成）				
任务实施栏目评分表				
评分项	分值	作答要求	评审规定	得分
任务资讯	10	问题回答清晰准确，能够紧扣主题，没有明显错误项	对照标准答案，一项错误扣 5 分，扣完为止	
任务规划	20	任务规划合理可实施，没有任何细节错误	参照标准答案，一项错误扣 5 分，扣完为止	
任务实施	40	包含具体实施过程，过程完整、准确、清晰	根据错误的严重程度，每个错误点一次分别扣 10 分、5 分、2 分	
任务扩展	20	任务目标明确，结果准确、完整、详细	根据错误的严重程度，每个错误点一次分别扣 10 分、5 分、2 分	
其他	10	日志和问题项目填写详细、能够反映实际工作过程	没有填写或者太过简单，每项扣 5 分	
合计得分				

职业能力评分表			
评分项	等级	作答要求	等级
知识评价	A|B|C	A：能够完整准确地作答任务资讯的所有问题，准确率在 90% 以上 B：能较准确地作答所有问题，准确率在 60% ～ 80% C：对基础知识掌握得非常差，任务资讯和答辩的准确率在 50% 以下	
能力评价	A|B|C	A：熟悉各个环节的实施步骤，独立完成任务，有能力辅助其他学生完成规定的工作任务，实施快速，准确率高，即任务规划和任务实施正确率在 85% 以上 B：基本完成各个环节的任务，准确率在 60% ～ 80% C：未完成任务或只完成了部分任务，有问题没有积极向其他同学请教，工作实施拖拉，不积极，各个部分的准确率在 50% 以下	
态度素养评价	A|B|C	A：不迟到、不早退，对待其他人有礼貌，善于帮助他人，积极主动完成规定的工作任务，工作台整洁，积极回答老师提问 B：基本完成各个环节的任务，准确率在 60% ～ 80% C：未完成任务或只完成了部分任务，有问题没有积极向其他同学请教，工作实施拖拉，不积极，不能准确回答老师提出的问题，各个部分的准确率在 50% 以下	

任务十三　宏和 VBA

任务设计

实施人员信息（学生填写）							
姓名		班级		学号		电话	

任务目标	笔记栏
(1) 认识宏与 VBA。 (2) 了解并创建宏。 (3) 认识 VBA 编程环境和 VBA 的语言结构。 (4) 编写 VBA 程序	

任务介绍	笔记栏
1. 任务描述 宏是能组织到一起、以独立的命令使用的一系列 Excel 命令，它能够使日常工作变得更容易。录制宏其实就是将工作的一系列操作结果录制下来，并命名存储。在 Excel 中，录制宏仅仅记录操作结果，而不记录操作过程。 现有盐田分店的员工工资信息表，需要在 Excel 中创建宏并生成每位员工的工资条。 **2. 任务要求** 创建一个宏，生成盐田分店每位员工的工资条。	

任务资讯	笔记栏
(1) 什么是宏？(2 分) (2) 如何创建宏？(2 分) (3) 如何将宏显示在工具栏中？(2 分) (4) 说明 VBA 的语法结构。(2 分) (5) 编写简单的 VBA 程序的方法。(2 分)	

任务规划	笔记栏
(1) 任务规划如下：(10 分) ① 宏的创建。 ② 宏的运行。 ③ 宏的编辑。 ④ VBA 编程。 (2) 实施步骤规划。(10 分) ① 宏的创建。 ② 宏的运行。 ③ 宏的编辑。 ④ VBA 编程。	

任务实施	笔记栏
(1) 创建宏。(8 分) (2) 运行宏。(8 分) (3) 编辑宏。(8 分) (4) VBA 语法结构。(8 分) (5) VBA 编程。(8 分)	

任务扩展	笔记栏
有时在文档编辑的过程中，系统会提示禁用宏。请大家思考，为什么会禁用宏？如果在文档编辑过程中，确实需要加载宏，该如何进行设置呢？ (1) 如何禁用宏？(5 分) (2) 如何加载宏？(5 分) (3) 怎样分步运行宏？(10 分)	

工作日志		笔记栏
在实施任务的过程中，填写以下工作日志表。(5 分)		
工作日志表		
工作内容	问题及解决方式	
工作总结		
完成本任务的工作总结。(5 分)		

学习资源——宏和 VBA

宏是由一系列的菜单选项和操作指令组成的、用来完成特定任务的指令集合。Visual Basic for Applications (VBA) 是一种微软开发的应用程序共享的通用自动化语言。用户能够通过认识宏和 VBA 自动化地实现任务，从而避免耗费大量的时间执行重复操作。

【学习目标】

(1) 认识宏与 VBA。

(2) 了解并创建宏。

(3) 认识 VBA 编程环境和 VBA 的语言结构。

(4) 编写 VBA 程序。

宏

一、了解并创建宏

宏是能组织到一起、以独立的命令使用的一系列 Excel 命令，它能够使日常工作变得更容易。录制宏其实就是将工作的一系列操作结果录制下来，并命名存储。在 Excel 中，录制宏仅仅记录操作结果，而不记录操作过程。

现有盐田分店的员工工资信息表需要在 Excel 中创建宏并生成每位员工的工资条，得到的效果如图 13-1 所示。

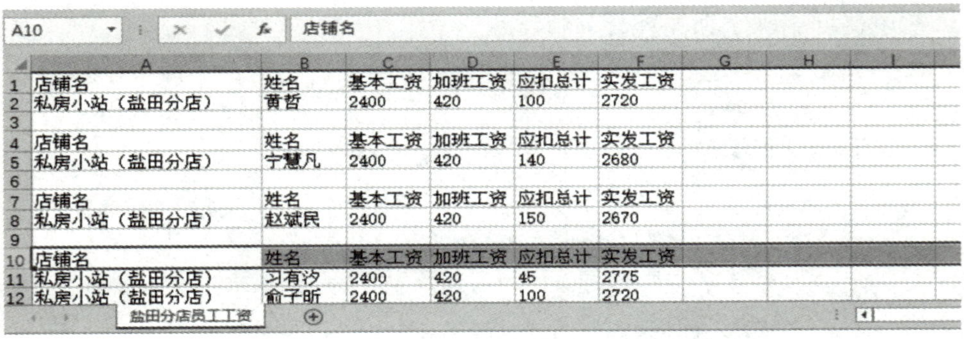

	A	B	C	D	E	F
1	店铺名	姓名	基本工资	加班工资	应扣总计	实发工资
2	私房小站（盐田分店）	黄哲	2400	420	100	2720
3						
4	店铺名	姓名	基本工资	加班工资	应扣总计	实发工资
5	私房小站（盐田分店）	宁慧凡	2400	420	140	2680
6						
7	店铺名	姓名	基本工资	加班工资	应扣总计	实发工资
8	私房小站（盐田分店）	赵斌民	2400	420	150	2670
9						
10	店铺名	姓名	基本工资	加班工资	应扣总计	实发工资
11	私房小站（盐田分店）	习有汐	2400	420	45	2775
12	私房小站（盐田分店）	俞子昕	2400	420	100	2720

图 13-1　私房小站 (盐田分店) 部分员工工资条

1. 显示【开发工具】选项卡

若要创建宏，可以在【视图】选项卡以及【开发工具】选项卡内单击【宏】命令组。如果想通过【开发工具】选项卡来创建宏，那么需在 Excel 功能区中显示【开发工具】选项卡。【开发工具】选项卡包含了使用 VBA 的命令，但默认不显示，显示该选项卡的具体操作步骤如下：

(1) 打开【Excel 选项】对话框。打开一个空白工作簿，单击【文件】选项卡，选择【选项】命令，弹出【Excel 选项】对话框。

(2) 勾选【开发工具】复选框。在【Excel 选项】对话框中选择【自定义功能区】，在【主选项卡】下拉列表中勾选【开发工具】复选框，如图 13-2 所示。

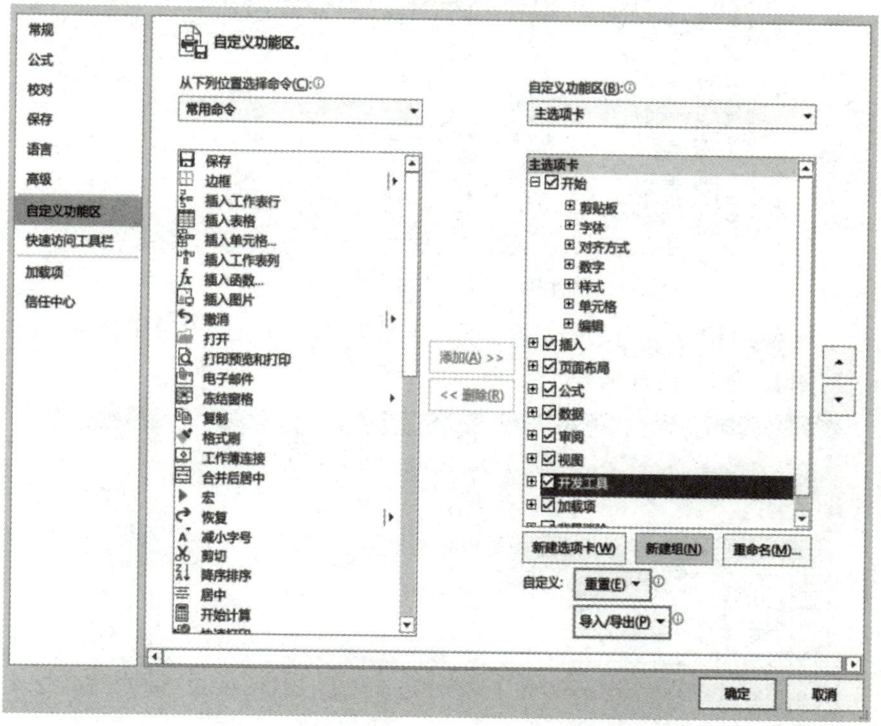

图 13-2　勾选【开发工具】复选框

(3) 确定设置。单击图 13-2 所示的【确定】按钮即可在功能区中显示【开发工具】选项卡，如图 13-3 所示。

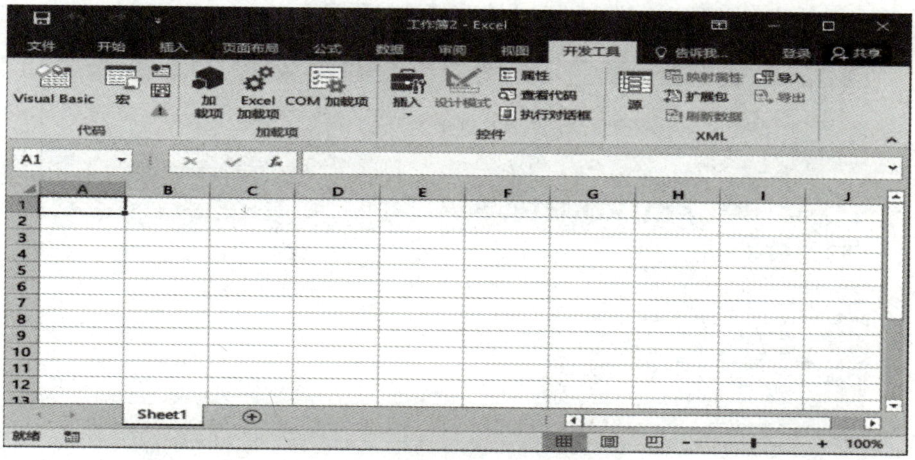

图 13-3　【开发工具】选项卡

2. 使用宏生成工资条

在【盐田分店员工工资】工作表中，录制生成工资条的宏，具体操作步骤如下：

(1) 选中需要复制的行。选择单元格区域第一行，如图 13-4 所示。

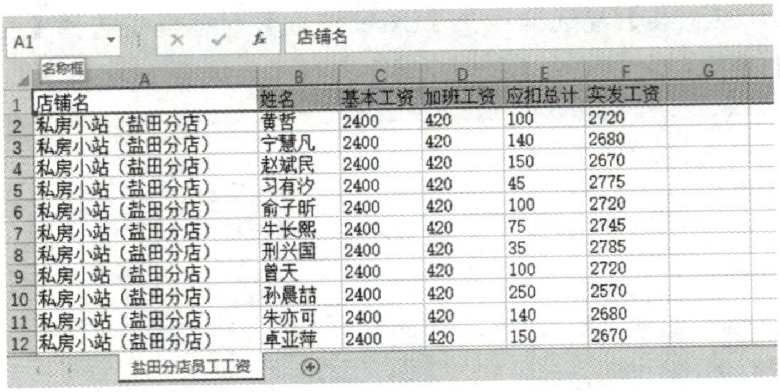

图 13-4　选择需要复制的行

(2) 设置【使用相对引用】。选择【视图】选项卡，单击【宏】的下拉菜单，单击【使用相对引用】，如图 13-5 所示。

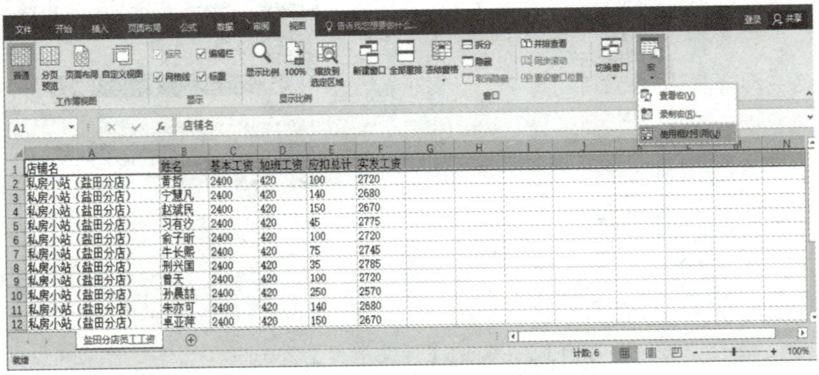

图 13-5　单击【使用相对引用】

(3) 开始录制宏。在【视图】选项卡的【宏】命令组中，依次单击【宏】和【录制宏】命令，如图 13-6 所示，弹出【录制新宏】对话框。

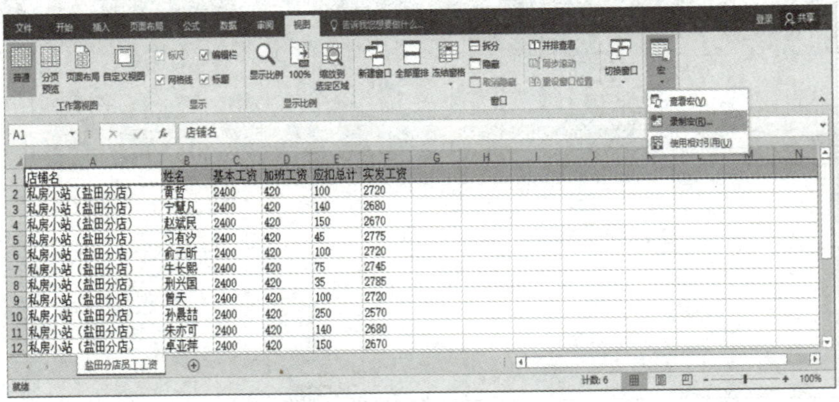

图 13-6　开始录制宏

(4) 命名宏名和设置该宏的快捷键。在【录制新宏】对话框的【宏名】文本框中输入“工资条”，在【快捷键】文本框中按下【Shift + M】组合键，单击【确定】按钮，如图 13-7 所示。

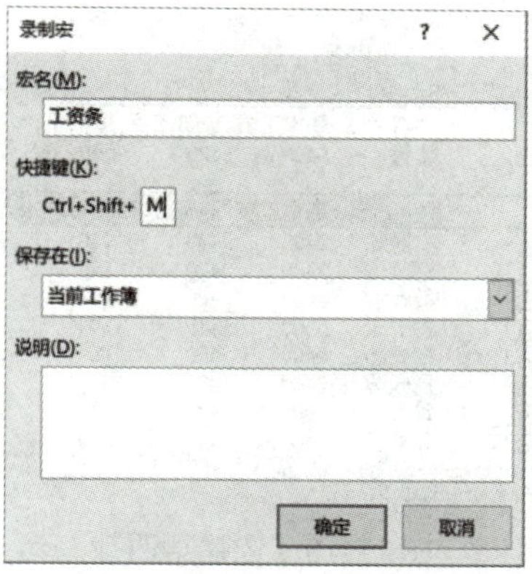

图 13-7　完善【录制宏】对话框

(5) 复制第一行表头。右键单击选中的第一行，在弹出的快捷菜单中选择【复制】命令。

(6) 插入复制内容。右键单击第 3 行，在弹出的快捷菜单中选择【插入复制的单元格】命令，如图 13-8 所示。在粘贴的表头上方插入一行空白值，如图 13-9 所示。

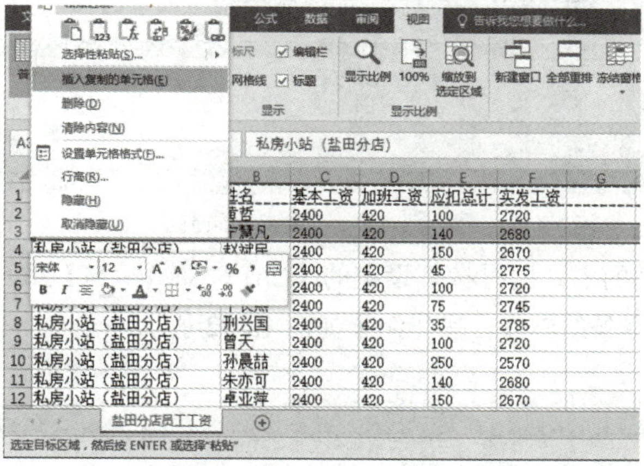

图 13-8　复制第一行表头

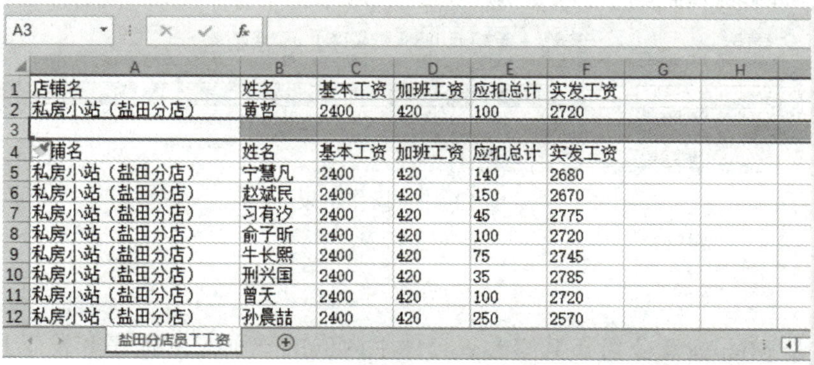

图 13-9　插入空白值

(7) 返回宏的开始位置。选中单元格区域第 4 行，这是为了告诉 Excel 执行宏的开始位置，与步骤 (1) 中选定第 1 行同理，如图 13-10 所示。

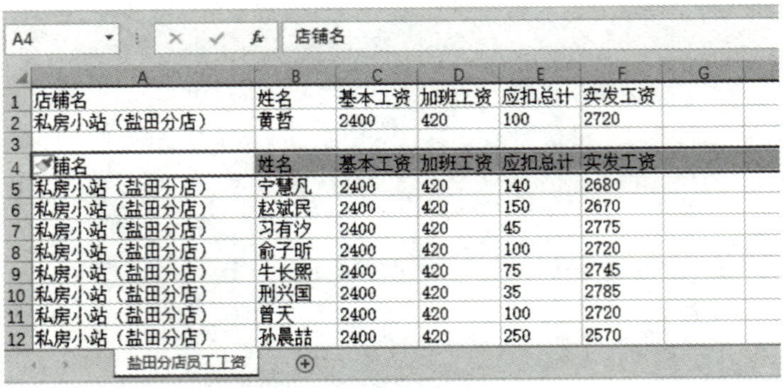

A4 店铺名

	A	B	C	D	E	F
1	店铺名	姓名	基本工资	加班工资	应扣总计	实发工资
2	私房小站（盐田分店）	黄哲	2400	420	100	2720
3						
4	店铺名	姓名	基本工资	加班工资	应扣总计	实发工资
5	私房小站（盐田分店）	宁慧凡	2400	420	140	2680
6	私房小站（盐田分店）	赵斌民	2400	420	150	2670
7	私房小站（盐田分店）	习有汐	2400	420	45	2775
8	私房小站（盐田分店）	俞子昕	2400	420	100	2720
9	私房小站（盐田分店）	牛长熙	2400	420	75	2745
10	私房小站（盐田分店）	刑兴国	2400	420	35	2785
11	私房小站（盐田分店）	曾天	2400	420	100	2720
12	私房小站（盐田分店）	孙晨喆	2400	420	250	2570

盐田分店员工工资

图 13-10　选择第四行

(8) 停止录制宏。在【宏】命令组中单击【停止录制】命令，即可完成录制，如图 13-11 所示。

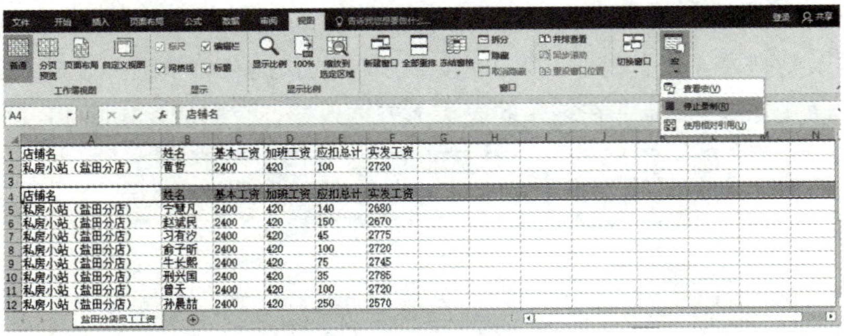

图 13-11　结束宏的录制

(9) 执行新录制的宏。同时按下设定的【Ctrl + Shift + M】组合键，就可以重复上面的步骤，进行工资条的制作，操作结果如图 13-12 所示。

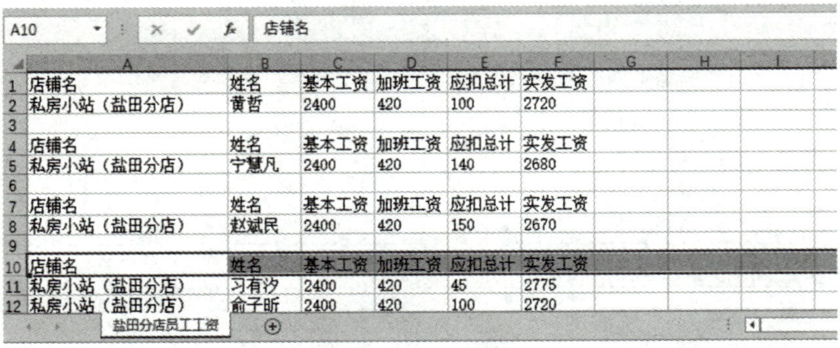

A10 店铺名

	A	B	C	D	E	F
1	店铺名	姓名	基本工资	加班工资	应扣总计	实发工资
2	私房小站（盐田分店）	黄哲	2400	420	100	2720
3						
4	店铺名	姓名	基本工资	加班工资	应扣总计	实发工资
5	私房小站（盐田分店）	宁慧凡	2400	420	140	2680
6						
7	店铺名	姓名	基本工资	加班工资	应扣总计	实发工资
8	私房小站（盐田分店）	赵斌民	2400	420	150	2670
9						
10	店铺名	姓名	基本工资	加班工资	应扣总计	实发工资
11	私房小站（盐田分店）	习有汐	2400	420	45	2775
12	私房小站（盐田分店）	俞子昕	2400	420	100	2720

盐田分店员工工资

图 13-12　操作结果

二、编写 VBA 程序

VBA 是 Microsoft 公司在其 Office 套件中内嵌的一种应用程序开发工具，主要用于编写 Office 对象 (例如窗口、控件等) 的时间过程，也可以用于编写位于模块中的通用过程。分别使用子过程和函数判断某餐饮店的【会员星级评定】工作表中会员的会员星级。

1. 认识 VBA 编程环境

实际上宏是由一系列 VBA 语句构成的，也就是说宏本身就是一种 VBA 应用程序。在使用中，宏是录制出来的程序，而 VBA 是需要人编译的程序；有些程序宏是不能录制出来的，而 VBA 则没有此类限制。

在创建宏后，可以通过查看宏打开 VBA 编辑器，具体操作步骤如下：

(1) 打开【宏】对话框。在任务十的第一节创建宏后，在【视图】选项卡的【宏】命令组中，依次单击【宏】和【查看宏】命令，弹出【宏】对话框，如图 13-13 所示。

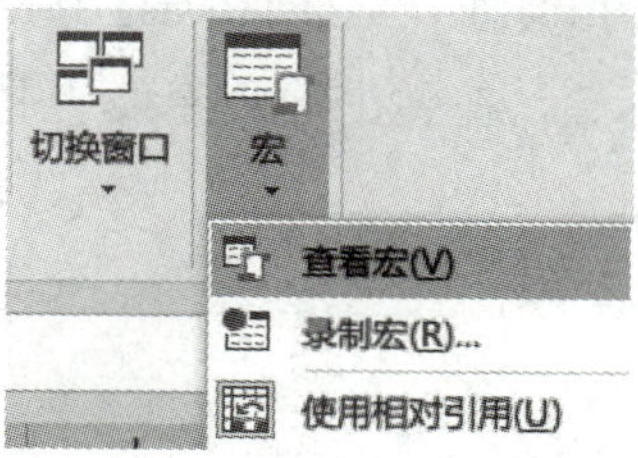

图 13-13　【查看宏】命令

(2) 打开 VBA 编辑器。在【宏】对话框中，选中【工资条】这个宏，单击【编辑】命令 (如图 13-14 所示)，弹出 VBA 编辑器，如图 13-15 所示。

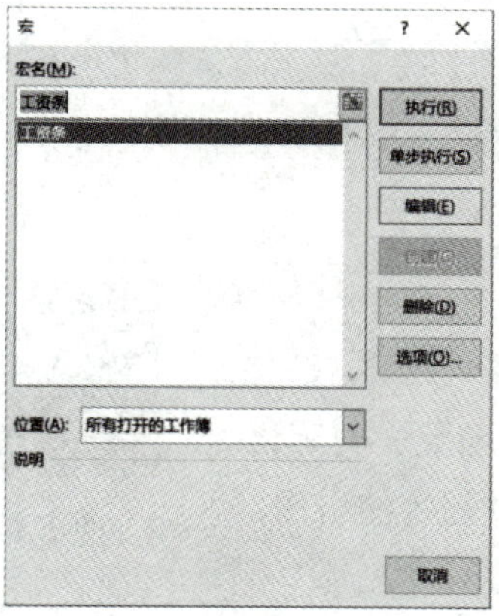

图 13-14　【宏】对话框

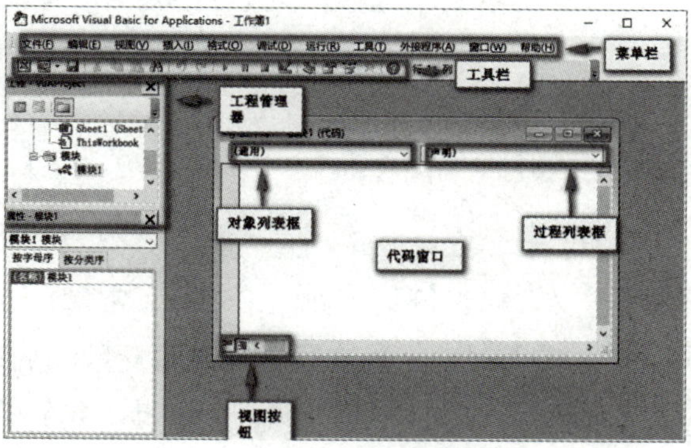

图 13-15　VBA 编辑器

如图 13-15 所示，VBA 编辑器主要由菜单栏、工具栏、工程管理器和代码窗口组成，各组成部分介绍如下：

(1) 菜单栏包含了 VBA 组件的各种命令。

(2) 工具栏显示各种快捷操作的工具。

(3) 工程管理器可以看到所有打开的工作簿和已经加载的加载宏，最多显示 4 类对象，即 Excel 对象 (包括 Workbook 对象和 Worksheet 对象)、窗体对象、模块对象和类模块对象。

(4) 代码窗口由对象列表框、过程列表框、代码编辑区、过程分隔线和视图按钮组成。代码窗口是编辑和显示 VBA 代码的地方，如果要把 VBA 程序写到某个对象里，一般需要先在工程资源管理器中双击对象，激活它的代码窗口，或者在【插入】选项卡中新建一个模块。

在 Excel 中打开 VBA 编辑器还有如下三种方法：

(1) 在【开发工具】选项卡的【代码】命令组中，单击【Visual Basic】命令，如图 13-16 所示。

图 13-16 【Visual Basic】命令

(2) 右键单击工作表上的标签，在弹出的快捷菜单中选择【查看代码】，如图 13-17 所示。

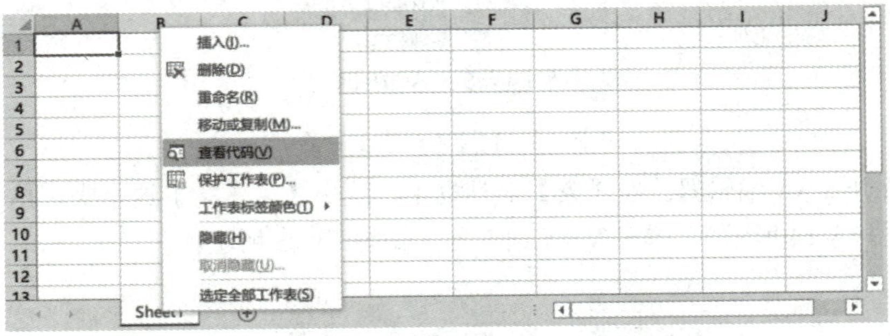

图 13-17 选择【查看代码】

(3) 按下【Alt + F11】组合键。

2. 认识 VBA 的语言结构

VBA 的语言结构

1) 标识符

(1) 定义。标识符是一种标识变量、常量、过程、函数、类等语言构成单位的符号，利用它可以完成对变量、常量、过程等的引用。

(2) 命名方式。① 字母开头，由字母、数字和下划线组成。② 不能包含空格、感叹号、句号、@、#、&、$。③ 字符长度不超过 255 个字符。④ 不能与 VBA 的保留字重名，如 public、private、dim 等。

2) 注释语句

VBA 添加注释可以使代码更具可读性，注释语句有以下两种方法。

(1) 注释符号：英文状态下的单引号“'”，可以位于程序语句末尾，也可单独占一行。其使用格式如下：

```
Dim 变量 As 数据类型   '定义为局部变量
```

(2) Rem 语句：只能单独占一行。其使用格式如下：

```
Dim 变量 As 数据类型
Rem 定义为局部变量
```

上面两种注释语句的方法都能使 VBA 忽略符号 (“ ' ” 或 Rem) 后面的内容。注释语句只作为对代码段的注释。

3) 数据类型

在 VBA 中，数据被分成了不同的类型，VBA 的基本数据类型如表 13-1 所示。

表 13-1　VBA 基本数据类型

数据类型		类型标识符	字节 /B	用法举例
英文	中文			
String	字符串型	$	字符长度 (0 ～ 65400)	Dim x As String
Byte	字节型	无	1	Dim x As Byte
Boolean	布尔型	无	2	Dim x As Boolean
Integer	整数型	%	2	Dim x As Integer
Long	长整数型	&	4	Dim x As Long
Single	单精度型	!	4	Dim x As Single
Double	双精度型	#	8	Dim x As Double
Date	日期型	无	8	Dim x As Date
Currency	货币型	@	8	Dim x As Currency
Decimal	小数点型	无	14	Dim x As Decimal
Variant	变体型	无	可变的以上任意类型	Dim x As Variant
Object	对象型	无	4	Dim x As Object

类型标识符为声明变量的数据类型的简写，如“Dim i As Integer”可简写为“Dimi%”。

4) 变量和常量

变量是指在程序执行过程中可以发生改变的值，主要表示内存中的某一个存储单元的值。声明变量的基本语法如下：

```
Dim 变量 As 数据类型    '定义为局部变量
Private 变量 As 数据类型 '定义为私有变量
Public 变量 As 数据类型  '定义为公有变量
Global 变量 As 数据类型 '定义为全局变量
Static 变量 As 数据类型  '定义为静态变量
```

常量是变量的一种特例，是指在程序执行过程中不发生改变的量，在 VBA 中有 3 种类型：直接常量、符号常量和系统常量。

5) 运算符

运算符是指某种运算的操作符号，如赋值运算符“=”。在 VBA 中常用的运算符主要有算术运算符、比较运算符、连接运算符和逻辑运算符。

VBA 中常用的运算符如表 13-2 所示。VBA 中常用的运算符还有连接运算符，其作用是连接两个字符串，其形式只有以下两种：

(1)“&”运算符：将两个其他类型的数据转化为字符串数据，无论这两个数据是什么类型，转换均可实现。

(2) “+” 运算符：连接两个数据，当两个数据都是数值的时候，执行加法运算；当两个数据是字符串时，执行连接运算。

表 13-2　VBA 中常用的运算符

算术运算符		比较运算符		逻辑运算符	
运算符	名称	运算符	名称	运算符	名称
+	加法	=	等于	And	逻辑与
-	减法	>	大于	Or	逻辑或
*	乘法	<	小于	Not	逻辑非
/	除法	<>	不等于	Xor	逻辑异或
\	整除	>=	大于等于	Eqv	逻辑等价
^	指数	<=	小于等于	Imp	逻辑蕴含
Mod	求余	Is	对象比较		
		Like	字符串比较		

6) 对象和集

VBA 是一种面向对象的语言，对象代表应用程序中的元素，如工作表、单元格、窗体等。Excel 应用程序提供的对象按照层次关系排列在一起，称为对象模型。

集是由同类的对象组成的，集本身也是一个对象。

7) 属性

属性用来描述对象的特性，例如 Range 对象的属性 Column、Row、Width 和 Value。通过 VBA 代码可以实现以下功能：

(1) 检查对象当前的属性设置，并基于此设置执行一些操作。

(2) 更改对象的属性设置。

8) 方法

方法即在对象上执行的操作。例如，Range 对象有 Clear 方法，可以执行 Range(“A1:B11”).Clear 语句清除单元格区域 A1:B11 的内容。

9) 过程

过程是构成程序的模块，所有可执行的代码必须包含在某个过程中，任何过程都不可以嵌套到其他过程中。VBA 具有 3 种过程：Sub 过程、Function 函数（过程）和 Property 过程。

(1) Sub 过程执行指定的操作，但不返回运行结果，以 Sub 开头和 End Sub 结束。

(2) Function 函数（过程）执行指定的操作，并返回代码的运行结果，以 Function 开头和 End Function 结束。Function 函数可以被其他过程调用，也可以在工作表的公式中使用。

(3) Property 过程用于设定和获取自定义对象属性的值或者设置对另一个对象的引用。

10) 基本语句结构

(1) If…Then…Else 结构。If…Then…Else 结构在程序中计算条件值，并根据条件值决定下一步的执行操作，其基本语法如下：

```
If 条件表达式 Then
执行语句 1
Else
执行语句 2
End if
```

当条件表达式的结果为 True 时，执行语句 1；当条件表达式的结果为 False 时，执行语句 2。

If…Then…Else 结构的 Else 可以省略，变为 If…Then 结构，此时，如果条件表达式的结果为 False，则不执行任何操作。

当需要判断的不同条件产生不同的结果时，If…Then…Else 结构可变为如下结构：

```
If 条件表达式 1 Then
执行语句 1
Elseif 条件表达式 2
执行语句 2
Elseif 条件表达式 3
执行语句 3
…
End if
```

(2) Select Case 结构。

Select Case 结构与 If…Then…Else 结构相似，但使用 Select Case 结构可以提高程序的可读性，其基本语法如下：

```
Select Case 测试表达式
Case 表达式 1
执行语句 1
Case 表达式 2
执行语句 2
…
End Select
```

(3) For…Next 结构。

For…Next 结构用于重复指定次数来执行一组语句，其基本语法如下：

```
For 循环变量 = 初始值 To 终止值 [Step 步长 ]
执行语句
Next[ 循环变量 ]
```

其中括号 [] 里的值可以省略，如果没有指定步长，那么默认步长为 1。

(4) Do…Loop 结构。

Do…Loop 结构用于不断重复某种操作语句，直到满足条件后终止，其基本语法如下：

```
do
循环体
Loop
```

使用 Do…Loop 结构需要在循环体的其中一个条件语句后加入“Exit Do”语句跳出 Do…Loop 循环，进而执行 Loop 后面的语句。

(5) With…End With 结构。

With…End With 结构用来针对某个指定对象执行一系列语句，在其结构中以“.”开头的语句相当于引用了 With 语句指定的对象，但不能使用 With 语句来设置多个不同的对象。

3. 执行 Sub 过程

某餐饮店以会员的消费额为依据来评定会员星级，消费额 400 元以下为一星级，消费额 400 元为二星级，以后每增加 200 元提高一个星级，最高为五星级。

在【会员星级评定】工作表中，通过编写 Sub 过程判断会员的星级，具体操作步骤如下：

(1) 打开 VBA 编辑器。按下【Alt + F11】组合键打开 VBA 编辑器。

(2) 新建模块。单击【插入】选项卡，选择【模块】命令，如图 13-18 所示。

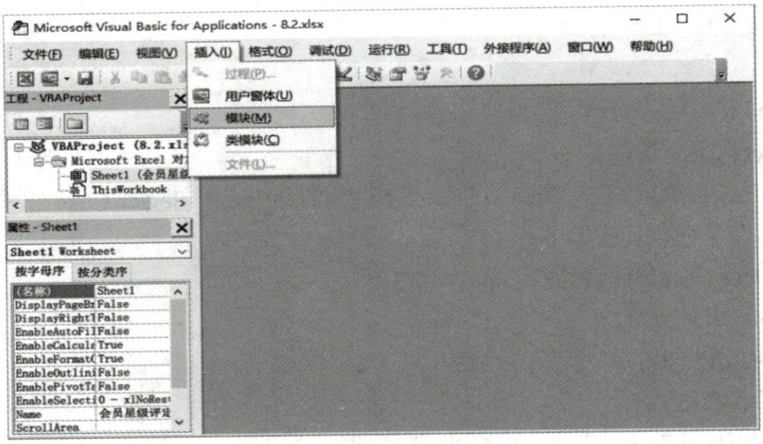

图 13-18　选择【模块】命令

在【代码窗体】中弹出【会员星级评定 .xlsx - 模块 1】窗体，如图 13-19 所示。

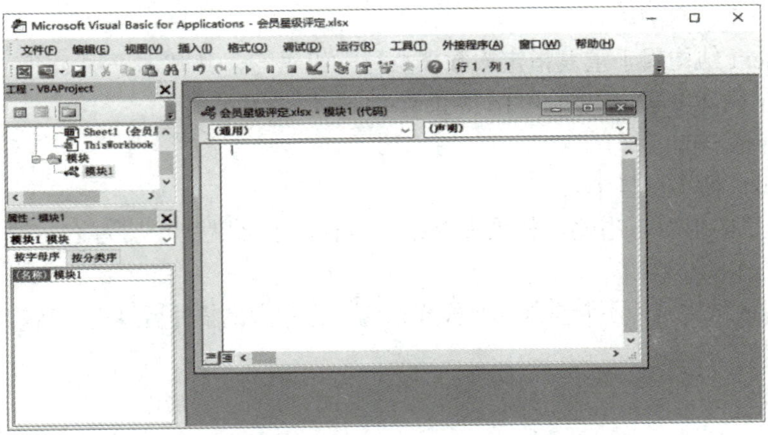

图 13-19　【会员星级评定 .xlsx- 模块 1】窗体

(3) 输入代码。在【会员星级评定 .xlsx - 模块 1】窗体中输入如下代码：

```
Sub pingding()
Dim a%
a = 1
Do
a = a + 1
If a > 11 Then
Exit Do
ElseIf Cells(a, 7) >= 1000 Then
Cells(a, 8) = " 五星级 "
ElseIf Cells(a, 7) >= 800 Then
Cells(a, 8) = " 四星级 "
ElseIf Cells(a, 7) >= 600 Then
Cells(a, 8) = " 三星级 "
ElseIf Cells(a, 7) >= 400 Then
Cells(a, 8) = " 二星级 "
Else
Cells(a, 8) = " 一星级 "
End If
Loop
End Sub
```

(4) 运行过程。按下【F5】键即可评定会员星级，切换回 Excel 的工作簿可查看设置效果，如图 13-20 所示。

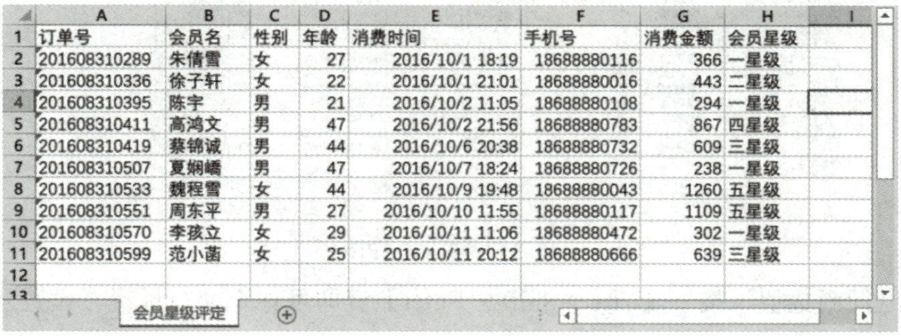

订单号	会员名	性别	年龄	消费时间	手机号	消费金额	会员星级
201608310289	朱倩雪	女	27	2016/10/1 18:19	18688880116	366	一星级
201608310336	徐子轩	女	22	2016/10/1 21:01	18688880016	443	二星级
201608310395	陈宇	男	21	2016/10/2 11:05	18688880108	294	一星级
201608310411	高鸿文	男	47	2016/10/2 21:56	18688880783	867	四星级
201608310419	蔡锦诚	男	44	2016/10/6 20:38	18688880732	609	三星级
201608310507	夏娴嵋	男	47	2016/10/7 18:24	18688880726	238	一星级
201608310533	魏程雪	女	44	2016/10/9 19:48	18688880043	1260	五星级
201608310551	周东平	男	27	2016/10/10 11:55	18688880117	1109	五星级
201608310570	李孩立	女	29	2016/10/11 11:06	18688880472	302	一星级
201608310599	范小菡	女	25	2016/10/11 20:12	18688880666	639	三星级

图 13-20　评定会员星级设置效果

4. 执行 Function 函数

在【会员星级评定】工作表中，通过编写 Function 函数判断会员的星级，具体操作步骤如下：

(1) 打开 VBA 编辑器。按下【Alt+F11】组合键打开 VBA 编辑器。

(2) 新建模块。单击【插入】选项卡，选择【模块】命令，在【代码窗体】中弹出【会员星级评定 .xlsx - 模块 1】窗体。

执行 Function 函数

(3) 输入代码。在【会员星级评定 .xlsx - 模块 1】窗体中输入如下代码：

```
Function PD()
Dim lv(2 To 11) As Variant
Dim price ' 定义 price 为局部变量，数据类型为可变型
Dim i As Integer
price = Range("G2:G11")
For i = 1 To 10
If price(i, 1) <= 400 Then
lv(i + 1) = " 一星级 "
ElseIf price(i, 1) > 400 And price(i, 1) <= 600 Then
lv(i + 1) = " 二星级 "
ElseIf price(i, 1) > 600 And price(i, 1) <= 800 Then
lv(i + 1) = " 三星级 "
ElseIf price(i, 1) > 800 And price(i, 1) <= 1000 Then
lv(i + 1) = " 四星级 "
Else
lv(i + 1) = " 五星级 "
End If
Next
PD = Application.Transpose(lv)
End Function
```

(4) 输入自定义 PD 函数。切换回 Excel 的工作簿，选择单元格区域 H2:H11，输入“=PD()”，如图 13-21 所示。

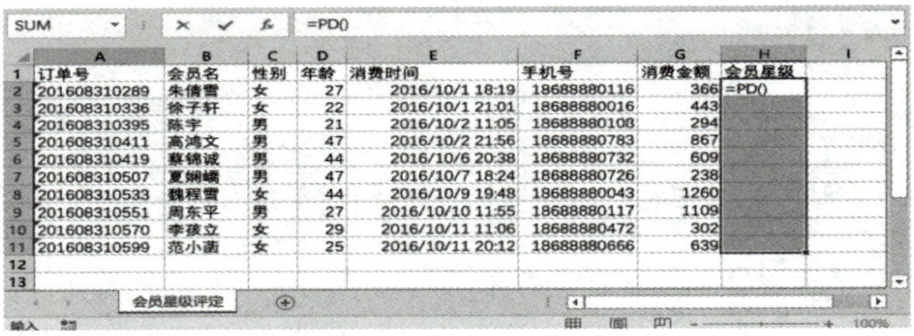

	A	B	C	D	E	F	G	H
1	订单号	会员名	性别	年龄	消费时间	手机号	消费金额	会员星级
2	201608310289	朱倩雪	女	27	2016/10/1 18:19	18688880116	366	=PD()
3	201608310336	徐子轩	女	22	2016/10/1 21:01	18688880016	443	
4	201608310395	陈宇	男	21	2016/10/2 11:05	18688880108	294	
5	201608310411	高鸿文	男	47	2016/10/2 21:56	18688880783	867	
6	201608310419	蔡锦诚	男	44	2016/10/6 20:38	18688880732	609	
7	201608310507	夏娴嫦	男	47	2016/10/7 18:24	18688880726	238	
8	201608310533	魏程雪	女	44	2016/10/9 19:48	18688880043	1260	
9	201608310551	周东平	男	27	2016/10/10 11:55	18688880117	1109	
10	201608310570	李孩立	女	29	2016/10/11 11:06	18688880472	302	
11	201608310599	范小菡	女	25	2016/10/11 20:12	18688880666	639	

图 13-21　输入“=PD()”

(5) 返回函数值。按下【Ctrl + Shift + Enter】键即可评定会员星级，设置效果如图 13-22 所示。

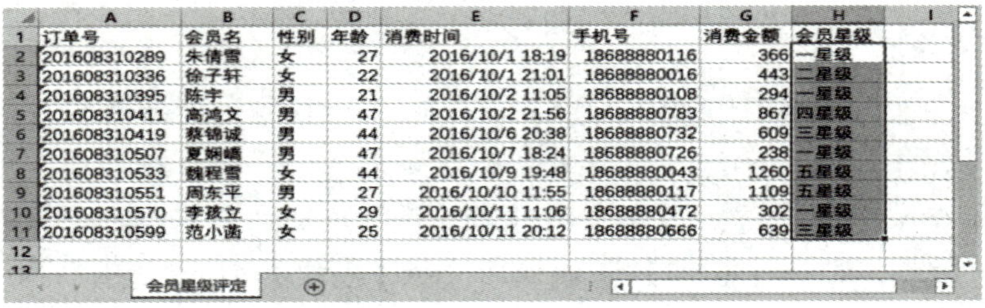

	A	B	C	D	E	F	G	H
1	订单号	会员名	性别	年龄	消费时间	手机号	消费金额	会员星级
2	201608310289	朱倩雪	女	27	2016/10/1 18:19	18688880116	366	一星级
3	201608310336	徐子轩	女	22	2016/10/1 21:01	18688880016	443	二星级
4	201608310395	陈宇	男	21	2016/10/2 11:05	18688880108	294	一星级
5	201608310411	高鸿文	男	47	2016/10/2 21:56	18688880783	867	四星级
6	201608310419	蔡锦诚	男	44	2016/10/6 20:38	18688880732	609	三星级
7	201608310507	夏娴嫦	男	47	2016/10/7 18:24	18688880726	238	一星级
8	201608310533	魏程雪	女	44	2016/10/9 19:48	18688880043	1260	五星级
9	201608310551	周东平	男	27	2016/10/10 11:55	18688880117	1109	五星级
10	201608310570	李孩立	女	29	2016/10/11 11:06	18688880472	302	一星级
11	201608310599	范小菡	女	25	2016/10/11 20:12	18688880666	639	三星级

图 13-22　评定会员星级设置效果

质量监控（教师完成）				
任务实施栏目评分表				
评分项	分值	作 答 要 求	评 审 规 定	得分
任务资讯	10	问题回答清晰准确，能够紧扣主题，没有明显错误项	对照标准答案，一项错误扣 5 分，扣完为止	
任务规划	20	任务规划合理可实施，没有任何细节错误	参照标准答案，一项错误扣 5 分，扣完为止	
任务实施	40	包含具体实施过程，过程完整、准确、清晰	根据错误的严重程度，每个错误点一次分别扣 10 分、5 分、2 分	
任务扩展	20	任务目标明确，结果准确、完整、详细	根据错误的严重程度，每个错误点一次分别扣 10 分、5 分、2 分	
其他	10	日志和问题项目填写详细、能够反映实际工作过程	没有填写或者太过简单，每项扣 5 分	
合 计 得 分				
职业能力评分表				
评分项	等级	作 答 要 求		等级
知识评价	A|B|C	A：能够完整准确地作答任务资讯的所有问题，准确率在 90% 以上 B：能较准确地作答所有问题，准确率在 60% ～ 80% C：对基础知识掌握得非常差，任务资讯和答辩的准确率在 50% 以下		
能力评价	A|B|C	A：熟悉各个环节的实施步骤，独立完成任务，有能力辅助其他学生完成规定的工作任务，实施快速，准确率高，即任务规划和任务实施正确率在 85% 以上 B：基本完成各个环节的任务，准确率在 60% ～ 80% C：未完成任务或只完成了部分任务，有问题没有积极向其他同学请教，工作实施拖拉，不积极，各个部分的准确率在 50% 以下		
态度素养评价	A|B|C	A：不迟到、不早退，对待其他人有礼貌，善于帮助他人，积极主动完成规定的工作任务，工作台整洁，积极回答老师提问 B：基本完成各个环节的任务，准确率在 60% ～ 80% C：未完成任务或只完成了部分任务，有问题没有积极向其他同学请教，工作实施拖拉，不积极，不能准确回答老师提出的问题，各个部分的准确率在 50% 以下		

参 考 文 献

[1] 郭清薄，张桂香 . Excel 2016 数据处理与分析 [M]. 北京：人民邮电出版社，2019.
[2] 苏林萍 . Excel 2016 数据处理与分析应用教程 [M]. 北京：人民邮电出版社，2019.
[3] 聂静 . Excel 函数与公式标准教程 [M]. 北京：清华大学出版社，2021.
[4] 宋翔 . Excel 与 Power BI 数据分析从新手到高手 [M]. 北京：清华大学出版社，2021.
[5] 赵萍 . Excel 数据处理与分析 [M]. 北京：清华大学出版社，2021.